家政培训讲师必读

孔卫东 / 主编

中国海洋大学出版社

·青岛·

图书在版编目（CIP）数据

家政培训讲师必读 / 孔卫东主编. — 青岛：中国
海洋大学出版社, 2022.6（2023.7 重印）
ISBN 978-7-5670-3197-5

Ⅰ.①家… Ⅱ.①孔… Ⅲ.①家政服务—技术培训—
教材 Ⅳ.①TS976.7

中国版本图书馆 CIP 数据核字（2022）第 112034 号

出版发行	中国海洋大学出版社			
社　　址	青岛市香港东路23号		邮政编码	266071
出 版 人	杨立敏			
网　　址	http://pub.ouc.edu.cn			
电子信箱	813241042@qq.com			
订购电话	0532-82032573（传真）			
责任编辑	郭周荣		电　　话	0532-85902495
印　　制	日照报业印刷有限公司			
版　　次	2022年7月第1版			
印　　次	2023年7月第2次印刷			
成品尺寸	185mm × 260mm			
印　　张	18			
字　　数	400千			
印　　数	8001~9000			
定　　价	45.00元			

发现印装质量问题，请致电0633-8221365，由印刷厂负责调换。

编委会

主　　编：孔卫东

副　主　编：廖深基　褚兴国　徐怀国

编委会主任：孔卫东

编委会副主任（排名不分先后）：

　　孔庆峰　山东大学

　　廖深基　福建技术师范学院

　　褚兴国　滨州市高级技工学校

　　徐怀国　山东创元物业集团有限公司

　　刘妙玉　山东省家庭服务业协会

编委会成员（排名不分先后）：

　　周　辰　济南大家园健康管理连锁有限公司

　　苏　伟　保丽金康物业管理集团有限公司

　　林秀卿　山东佳艾源健康管理有限公司

　　王慧慧　山东慧心慧做家政服务有限公司

　　陈妮娅　福建技术师范学院

序言

　　随着人们生活水平的逐步提高以及家庭人口结构的深刻变化，家庭服务成为城乡居民的刚性需求。从中央到地方，各级政府都十分重视家政服务业的发展，尤其是国务院办公厅《关于促进家政服务业提质扩容的意见》（国办发〔2019〕30号）中明确指出："组织家政示范企业和职业院校共同编制家政服务职业技能等级标准及大纲，开发职业培训教材和职业培训包。"由此可见，开发职业培训教材和职业培训课程，进行科学有效、实操性强的职业培训，对我国家政服务业提质扩容有重要意义。

　　要编辑好职业培训教材和设计好职业培训包，就必须有专业的行业老师，因此，尽快培养一批"能文能武"的家政培训讲师成为突破家政服务发展的关键节点。只有尽快培养出一大批既有理论基础知识，又有丰富实操经验，还具有讲课技巧，品行端正、心理素质过硬的讲师，才能真正地对家政服务业起到引领、规范、传道、授业的推动作用。

　　现代家政服务业经过二十多年的发展，有了长足的进步，但与人民群众日益提高的服务需求相比，还有很大差距，存在着供需矛盾突出、服务品质不高、规范化程度偏低、从业队伍不稳定等问题。要缩小这种差距，就要充分发挥家政服务业在后疫情时代对稳就业、促就业、惠民生、调结构、双循环等方面的促进作用，各级政府、行业协会、企业经营者应该以双循环为主轴、内循环为主线，以技能培训为抓手，以师资培育为突破，健全行业师资规范体系，尽快出版适应行业师资队伍建设的培训教材。

作为家政服务行业的引领者，山东省家庭服务业协会在行业专家以及研究学者的大力支持下，编辑出版了"家庭服务业职业培训与技能提升"系列教材，其中，《母婴生活护理》《居家养老服务》《居家养老护理》三本教材广受业界好评。因此，协会决定由我再次主持编辑出版家政培训讲师系列教材，以满足行业发展的迫切需要。

《家政培训讲师必读》在参考已出版教材的基础上，结合我国家政服务业的特点和实际，借鉴学校老师授课时的先进做法、中外大师授课时的演讲技巧，学用结合，语言通俗易懂，实用性强；内容条理清晰，讲解详尽；用词严谨规范，图文并茂，具有针对性强、知识面广、引领度高的特点，贴近行业讲师的实际需求，充分契合了行业对讲师能力的要求，填补了家政培训讲师领域的空白。

本教材适用于各家政服务业企业或培训机构师资队伍的建设，是提高从业者综合素质的必读教材。教材分为三篇，共十三章，分别从品行建设、技能建设和心理素质建设三方面，全面系统地阐述了一名优秀的家政培训讲师应具备的品德、技能和心理学知识，为加强从业者职业技能培训建设、提升行业讲师能力、促进家政服务业规范发展提供了强有力的保障。本教材出版后，将对我国家政服务业的培训工作起到很好的指导和规范作用。只有通过严格、高效的培训，才能尽快提高家政从业人员的综合素质和服务技能，更好地为社会服务，为人民服务。

最后，要感谢所有编委会的同志对本教材的大力支持和帮助，编写本教材对我来讲也是极大的挑战，由于水平有限，经验欠缺，难免存在疏漏或不足之处，请广大读者及专业人士多提宝贵意见，以便今后把编辑出版工作做得更好，从而培养更多家政服务业的优秀人才，进一步增强人民群众的获得感。

孔卫东

2022年5月

目录

◇◇◇ 第二篇 ◇◇◇ 技能篇

第四章　如何讲好普通话

第五章　教学设计

第六章　课件制作

第七章　教学方法

第八章　网络教学

第九章 教学组织与授课技巧

第十章　学前分析与培训评估

◇◇◇第三篇 ◇◇◇心理篇

第十一章　心理学基础知识

第十二章　家政培训过程中的心理问题及处理

第十三章　家政培训讲师心理问题解析

第一篇

品行篇
PINXING
PIAN

第一章　传统与时代

第一节　传统美德

"仁义礼智信，温良恭俭让"是中华传统美德，为人们普遍接受和认可，这其中不仅蕴含着丰富的人生哲理，还具有很强的教育意义。即使时代发展到今天，它依然闪耀着光辉，是人人都应该遵循的"常理常道"，值得每一个人去践行。

一、仁义礼智信

仁义礼智信是中国传统道德中五种重要的道德行为规范，贯穿于中华民族的伦理道德发展过程中，是中国传统道德的核心要素。

"仁"为五德之首，诸善之源，是人与人之间的最高道德原则之一，也是中华民族文化的"源头活水"。孔子曰："好仁者，无以尚之。"（《论语·里仁》）意为爱好仁德的人是最好的人，没有什么能抵得过一颗仁爱纯净的心。"仁"是人与人之间的真情善意，是儒家理论的核心，也是传统道德的核心。

"义"即正义，是合理、正确的准则，是价值观的基础。墨子认为："天下有义则生，无义则死；有义则富，无义则贫；有义则治，无义则乱。"（《墨子·天志（上）》），故曰："万事莫贵于义。"（《墨子·贵义》）千百年来，"义"像一支火炬，一面旗帜，激励着无数仁人志士前仆后继，英勇奋斗，乃至"舍生取义"。"义"对于人的检验，就是看其在大是大非面前能否坚持气节、不同流合污、不随波逐流。

"礼"即礼治，以礼为法。孔子有言："不学礼，无以立。""礼"是人立于天地之间的基本规范。荀子道："人无礼则不生，事无礼则不成，国无礼则不宁。""礼"，经国家，定社稷，序民人，利后嗣者也。

广义的"礼"，大致包括制度、行为规范和风俗文化等；狭义的"礼"，指礼仪、礼节、礼让和礼貌等。

"智"是知之明。《论语·雍也》有云："知者乐水，仁者乐山。"这里的"知"主要指道德领域，即对各种道德规范的认知、对善恶的认识，是判断是非、明辨善恶的能力。真正的知识首先是对美德的认识，而后延伸至知识以及知识给人带来的智慧。智慧能改变自己，改变他人，也能改变万物，让世界产生奇迹。而真正的智慧源自人性深处，是生命的精华，是以良知和道德为底线，在创造健康和美好的生活时所表现出来的精神力量。正所谓"智者不惑，仁者不忧，勇者不惧"。

"信"是诚实、不欺，是信守诺言，说到做到。是古代道德的重要范畴，也是天下行为的道德准则。人无信不立，"信"是做人的根本，是"进德、修业之本"，亦是"立国、立政之本"。

从市井小民到文人雅士，"信"一直被中华民族视为比生命还重要的信条，只有诚实守信的人，才能得到别人的信任、尊敬和赞誉。

二、温良恭俭让

温良恭俭让，是待人接物的准则。原话出自《论语·学而》篇，是记录孔子学生子贡回答子禽的内容。

"子禽问于子贡曰：'夫子至于是邦也，必闻其政，求之与？抑与之与？'子贡曰：'夫子温、良、恭、俭、让，以得之。夫子之求之也，其诸异乎人之求之与？'"（《学而》第十章）

翻译成现代白话文就是，子禽问子贡："咱们的老师每到一个地方，一定会参与政治。是他求来的呢，还是人家邀请他的呢？"子贡回答说："咱们的老师以温、良、恭、俭、让的方式得来的。老师的这种方式，不是跟其他人有很大的区别吗？"

"温"，指为人温润如玉，对人态度温和。不极端、不冲动，稳重内敛，待人接物不卑不亢。既能容人，又能容事；不恃强凌弱，不卑躬屈膝。

"良"，指善良、美好、高尚、仁义等，是优良的道德品质，因此，"良"是核心，是人的本质的体现，是衡量是非善恶的标准，是始终与人为善，友好相处。不因恶小而为之，不以善小而不为。

"恭"，古代指容貌的端庄、对别人的谦和以及做事认真不苟等。孔子主张对人要端庄诚恳，表里一致。那种花言巧语、装出伪善面孔的虚伪态度是"可耻"的，正所谓"在貌为恭，在心为敬"，因此，"恭"既不是奴颜婢膝、谄媚逢迎，也不是狂妄傲慢、目中无人，"恭"的状态，就是"礼"的中庸状态，就是"文质彬彬"的状态。

"俭"，就是要厉行节约，静以修身，俭以养德。几千年来，勤劳淳朴的中国人民以勤俭持家著称于世。纵观历史，大凡有识之士、清廉官吏，皆"性不喜华靡"，而"以俭素为美"。

"让"，是谦让，是待人谦虚和顺，不争名逐利，不要狠斗气，以忍让的态度主动化解矛盾。"让"字里面包含着讲文明、讲礼貌、讲团结、讲道德，克己为人、顾全大局的丰富内容。

一言以蔽之，温良恭俭让的基本内涵就是要求我们每一个人都能自觉地"严于律己，宽以待人"，不断加强个人的道德修养，培养团结友善、艰苦奋斗、勤俭朴实的良好品行。

第二节 时代要求

随着时代的发展，"仁义礼智信，温良恭俭让"已被赋予体现时代精神的新内容，成为具有中国特色社会主义美德的重要组成部分，焕发出新时代的光彩。

一、新时代品行

1.奉献精神

奉献精神，是中华民族的优良传统美德，是社会责任感的集中表现。

古往今来，无数仁人志士"先天下之忧而忧，后天下之乐而乐"，这其中饱含着牺牲小我、成就大我的奉献精神。古有杨家将"满门忠烈"，岳飞"精忠报国"，林则徐"虎门销烟"；今有"两弹"元勋邓稼先，人民的好公仆、好干部焦裕禄，享誉世界的"杂交水稻之父"袁隆平，以及两度战斗在疫情前线的钟南山院士……这些伟大的人物，撑起了中华民族的脊梁，无不体现着奉献精神。

奉献精神是一种力量，是在大是大非面前敢于"亮剑"的勇气，是在遇到矛盾时敢于迎难而上的英气，是在面对失误时敢于承担责任的豪气，是在面对歪风邪气时敢于挺身而出的浩然正气。

对个人而言，奉献精神就是对事业精益求精的执着和全身心的付出；就是要有主人翁意识，把本职工作当成一项事业来热爱和完成，积极学习专业知识和理论，努力增强个人素养，对工作一丝不苟，努力做好每一件事，认真善待每一个人。

2.诚实守信

所谓诚实，就是说老实话、办老实事，不弄虚作假，不隐瞒欺骗，不自欺、不欺人，表里如一。所谓守信，就是要讲信用、守诺言，言而有信。

诚实守信不仅是立身处世之本，也是社会和谐稳定的道德之基，还是社会进步与发展的护城河。是人和人之间正常交往、社会生活稳定、经济秩序良性发展的重要力量。如果把人生比作树，诚实守信就是赖以生存之根，滋润和繁育着我们的生命。

对一个人来说，懂得诚实守信的要义很重要，但以实际行动来践行诚信更重要。

在为人处世中，一定要恪守诚信这一根本准则，说实话，办实事，对人守信，对事负责；认真面对每一件事，把做事与做人有机地统一起来。同时，还要结合具体的情景，正确处理好诚实与隐私的关系。

只有诚实守信，才能建立良好的人际关系，打下牢靠的事业基础，取得辉煌的人生业绩。

只有人人诚实守信，社会生活才能有条不紊，才有可能实现文明进步。

3.法律意识

法律意识是一种自觉的精神力量，是调节人们行为的原动力，它含有对法律权威的敬畏与信仰，也含有对民主、自由、平等的尊重和渴望，与人们的日常工作和生活密切相关。法律意识是人们对现行法律的理解，对自己和他人权利与义务的认识，对人们行为合法性的评价。作为家政培训讲师，要主动增强法律意识，积极学习法律知识，培养知法、懂法、守法的内在自觉性和自律性，自觉遵守国家法律法规，努力在自己的工作、学习、生活环境中营造一种尊重法律、遵守法律的氛围，并把它渗透到教学工作的方方面面，为学员做好表率，引导学员学法、知法、用法，做遵纪守法、立德树人的优秀讲师。

4.职业能力

职业能力是人们从事某种职业的多种能力的综合体现，可以将其定义为个体将所学的知识、技能和态度在特定的职业活动或情境中进行类化迁移与整合所形成的、能完成一定职业任务的能力。

这种能力来源于个人习得的知识和知识带来的智慧，是人的思维深度和思维广度的体现，绝非一日一时之功，而是需要经历一个学习、实践、再学习、再实践的过程。

所以说，家政培训讲师不仅要扩展自己的知识广度，还要挖掘知识的深度；不仅要加强学习和职业相关的专业知识，还要拓展其他领域的知识；不仅要"知其然"，还要"知其所以然"。同时，要对自己从事的职业无比热爱，全身心投入。对待工作，既要践行"工匠精神"，还要有创新意识；既要有全局观，还要有超前意识；

既要有从不同维度来丰富自己的决心，还要有成为一名有高度自觉性和责任感的职业人。

职业能力无上限，提升和改善是永无止境的。

二、规范要求

"礼"是礼貌（语言和行为）、礼节（礼貌的具体表现）、礼俗的统称，是社交活动中表示尊敬、谦恭、友善等的言行、动作和姿态。

1.礼仪规范

礼仪是社会生活中，每个人都应该共同遵守的基本礼数，也是一个人道德素质和文化修养的表现，涉及穿着、交往、沟通、情商等方面的内容。

就个人而言，礼仪表现在举止文明、动作优雅、姿态潇洒、手势得当、表情自然、仪表端庄等方面。礼仪从交际的角度来说，是人际交往中约定俗成的尊重、友好的习惯做法，比如尊老敬贤、礼貌待人，言而有理、行而有矩，做事有节制、说话有分寸。

礼仪无处不在。真正懂礼仪、讲礼仪的人，绝不会只在某一个或者某几个特定的场合才注重礼仪规范，而是其深入骨髓的信念。

2.公平正义

公平正义是古往今来人们衡量理想社会的标准之一，也是人类社会发展进步的重要价值取向。

现代意义上的公平指的是一种合理的社会状态，包括社会成员之间的权利公平、机会公平、过程公平和结果公平，这也是我国所践行的核心价值观之一。

权利公平，是指公民的权利不因职业和职位的差别而有所不同，其合法的生存、居住、迁移、教育、就业等权利得到同等的保障与尊重。

机会公平，是指公民能普遍地参与社会发展并分享由此而带来的成果。

过程公平，是指公民参与经济政治和社会等各项活动的过程公开透明，不允许某些人通过对过程的控制而谋取不当利益。

结果公平，主要指在分配上兼顾全体公民的利益，防止过于悬殊的两极分化，以利于共同富裕的实现。

正义的内涵与公平的内涵存在若干交叉内容，但它更多的是指向社会的是非观及荣辱观。万事莫贵于义，在现实生活中，我们要唯义是守，凡是正义的事，都要自觉地去实践，不惧怕个人风险，不计较个人得失。这是检验自己和他人道德品质的试金石，也是衡量自己品质优劣的尺子。没有公平正义，社会的诚信友爱、安定有序、充满活力等也都无法实现。

3.民主意识

民主意识是人们对于民主的观点和态度的总称。

首先，民主意识是一种平等精神。平等不等于民主，但没有平等一定没有民主，每一个人的出身背景、智力水平、学历程度、经济状况、社会分工等不可能完全一样，但在人格上是完全平等的，没有高低贵贱之分，都拥有均等的机会和相同的政治权利。

其次，民主意识是一种自由精神。这种自由不是为所欲为，而是理性的自由。

第三，民主意识是一种法治精神。法治的基本原则是"法律至上"和"法律面前，人人平等"，这也应该是法治精神的核心所在。

第四，民主意识是一种宽容精神。宽容精神的核心是思想宽容。宽容精神使人们懂得，思想自由是每一个人的权利，强求思想言论的统一是对基本人权的践踏。

伏尔泰有句名言："我不同意你的观点，但我誓死捍卫你说话的权利。"宽容就是允许别人和自己不一样。只要不妨碍他人，不违反法律，任何人都有权选择自己的行为方式和生活方式。

宽容意味着进步，它使每一个人都精神焕发，充满创造力，使整个社会充满生机和活力。

第二章 家政培训讲师的基本要求

第一节 家政培训讲师的定义及品行

一、家政培训讲师的定义

1.定义

家政培训讲师,是指为家政服务人员进行理论教学、技术培训和思想指导工作的老师,是旨在提升家政服务人员服务质量和综合素质的专业讲师。家政培训讲师可以根据市场需要设定培训课程,编制培训课件,建立企业培训档案,运用各种培训方法和培训工具,讲授培训课程,实现培训目标。家政培训讲师是集理论教学、实操技术、心理教育、商务公关等能力于一体的高素质人才。

2.定位

师者,传道授业解惑也。

对家政培训讲师来说,"传道"是传授知识和指明方向的能力,要求既能传授理论知识,又能传授专业知识,还能指导从业者了解家政行业的前景。所以说,家政培训讲师需要有大量的知识储备,还要有指导从业者如何干好家政事业的能力,并且能根据市场的行情、客户的反馈信息以及企业的实际情况,有针对性地教会学员选择最佳竞争路线和竞争方法。

"授业",则是要教授和提高学员的职业操守,帮助学员提升职业道德素养,提高学员的职业荣誉感与自豪感,让学员真正把家政服务作为一项事业来从事和经营。家政培训讲师要真正做到用心传授,用爱培养,使学员能够牢记理论知识,掌握专业技能,提升服务技巧,促进其成为一名优秀的家政服务从业者。

"解惑",是指讲师要具有分析问题和解决问题的能力,不仅要解答课本上的疑问,营造良好的学习氛围,还要着眼形势,关注现实,析事明理,帮助学员解决现实工作中遇到的问题,划清是非界限,澄清模糊认识,使学员真正将所学内化于心,外化于行，提高学员的实践操作能力和综合素质修养。

二、家政培训讲师的品行

家政培训讲师首先是三观正确、品德良好的人，其次才是传道、授业、解惑的引路人，所以要先做人，后做事。家政培训讲师要努力践行社会主义核心价值观，把优秀的传统美德结合时代精神，融会贯通，发扬光大，做德技双馨的引领者、指导者。

（一）仁爱谦让

仁爱包括两个方面：自爱和爱人，即爱自己、爱他人和爱世界。

自爱是爱人的前提，就是爱护自己，改变自己，发展自己，提升自己，超越自己，使自己成为德智体美劳全面发展的合格人才。爱人是自爱的延伸，是设身处地为他人着想，是一种"己所不欲，勿施于人"的宽厚。自爱比较容易做到，而爱人则更能反映出一个人的精神境界。

如果说仁爱是和谐社会的重要思想基础，是"老吾老及人之老，幼吾幼及人之幼"的博大胸怀，那么，谦让就是"让一时风平浪静，退一步海阔天空"的君子风度。谦让是既不争强，也不退缩的"礼"。谦让他人，表面上看来是我们做出了让步，实则是以退为进，赢得了别人的尊重。对讲师来说，做到仁爱谦让，就是关爱学员，打造和谐友爱的师生关系。

1.以人为本，用情育人

家政培训讲师要以人为本，用情育人，这是做好家政培训工作的根本前提。就是要对学员有爱心、有耐心，给学员信心，用爱博得学员信任，用爱激励学员上进。以情感人，用情管人。

家政培训讲师以人为本，就是要坚持以学员为本，简单地说，就是把学员看成是同讲师平等的主体，充分尊重、信任学员，鼓励学员参与教学活动，从而构建关系融洽、积极主动、好学上进的和谐师生关系。

2.谦虚谨慎，作风严谨

"谦受益，满招损"，家政培训讲师在任何时候、做任何事情都要虚心，不骄傲自满，不心浮气躁，不好高骛远；谨言慎行，一丝不苟，精益求精；认真做好本职工作，把简单、平凡、普通的事情做精、做细、做出彩，做出成绩。

3.虚心受教，礼贤下士

"三人行，必有我师焉"，在教学工作中，讲师也需多向别人学习好的地方，遇到不懂的、不明白的地方，应该积极主动地请教，诚恳虚心地受教，不能自以为是，不懂装懂。

作为讲师，不能妄自尊大，也不能妄自菲薄。"寸有所长，尺有所短"，唯有取长补短，敬重和结交那些有才华的人，并对他们以礼相待，才是为人之本，为师之基。

（二）信用为本

1.以诚待人，实事求是

真诚是一切美德的基础，是人生成功的动力，是人与人之间沟通的桥梁。人与人相处，最重要的就是以诚相待，内不欺己，外不欺人，言行一致。

真诚做人，才能真诚做事。要忠于事物的本来面貌，一切从实际出发，根据自己的实际情况、素质水平、工作能力、所处的环境以及其他方面的条件因素，对自己进行准确定位，按照既定目标，脚踏实地，苦干实干。

2.一诺千金，践约守信

一诺千金，践约守信是诚信做人的基本要求，就是要言而有信，说到做到，遵守承诺，有契约精神。

在答应别人的要求之前认真想一想，看看自己是否有能力满足对方的要求，如果认为自己还不具备条件，就不要轻易答应对方。凡是自己答应做的事情，就要言必行，行必果，作为家政培训讲师更应如此。

不论是生活还是工作，信用往往是一个人打开成功之门的钥匙，唯有信守承诺，才能建立良性循环，让信用为成功保驾护航。如果经常失信于人，就会产生信任危机，害人害己。

3.为人和善，表里如一

家政培训讲师的和善既是待人时的温良态度，也是自身内在品行的体现；既是对弱者的同情、怜悯、慈悲，又是对他人的关心、付出、贡献，也是对自我价值的肯定与鼓励。

一个表里如一的人，必然心底纯正、清澈透明、光明磊落，以本色示人，不自欺，不欺人；既能让别人看清自己，又能对他人真诚相待，不说谎，不做假，不隐瞒自己的真实思想，不掩饰自己的真情实感。

4.以身作则，为人师表

言传身教，言传的是知识，身教的是品格。作为讲师，要从心灵到外表，从思想到作风，从言谈到举止，都为学员做好榜样和表率。对人守信，对事负责，不为不可告人的目的而欺瞒别人，不利用职务之便谋取私利。

（三）勇当伯乐

1.热爱本职，刻苦钻研

家政培训讲师要干一行，爱一行，全心全意投入本职工作，认真学习新的教育理论，刻苦钻研专业知识，形成系统完整的知识体系，注重知识与方法的传授，不断提高自己的教学水平和思想觉悟。

2.俯身实干，勇于担当

做人做事，最怕的就是只说不做，眼高手低。成功的背后，永远是艰辛努力，要有"俯首甘为孺子牛"的精神，求真务实，有为、善为，尽职尽责，把小事当作大事干，把育人、教人、发现人当作自己的职业追求，如此，才能无愧于家政培训讲师这一称谓。

3.开拓创新，争先创优

一个人的知识和经验积累越多，开拓创新的能力就越盛。要保持对新事物、新思想的好奇心和思考力。在接受新思想、吸纳新知识的基础上，多实践，多动手，理论联系实际，争创一流工作业绩，创造新成果。

4.主动作为，以身示范

"其身正，毋令则行；其身不正，虽令毋从。"作为讲师，身教永远重于言传，学员是看你的行动，不是听你的指挥。但凡要求学员做到的，自己首先要做到。时刻以一种积极向上、苦干实拼的姿态，熏陶、引导学员，在干事创业的道路上勇往直前。

第二节 家政培训讲师的职业道德

一、职业道德

1.爱国守法

热爱祖国，热爱人民，拥护中国共产党领导，拥护社会主义。全面贯彻国家教育方针，自觉遵守法律法规，依法履行讲师的职责义务。

2.爱岗敬业

忠诚于职业教育事业，志存高远，勤恳敬业，甘为人梯，乐于奉献。对工作高度负责，认真备课上课，认真辅导学员，不敷衍塞责。

3.关爱学员

关心爱护全体学员，尊重学员人格，平等公正地对待学员。对学员严慈相济，做学员的良师益友。关心学员健康，维护学员权益。不讽刺、挖苦、歧视学员。

4.教书育人

遵循教育规律，循循善诱，诲人不倦，因材施教。激发学员的创新精神，培养学员的创新能力，促进学员全面发展。不以个人好恶作为评价学员的标准。

5.终身学习

坚持与时俱进，树立终身学习的理念，勇于探索创新，拓宽知识视野，更新知识结构。潜心钻研业务，不断提高专业素养和教育教学水平。

二、十大行为准则

1.坚定政治方向

坚定政治方向，就是以新时代中国特色社会主义思想为指导，保持与党中央在思想政治上的高度一致，始终不渝地沿着中国特色社会主义道路前进。在任何情况下都坚信党的领导，以实际行动拥护中央权威，带头践行社会主义核心价值观。

2.自觉守德守法

守德守法是每个公民最基本的品质，也是讲师的首要行为准则。守德守法要落实到行动上，融化在思想里。知法守法不犯法，做遵纪守法的先进模范。坚持法制教育与师德建设相结合，提高依法执教水平。

3.传授精湛技能

打铁还需自身硬，讲师自身要具有扎实的专业知识，深厚的理论功底，娴熟的专业技能，变单纯的知识输出为应用技能精讲，指导学员练习、实习、研究课题，让学员在学中做，在做中学，引导学员主动参与，乐于探究，勤于动手，真正做到强化服务技能，提高服务质量，提升客户满意度。

4.潜心培训研究

活到老学到老，讲师要能沉心静气，致力于培训课程的精进，多读书，多向专业人士学习，主动开展教学研究，创新改革教学模式，提升自己的专业能力，使学员更好地接受教学指导，更快地达到教学目标。

5.尊重爱护学员

把学员当作平等的主体来对待，尊重学员的个性特点和人格尊严，肯定学员的经验，悉心倾听学员的意见和建议，对学员的意愿、要求给予充分关注，让学员真正感受到讲师不但是他们的老师，还是他们的朋友，是能共同发展的伙伴，从而拉近双方的心理距离，更好地开展培训工作。

6.坚持言芳行洁

良言一句暖人心，积极情绪能促进学习，消极情绪会阻碍学习。讲师要注重和学员的沟通交流，多鼓励、欣赏学员，少用或不用批评、指责等负面语言，营造积极向上的学习氛围。要保持行端坐正，言行举止文明大方，衣着整洁端庄，儒雅得体。

7.公平公正

对所有学员一视同仁，不偏不倚，本着有教无类的原则善待学员，不歧视基础较差的学员，也不袒护成绩好的学员，相信学员都有向上的潜能，即使对方存在错误或缺点，也要以理服人，以诚待人，给予真诚的帮助和支持。

8.坚守廉洁自律的行事风格

以德修己，率先垂范，自觉抵制社会不良风气的影响，不利用职责之便为自己谋取私利，杜绝拉帮结派、请客送礼等歪风邪气。

9.规范从教行为

培训是让学员的学习效果最大化，也就是说，培训学员掌握知识的能力比知识本身更重要，这就需要讲师有严谨的教学态度和严格的教学方法，让学员知其然，还要知其所以然。讲师要谨记自己是学员学习的启发者、促进者、引领者，避免华而不实地说教。鼓励学员自主思考，主动提问，给予及时反馈并进行积极中肯的评价。

10.积极奉献事业

对自己所从事的职业保持高度的敬畏，把工作当作事业来做，全情投入，兢兢业业，自觉建立并养成良好的职业行为习惯，坚持不懈地学习、实践，再学习、再实践，实现专业知识和职业素养的螺旋式上升，为家政培训事业的发展贡献自己的力量。

第三节　家政培训讲师的职业能力

一、三大专业能力

一名优秀的家政培训讲师，不仅要给学员讲解知识、拓展思路、传授技能，还要引导、帮助学员发现并确认其自身职业活动所需要的内在驱动和发展路径。所以，讲师加强职业规范、沉淀职业功力、精进职业修为的关键就是要拥有良好的专业知识水平、娴熟的授课技巧和强大的心理素质。

1.良好的专业知识水平

家政培训讲师首先要具有一定专业水准，这种专业水准不仅表现为扎实的理论基础，还包括丰富的社会阅历，务实的业务实践，能够结合真实工作场景向学员讲解发现问题、解决问题的基本思路，给学员提供可操作的方法和技巧。

（1）理论水平高。

讲师既要有心理学、教育学、管理学等方面的学科理论知识，又要有营养学、家政学、护理学等行业的专业知识，能够提纲挈领地向学员传授知识，开拓学员思路。

（2）实操能力强。

实操能力强的讲师，更了解学员在一线的情况和亲身感受，所以，讲授的内容更有说服力，更容易形成与学员之间的互动。对学员来说，讲师实战经验的提炼、分享与启迪是很重要的。因此，讲师要围绕课程主题收集各种资讯，通过加工、整合、演绎，把自己在实践工作中的心得，比如，成功的经验和失败的教训，实践工作中的得与失、感受和体会等分享给学员，让学员在今后的工作中少走弯路。

（3）业务经验丰富。

优秀的家政培训讲师必须具有专业的培训或授课经验，以及组织教案、熟练运用各种现代教学设备的能力。从前期的需求调查、访谈沟通，到中期的课程设计、案例甄选、培训实施和效果评估，以及后续的学员追踪辅导，家政培训讲师要能够实实在在地为学员量身定做课程，帮学员和企业解决实际问题，实现培训目标。

2.娴熟的授课技巧

讲师既要具有流畅的语言表达能力，又要有调动学员学习热情的技巧，课程导入风趣幽默，课程讲解要深入浅出，传授与工作相关的知识、技能和理念，帮助学员解决实际工作中的问题。

（1）语言表达能力强。

讲师必须在台上能讲、会讲，具备良好的沟通、表达能力，且思维严密，逻辑性强，意思表达清楚；专业的语言要讲得通俗易懂，让学员听起来入耳、入心。

（2）授课方式方法活。

一堂课是平铺直叙、枯燥乏味，还是设计紧凑、跌宕起伏，取决于讲师的授课水平。优秀的讲师能不断更新知识和观念，在课程讲授中充实新的理论与案例，设计并运用课堂讨论、案例分析、模拟游戏、角色扮演、小组讨论竞赛、游戏互动、学员测试、课堂练习等综合性的授课形式，灵活把控课程节奏，集知识性、趣味性、娱乐性于一体，从感性到理性，让学员在感官上、思维上受到激发，提高学习效率。

（3）注重理论联系实际。

优秀的讲师有自己独特的观点，有属于自己的理念、方法、工具，在课程设计、案例甄选、教学过程中能结合行业动态和自己的工作经验，加以总结提炼，用理论指导教学实践，用实践经验印证理论知识，学、思、用贯通，知、信、行统一，从而使学员将所学知识内化于心，外化于行。

3.强大的心理素质

除了传播知识，讲授和课程有关的内容，讲师为人处世的做人准则、严谨认真的工作态度、踏实可靠的敬业精神、良好的职业习惯等，也在全方位地影响着学员。所以，讲师不仅要有丰富的文化知识，突出的业务能力，还应该具有强大的心理素质，包括认知素质、意志素质、情感素质和个性素质。

（1）认知素质。

认知素质就是保持敏锐的观察力，良好的记忆力，优良的思维能力，建立正确的认知，给自己定好位，把自己的观点、方法、理念、专业技能分享给学员。

（2）意志素质。

意志素质就是要保持内心的强大，提高自己的耐压、抗压能力，遇到问题要沉着、自制，富有耐心和韧劲，拥有充沛的精力和顽强的毅力，更要有很好的自我修复能力和应变能力。

（3）情感素质。

情感素质就是要有爱心，有责任心，热爱生活、热爱事业、热爱学员，努力营造一种良好的教学环境和学习气氛，充分发挥自己的潜力，尽心尽力地引导、促进学员的成长，同时也注重自身的提高和完善。

（4）个性素质。

个性素质就是有强烈的事业心和对职业的敬畏心，具有挑战自我、直面竞争的勇气和信心，能够做到自我监督、自我激励、自我调节、自我控制、自我完善。

二、十大个人能力

1.自我觉察的能力

自我觉察是心理学的概念，相当于内省，就是向内观心，梳理自己的一切欲望和诉求，保持对自己内心和情绪的觉察，逐渐形成由外在的社会评价和自己内心的良知评价相协调的取舍尺度和标准，并以此检验自己的言行举止。这就是所谓的正人先正己。

2.激励他人的能力

一个好的讲师能激发学员的内在动力，使学员发掘自己的潜能。讲师要以语言激励为主，多倾听，多鼓励，充分肯定学员的努力和成绩，尊重不同的价值观，给学员自我表现的机会，增加其自信心和成就感。

3.建立人际关系的能力

从某种程度上讲，培训效果的好坏，取决于讲师与学员之间是否建立了良好的关系。关系建立得好，听课效果自然好；关系建立得不好，学员带着情绪听，讲师带着情绪讲，效果可想而知。

一个好的讲师，必然是可以接近的、友好的、乐于助人的。所以，讲师要尽可能释放自己的善意，以真情换真心，主动与学员建立平等和谐的人际关系。

4.应急变通能力

讲师要有随机应变的课堂掌控能力，每堂课的时间、地点和学员构成情况不同，其效果也不尽相同。讲师应根据课堂教学实际和学员接受情况灵活把握，认真对待每一节课。在课程进行中，如果出现学员对所授观点有异议，有意无意地挑衅、消极抵抗等情绪，要采取有效的应急变通措施来应对和化解。

5.沟通能力

讲师要有共情力，表现出对学员的世界观、价值观和人生观的赞赏和肯定，注重与学员的互动，善于聆听，利用课前、课间、课后交流，了解学员对课程内容、授课方法、授课效果的反馈，并及时调整、改善，从而最大限度地满足学员的学习需求。

6.前瞻能力

讲师要拥有大局观，立足行业前端，洞悉行业发展的最新态势，为学员提供引领、指导。

7.掌控能力

即在一定的理念指引下，以目标为指向，借助有效的方法和手段对学员施加影响，从而对授课过程进行把握的能力。课堂掌控得好，教学活动就能顺利推进；课堂掌控得不好，就会直接影响教学质量。由于接受培训的学员来自不同的地方、不同的企业，每个人的性格特点、情绪控制能力各有不同，授课过程中难免出现冷场或是"闹场"等不和谐的情况，对此，讲师要有充分的心理准备，出现特殊情况时，要保持镇静，尽量保持正常的授课节奏，同时给出必要的警示，但要避免对学员进行直接训责。

8.指导就业前景的能力

专业的家政培训讲师，还要能分析评价学员的职业能力，指导其参加相应的职业培训，对学员进行专门的就业辅导和创业指导，使培训内容与实际需求合理衔接。

9.诊断问题并找出解决方法的能力

在教学实施的各个阶段和过程中，家政培训讲师能够利用自己的思维认知、专业知识、社会阅历、洞察能力，从简单的事情中挖掘、发现问题，提供不同的观察视角或思考点，并由此给出解决实际问题的办法。

10.持续的学习能力

学习能力是一切能力的本源，所有的能力都由学习而来。学习能力不单单靠记忆，更要有思想的改变。作为先进理论知识和实践经验的传播者，家政培训讲师要与时俱进，保持学习能力，不但要通过多读书、读好书来提升自己的理论知识，还要通过读事、读人来提高自己的实践经验。既要向某一领域的专家学习，又要向自己身边的人学习。通过追问和反思经验、分析和整理信息，把知识融会贯通，内化并应用在实践中。

第三章 家政培训讲师的规范与礼仪

第一节 家政培训讲师的规范

学高为师，身正是范。家政培训讲师作为学员的职业之师，必须以身作则，时刻提醒自己加强师德修养，查找自身不足，端正工作作风，严格遵循行为规范和礼仪规范，做好学员的表率，成为学员学习的榜样，为学员创造一个公平、多元化、开放的学习环境。

讲师的工作不仅仅是教学，更要以自己的行为去影响学员。育人先育己，从小事做起，从自我做起，自我监督，自我克制，以高尚的人格感染人，以整洁的仪表影响人，以和蔼的态度对待人，以丰富的学识教导人，以博大的胸怀爱护人，只有这样，才能保证教书育人的实效，学员才会"亲其师，信其道"，进而"乐其道"。所谓教学相长，就是家政培训讲师与学员互动交流、分享知识、相互促进、共同提高的过程。

一、实事求是

1.对待学员一视同仁

以学员为中心，最大限度地尊重学员的人格、能力、职业尊严，不戴"有色眼镜"看待学员，既不求全责备，又能循循善诱地教书育人。

2.客观、全面、合理、多元地评价学员

包容不同的观点和看法，不要简单否定学员的想法，某些观点或认知在某些特定情景下都有其合理的一面。同时，也要鼓励学员对讲师提出质疑，进而让学员学会理性、全面、辩证地看待一切事物。

3.树立正确的三观

站在讲台上，讲师要面对的不是哪一个人，而是一群人，所以，讲师要三观端正，言行一致。在培训过程中，讲师给予学员的不单是知识和技能，更是自身的人格魅力和品德素养，也就是讲师的人生观、世界观和价值观要符合当今时代的要求。

4.处事有原则、富有正能量

讲师要有自己的观点和立场，观点要立意正确，立场要坚定，既不能一味迎合，毫无底线和原则，又不能迷信权威。课程设计要选择有正能量的素材。

二、全局意识

1.具有平等参与意识

平等参与意识既包括学员与讲师之间的平等参与，又包括学员和学员之间的平等参与。一方面，讲师要充分尊重学员，鼓励学员积极主动地参与课堂教学，给学员表达诉求和展示自我的机会。有的学员可能理论水平和表达能力不如讲师，但实践经验比较丰富。讲师的作用就是帮他们梳理知识体系，并将理论知识和工作实践整合在一起。另一方面，讲师要创设良好的教学环境，保证每一个学员都是参与者，以提高学员的学习主动性，推动学员之间互相学习，共同进步。

2.具有监督意识

监督意识既有自我监督，又有互相监督。讲师要对自己的职业保持敬畏之心，加强自我监督意识，自律、自制、自省、修德、节欲。同时，自觉接受学员、学校（或企业）的监督，修身慎行、怀德自重、清廉自守。在主动接受监督的基础上，积极开展监督，抓早抓小，防微杜渐。

3.具有责任意识

具有责任意识，是指对自己负责，对学员负责，对企业负责和对社会负责。

对自己负责就是讲有经验、有体会、有研究、有思想的课程。对学员负责就是因人而异、因材施教，指出学员的不足，提升学员的水平。对企业负责，就是根据企业实际情况，帮助企业认识发展前景。对社会负责，就是从自我做起，从小事做起，培养社会责任感。

4.要有协商意识

讲师要培养学员的协调能力、组织能力、实践能力和民主协商能力。

第二节 家政培训讲师的礼仪

礼仪是指人们在一定的社交场合，为表示尊重、友好而约定俗成的、共同遵循的行为规范和交往程序，可以让我们的人际关系和谐圆融，让我们的生活更加秩序井然。

礼是指礼节、礼貌、礼俗，仪即仪表、仪态、仪容和仪式。作为讲师，要明礼守节，熟悉、掌握并运用好各种礼仪规范，内化于心，外化于行，不做作，不矫饰，在日常生活和教学实践中将礼仪运用自如。

一、语言礼仪

语言是社会交往中用来表达思想、交流感情、沟通信息和传递知识的工具。对于家政培训讲师而言，语言尤为重要，特别是在课堂教学中，语言是驾驭教学最直接、最主要的表现手段，教学语言是保证和提高教学质量的重要基础。

1.日常语言礼仪

在日常生活中，讲师要言之有据，言之有理，言之有情。多用"您好""大家好""谢谢""请""对不起"等礼貌用语，语义要准确恰当，语调要自然平和，语序要流畅通顺，展现良好的礼仪修养。特别是对学员的问好道别，讲师要认真回礼，让学员做事要用"请"，做完要对学员说"谢谢"。

2.授课语言礼仪

语言是讲师授课的主要媒介。语言礼仪在极大程度上体现了讲师的课堂教学礼仪。

（1）概念。

授课语言既包括为组织课堂教学而使用的专门语言，如课前对学员的问候，上课过程中与学员的互动；还包括讲师为讲授教学内容而使用的教学用语，如讲解、提问、答疑、启发、引导、总结等，以及教学过程中给予学员的必要的评价性语言。无论是哪类课堂教学语言，讲师的语言表达都要在遵循教育性、科学性、逻辑性、艺术性的同时，符合礼仪规范。

（2）基本要求。

要讲标准规范的普通话，不能使用方言、俚语、土话讲课，要求发音准确，吐字清晰；语调柔和，语气亲切明朗；语速、音量适中，讲究音调的高低起伏，抑扬顿挫，富有节奏感，避免平铺直叙、呆板枯燥。

授课时要简明扼要、用语精当，做到深入浅出、形象直观、通俗易懂，不可咬文嚼字，故弄玄虚。

对学员使用积极的评价方式，采用鼓励、表扬、肯定、赏识性的语言，同时还要保持一定的幽默感，使学员积极主动地投入学习中，保证学习效果。

二、仪表仪容礼仪

得体的衣着打扮和彬彬有礼的行为举止，既是对别人的尊重，也是职业认同感的体现，可以说是自身修养的外在表现。作为家政培训讲师，讲究仪容仪表更是不可或缺的重要内容。

1.发型

应以整齐、清爽为首要条件，简洁、大方、端庄。男讲师不宜留长发、剃光头，女讲师不宜过分新潮，头发不宜染成红、黄、灰、绿等特异色，头饰不宜复杂、怪异。

2.妆容

化妆可以增添自信，缓解压力，也是对学员的尊重和礼貌。宜淡妆，注意妆容和发型、服装、饰物相配合，扬长避短；忌浓妆艳抹或使用气味浓烈的香水。

3.着装

衣着整洁美观，样式大方得体，颜色中正和谐，要与自己的性格特点、年龄、体型相符合。男士以西装为主，女士以西装套装或西装套裙为主；忌奇装异服或打扮妖艳夸张。

三、举止礼仪

1.站姿

讲师登台亮相的时候，一定要站到前台的正中央，站姿要端庄、稳重、挺直，保证全场学员都能够在自己目光范围之内。

（1）基本要求。

平立等肩，抬头、收腹、挺胸，并且尽量做到腿部、臀部、腰部肌肉绷紧。

（2）站立形式。

一般有两种形式：一是平行式，两腿挺直，两脚自然分开，距离与肩同宽，略呈八字形；二是前后式，两脚前后自然分开，间距适中。忌勾腰缩背、双脚分得太宽或移动太频繁，也不要长期面对某个区域、单脚站立或倚墙、靠窗。

2.坐姿

坐姿是讲师坐着讲课时的姿态。其基本要求是保持身体端正，腰板挺直，不要抖腿或跷二郎腿；避免用一只手撑着下巴或趴在讲桌上讲课。

3.走姿

其基本要求是"步步为营"，在课堂上每走几步就要停下来站定，步幅适中，频率轻缓。

讲师在课堂教学中进行讲解、示范或板书时，要注意自己站立的位置和活动的范围，通过适当地在讲台走动、变换位置，来照顾不同位置的学员，使所有学员都能看清、听清自己的讲解，能够看到自己的示范动作和板书。通常，走动以围绕讲台为宜，幅度不宜过大，否则会分散学员听课的注意力；走动时需稳健、庄重，避免触碰学员的课桌和文具。

4.手势

手势指的是手部或手臂的姿势。它可以有效地展示讲师的心理状态。手势配合语言，可以令学员感受到讲师的意图和情绪。但是，一旦运用不当，就会使学员认为讲师缺乏自信，不具备培训的资格或是轻视培训。

（1）总体要求。

手势幅度可以大一些，以保证舒展大方；高度以齐胸及以上为宜；频率应尽量小。

如果讲师还不善于自然、有效地运用手势，可以选择自然合拢十指，打开双手，使手掌间距与肩同宽，同时肘部距离身体两侧8厘米左右，在讲话过程中轻微地摆动双手（保持腕部的紧张）。这是一种通用的手势。

（2）常用的、有一定含义的手势（见表3-1-1）。

表3-2-1 常用手势及其含义

用途	示例	规范手势
肯定学员	学员取得成功，讲师让全体学员祝贺	鼓掌
赞赏学员	赞扬学员学习活动中的突出表现	竖起大拇指
课堂指令	提问	讲师提出问题后，手掌张开，五指并拢，手心朝上，表示有请。请学员回答完问题后，手心朝下，示意坐下
维持课堂秩序	课堂教学即将开始，学员仍在喧哗	讲师双手拍两下引起学员注意，然后两掌手心朝下按下，示意大家安静
突出教学重点和难点	教学时用手指黑板上的字；用PPT教学时，通常用激光笔指示重点部分，激光笔是手的延伸	五指并拢，指向教学中的重点部分

（续表）

辅助教学，化抽象为形象	讲师用手势对一些事物的形状、高度、体积、动作等用手势来形容，化抽象为形象，引起学员生动、直观的想象	没有固定的动作模式，比如西瓜这么大（用双手做大小姿势），那条鱼有这么长（双手分开一段距离）

（3）要尽量避免的错误手势。

双手交叉抱在胸前：不愿意听他人反馈和不同意见。

用手捏着衣角：不自信。

玩弄手中的笔（写字的或是具有指示/翻页功能的激光笔）：会令学员分神且厌烦。

把手插在口袋里：过于随意、不重视培训。

把手背在身后：过度自负、居高临下。

四、商务礼仪

商务礼仪是用来规范和约束日常商务活动、体现相互尊重的行为准则。准确规范的礼仪是提升讲师个人形象、维护企业形象的加分项。

1.握手礼仪

（1）正确姿势。

握手时，应起身站立，面向对方，目视对方双眼，面含笑容，距离约1米时伸出右手，握住对方右手，稍许上下晃动一下。握手力度不可过轻，也不可过重。若用力过轻，有怠慢对方之嫌；用力过重，则会使对方难以接受并心生反感。握手时间以3秒左右为宜。

（2）握手顺序。

握手的先后顺序应根据握手双方的年龄、社会地位、身份性别及有关条件来确定。

在正式场合，握手时伸手的先后次序主要取决于职位、身份；在社交、休闲场合则主要取决于年龄、性别、婚否。

职位、身份高者与职位、身份低者握手，应由职位、身份高者首先伸出手来；女士与男士握手，应由女士首先伸出手来；已婚者与未婚者握手，应由已婚者首先伸出手来；年长者与年幼者握手，应由年长者首先伸出手来；长辈与晚辈握手，应由长辈首先伸出手来；社交场合的先至者与后来者握手，应由先至者首先伸出手来。

2.会面礼仪

会面礼仪是指在商务活动中与他人见面时应遵循的行为规范和准则，主要包括恰当的称谓、打招呼，适当的介绍，热情的问候等礼仪规范。

初次见面，需要做自我介绍或是介绍他人。因此，介绍要真实，详略得当，要有意识地抓住重点，言简意赅，时间以半分钟左右为佳。介绍他人时，要遵守"尊者先了解情况"的原则，即把地位低的人介绍给地位高的人，把晚辈介绍给长辈，把男士介绍给女士，把与自己关系亲密的家人或亲友介绍给客人或关系一般的人。

介绍或打招呼时，以双目注视对方，面含笑意，语带春风，主动热情地问候对方，神态自然大方，做到"话到、眼到、意到"。

3.谈吐礼仪

（1）基本要求。

谈吐文明优雅，语言清晰，语速适中，音量适宜，恰当地使用称呼，对人要用敬称，对己要用谦称。

打招呼要主动热情，真诚友好，少用专业术语，多用通俗易懂、简单明了的礼貌用语，避免双关语、忌讳语、不当言词。

根据环境、交往对象的变换，使用不同的关怀话语，自然展现合适的肢体语言，以此拉近与交往对象之间的距离。

（2）注意事项。

谈话内容根据谈话对象适时调整，话题健康适当，不宜谈论庸俗低级的内容，更不应传播小道消息。可有意识地选择欢乐轻松的话题，除非必要，切勿选择让对方感到沉闷、压抑、悲哀、难过的内容。同时，务必回避对方的忌讳，如不干涉对方的私生活、不询问对方单位的机密事宜等，以免引起误会。

4.交谈礼仪

交谈是人际交往中最迅速、最直接的一种沟通方式，在传递信息、增进了解、加深友谊方面起着十分重要的作用。

（1）基本要求。

交谈时要目光专注，或注视对方，或凝视思考，忌目光游离、漫无边际，学会用目光和别人交流；适当配合一定的面部表情和肢体语言，表达自己对对方的赞同、理解、认可，避免过分、多余的动作，更不要手舞足蹈、拉拉扯扯。不要在交谈时左顾右盼，或是双手置于脑后，或是高架二郎腿，甚至剪指甲、抠耳朵等。

（2）注意事项。

交谈时认真聆听对方的发言，用表情举止予以配合，切不可对他人的发言不闻不问、随意打断或插话。如确实想要插话，应向对方打招呼："对不起，我插一句可以吗？"但所插之言不可冗长，一两句即可。

要找到对方的兴趣所在，有目的地接近和了解对方，使对方愿意谈论自己感兴趣的话题，为进入谈话主题进行铺垫。选择话题还要看对象，交谈对象不同，所选择的话题和使用的语言、口气也应有所不同。谈话中若有急事需处理，应向对方打招呼并表示歉意。

5.电话礼仪

（1）基本要求。

选择适当的通话时间，尽量避开休息时间打电话。给他人打电话时，白天一般应该在早上七点以后，假日最好在早上九点以后；晚间则要在十点以前。对于有午睡习惯的人，也要避开午睡时间。打国际长途电话时，要注意时差和生活习惯，选择对方合适的时间。

接听电话时，要尽快接听，在接听电话的同时说"您好"并"自报家门"；有客人在座，应先向客人致歉并征得同意后再去接电话。电话铃响三下以后才接起电话时，应首先向对方致歉；当对方说明要找的人后，应说"请稍等"，然后尽快找到受话人。如果对方要找的人不在，可以据实相告，并客气地告诉对方，自己与他要找的人是什么关系，随后问一声"我能为您提供什么帮助吗？"若对方表示有事相告，则应取过纸笔当场记下，随后复述一下自己记录的要点，以检查有无差错，等来电要找的人回来后，应立即将记录转交，以免耽误工作。

（2）注意事项。

通话过程中，应避免打断对方的讲话，不时地轻轻"嗯"上一两声或说上一两句"是""对""好"之类的短语，以积极的态度回应对方。电话内容谈完后，可询问对方"您还有什么事吗？""还有什么要求？"之类的客套话。这样既是尊重对方，也是提醒对方。

第二篇

技能篇
JINENG
PIAN

第四章 如何讲好普通话

第一节 认识普通话

普通话是现代标准汉语的另一个称呼，是当今中国全体人员的通用语言。作为中华民族的一员，每个人都有义务学好、讲好普通话。对于讲师来说，率先推广使用普通话，既是让学员听得懂、听得清的基本要求，又是提高语言文字规范意识和应用能力的保证。

汉语拼音是学习普通话的主要工具。只要能掌握并熟练运用汉语拼音，学习普通话的速度就能大大提高，也有助于提高发音的准确性。普通话的音节一般由声母、韵母、声调三部分构成。

一、普通话声母

声母是汉语音节开头的辅音。普通话有21个辅音声母，不同的声母是由不同的发音部位和发音方法决定的。发音部位指气流受到阻碍的位置，发音方法指阻碍气流和解除阻碍的方式、气流的强弱及声带是否颤动等。按发音部位，声母可分为七类：双唇音、唇齿音、舌尖前音、舌尖中音、舌尖后音、舌面音、舌根音；按发音方法，声母可分为五类：塞音、擦音、塞擦音、鼻音、边音。如表4-1-1所示。

表4-1-1 普通话声母总表

发音部位	塞音		塞擦音		擦音		鼻音	边音
	清音		清音		清音	浊音	浊音	浊音
	不送气	送气	不送气	送气				
双唇音	b	p					m	
唇齿音					f			

（续表）

舌尖前音			z	c	s		
舌尖中音	d	t				n	l
舌尖后音			zh	ch	sh	r	
舌面音			j	q	x		
舌根音	g	k			h		

二、普通话韵母

普通话韵母共有39个，按结构可以分为单韵母、复韵母、鼻韵母；按开头元音发音口形可分为开口呼、齐齿呼、合口呼、撮口呼，简称"四呼"。

（一）单韵母

由一个元音构成的韵母叫单韵母，又叫单元音韵母。单元音韵母发音的特点是自始至终口型不变，舌位不移动。普通话中单元音韵母共有十个：a、o、e、ê、i、u、ü、-i（前）、-i（后）、er。如表4-1-2所示。

表4-1-2 普通话韵母总表

按结构分	按口型分				按韵尾分
	开口呼	齐齿呼	合口呼	撮口呼	
单韵母	èi	i	u	ü	无韵尾韵母
	a	ia	ua		
	o		uo		
单韵母	e				无韵尾韵母
	ê	ie		üe	
	er				
复韵母	ai		uai		元音韵尾韵母
	ei		uei		
	ao	iao			
	ou	iou			
鼻韵母	an	ian	uan	üan	鼻音韵尾韵母
	en	in	uen	ün	
	ang	iang	uang		
	eng	ing	ueng		
			ong	iong	

（二）复韵母

由两个或三个元音结合而成的韵母叫复韵母。普通话共有13个复韵母：ai、ei、ao、ou、ia、ie、ua、uo、üe、iao、iou、uai、uei，如表4-1-2所示。根据主要元音所处的位置，复韵母可分为前响复韵母（ai、ei、ao、ou）、中响复韵母（iao、iou、uai、uei）和后响复韵母（ia、ie、ua、uo、üe）。

需要注意的是，后响复韵母在自成音节时，韵头i、u、ü改写成y、w、yu。

中响复韵母在自成音节时，韵头i、u改写成y、w。复韵母iou、uei前面加声母的时候，要省写成iu、ui，例如liu（留）、gui（归）等；不跟声母相拼时，不能省写用y、w开头，写成you（油）、wei（威）等。

（三）鼻韵母

由一个或两个元音带上鼻辅音构成的韵母叫鼻韵母。鼻韵母共有16个：an、ian、uan、üan、en、in、uen、ün、ang、iang、uang、eng、ing、ueng、ong、iong。如表4-1-2所示。

iang、iong、uang、ueng自成音节时，韵头i、u改写成y、w。

另外，uen跟声母相拼时，省写作un。例如lun（伦）、chun（春）。uen自成音节时，仍按照拼写规则，写作wen（温）。

三、普通话声调

声调是音节的高低升降形式，主要由音高决定。音乐中的音阶也是由音高决定的，因此，声调可以用音阶来模拟，学习声调也可以借助于自己的乐感。但要注意，声调的音高是相对的，不是绝对的；声调的升降变化是滑动的，不是从一个音阶到另一个音阶那样跳跃式地移动。

普通话有四个声调，即阴平、阳平、上声和去声。

阴平：念高平，声带绷到最紧，始终无明显变化，保持音高。例如：青春光辉、春天花开、公司通知、新屋出租。

阳平：念高升（或说中升），起音比阴平稍低，然后升到高。声带从不松不紧开始，逐步绷紧，直到最紧，声音从不低不高到最高。例如：人民银行、连年和平、农民犁田、圆形循环。

上（shǎng）声：念降升，起音半低，先降后升，声带从略微有些紧张开始，立刻松弛下来，稍稍延长，然后迅速绷紧，但没有绷到最紧。例如：彼此理解、理想美满、永远友好、管理很好。另外，上声在跟上声相连或跟别的声调相连的时候，都要念变调。例如，每天 měi tiān，每年 měi nián，每月 měi yuè，美好 měi hǎo，厂长 chǎng zhǎng，领导 lǐng dǎo。

去声：念高降（或称全降），起音高，接着往下滑，声带从紧开始到完全松弛为止，声音从高到低，音长是最短的。例如：下次注意、世界教育、报告胜利、创造利润。

第二节　掌握普通话的关键

在普通话语音里，舌尖前音 z、c、s 和舌尖后音 zh、ch、sh 是两组发音完全不同的声母。发声母 z、c、s 的时候，舌尖平伸，所以又叫平舌音。发声母 zh、ch、sh 的时候，舌尖上翘，所以又叫翘舌音。

全国很多方言区都会出现平翘舌不分的情况，如大部分南方方言区、东北三省、江汉平原各地，多把翘舌音读成平舌音。比如"开始"读成"开死"。因此，学习普通话，分辨 z、c、s 和 zh、ch、sh 很重要。

一、掌握难点

（一）舌尖前音：z、c、s

z 发音时，舌尖平伸，抵住上齿背，软腭上升，关闭鼻腔通道，声带不振动，气流较弱，首先冲开一条窄缝，然后从窄缝中挤出，摩擦成声。如"总则""自在"的声母。

c 和 z 的发音区别不大，不同的地方在于 c 气流较强。

c 发音时，舌尖轻轻抵住上齿背，软腭上升，关闭鼻腔通道，声带不振动，气流较强，首先冲开一条窄缝，然后再从窄缝中挤出，摩擦成声。如"层次""参差"的声母。

s 发音时，舌尖接近上齿，形成一条窄缝，软腭上升，关闭鼻腔通道，声带不振动，气流从窄缝中挤出，摩擦成声。如"思索""松散"的声母。

（二）舌尖后音：zh、ch、sh

zh 发音时，舌尖上翘，抵住硬腭前部，软腭上升，关闭鼻腔通道，声带不振动，气流较弱，把阻碍冲开一条窄缝，从窄缝中挤出，摩擦成声。如"庄重""主张"的声母。

ch发音的方式与zh相近，只是气流较强。发音时舌尖上翘，抵住硬腭前部，软腭上升，关闭鼻腔通道，声带不振动，气流较强。首先将阻碍冲开一条窄缝，然后经窄缝摩擦成声。如"车床""长城"的声母。

sh发音时舌尖上翘，接近硬腭前部，形成窄缝，软腭上升，关闭鼻腔通道，声带不振动，气流从窄缝中挤出，摩擦成声。如"闪烁""山水"的声母。

（三）zh、ch、sh和z、c、s对比辨音练习

表4-2-1 zh、ch、sh和z、c、s对比辨音练习

自zì愿—志zhì愿	鱼刺cì—鱼翅chì	私sī人—诗shī人	仿造zào—仿照zhào
粗cū布—初chū步	姿zī势—知zhī识	新春chūn—新村cūn	宗zōng旨—中zhōng止
资zī助—支zhī柱	自zì动—制zhì动	物资zī—物质zhì	糟zāo了—招zhāo了
近似sì—近视shì	搜sōu集—收shōu集	增zēng订—征zhēng订	从cóng来—重chóng来
支zhī援—资zī源	主zhǔ力—阻zǔ力	木柴chái—木材cái	商shāng业—桑sāng叶
申诉sù—申述shù	摘zhāi花—栽zāi花	午睡shuì—五岁suì	八成chéng—八层céng
树shù立—肃sù立	找zhǎo到—早zǎo到	乱吵chǎo—乱草cǎo	山shān顶—三sān顶

（四）绕口令练习

四是四，十是十，十四是十四，四十是四十，不要把十四说成四十，不要把四十说成十四。

有个孩子撕字纸，一撕横字纸，再撕竖字纸，横竖撕了四十四张湿字纸。

大柴和小柴，帮蔡爷爷晒柴和菜。大柴晒柴小柴晒菜，大柴晒柴比小柴晒菜快，小柴晒菜紧紧追大柴。大柴晒柴不怕烈日晒，小柴晒菜烈日下不怕晒。晒干了蔡爷爷的柴和菜，大伙都夸大柴和小柴。

二、把握语旨

语旨指语言在特定语境中的主要内容及主要目的，相当于我们写文章时所说的主题。其表达的是说话者的某个用意，可以是陈述一个事实、确认某个事件、发出某个指令、提出某个请求、给予某个警告、做出某种承诺等。

在人际交往过程中，做到语旨明确，语义清晰，才能让对方了解到你的观点、想法，保证交流顺畅进行。

三、注意语境

1.概念

语境即使用语言的环境。在任何语言交际中，语境总是决定着交际的内容。常言说"上什么山唱什么歌，对什么人说什么话"。语境决定着双方谈话的内容，可以说，具体的语境对交际双方的每句话的语义都有制约作用，也就是说，每句话在不同的语境中所传达的信息不同。

语境并非在交际之前给定，而是交际双方在使用语言的过程中动态生成的，随着交际过程的发展而不断发展和更新。

不同的语境决定了交际的不同类型和方式，所以语境对话语的语义和形式的组合及语体风格等，都有较大的影响和制约作用。

2.分类

从语境对语言所产生的作用看，语境有外显性语境和内隐性语境两大类。

（1）外显性语境。

外显性语境包括话语的上下文、具体的话题、语言的时间、地点、场景、话语主体乃至于身势、神态等非语言环境因素，它们在理解过程中呈外显的形态，比较容易被认识并把握，可以直接传递信息，引导人们准确理解语义，及时反馈信息，随时调节语境气氛。

（2）内隐性语境。

内隐性语境包括语言主体的背景知识、所处的时代环境、文化环境等因素，它们在理解过程中呈内隐的形态，不太明显，也不易为人所认识和把握。从功能上看，内隐性语境能间接地表现言外之意，影响交际者对语言的选择和调节，影响语言的风格和交际效果。

内隐性语境和外显性语境是相互依存的关系：通过外显性语境可以把握内隐性语境的意义，依据内隐性语境的意义可以了解外显性语境意义。

四、用好语流

1.概念

语流，可以理解为一系列有连贯意义的语言表达过程。有声语言的表达是动态的，一个个字，一句句话，从我们的口中流淌出来就形成了不断起伏的语流，思想感情的不断变动是语流曲折性的内在力量，口腔、气息、声音的丰富变化是语流曲折性的关键。

2.特征

语流的曲折性和波浪式，是语气丰富变化的外部特征。

（1）流畅性。表达要流畅，不卡顿，保持意义的完整。

（2）序列性。语义表达有先有后，逻辑性依次递进。

（3）起伏性。声调有高有低，抑扬顿挫，起伏有律，节奏适当。

第三节　普通话的训练方式

普通话的学习成效和水平受制于许多因素。有客观因素，如语言环境、方言母语的影响；有个人的主观因素，如学习动机、学习态度、学习方法等。因此，在学习普通话的过程中，学习者除了要掌握科学有效的方法之外，还应转变认知误区，克服自己的盲区，消除因思维定式、心理误区而带来的不良影响。

一、培养良好的心态

1.克服地域、年龄障碍，消除畏难心理

中国地域广大，人口众多，因此方言的区别较大。北京、东北地区的方言与普通话比较接近，而吴、粤、闽、赣、湘、客家等方言区的方言与普通话差距甚大，生活在这些地区的人掌握普通话的困难也更大。如年龄渐长，则更容易产生畏难情绪和自卑心理，放弃对普通话的学习。其实，对于大多数人而言，虽然所使用的语言发音相去甚远，但记录语音的汉字却是相同的。因此，只要掌握了汉语拼音，就能以简驭繁，事半功倍。

2.加强韧性教育，克服急躁和懈怠心理

普通话学习不是一蹴而就的事，改变语音的过程实则是改变习惯的过程，不能急于求成，必须有持之以恒的决心和量的积累，才可能有质的飞跃。"三天打鱼，两天晒网"是语言学习的大忌，故学习者需要下定决心、坚持不懈，才能确保学习的主动性和积极性。

二、掌握科学的方法

要说好普通话，多听、多说、多练是法宝。要找出普通话和自己所说方言之间的差别，有针对性地区分、练习，方能事半功倍。

1.多听多练，坚持不懈

听是说的基础，要会说，得先学会听，这是语言习得的规律，无论是学说普通话，还是学习其他外语，练好听力是第一步。练习普通话可以将语音的训练与词汇、语法结合起来，以单音节—多音节—语段—语篇这样的综合训练模式为主，听—读—说三步走，通过听音辨音，跟读模仿，对照练习，最后学以致用，运用到日常口语中去。

2.多读多说，说准说对

说之前先掌握拼音字母的正确发音，这是基础，不能本末倒置。发音是否准确与听音、辨音的能力有关，所以，首先要提高语音的分辨力。在掌握了正确发音的基础上，还要通过反复练习，达到完全熟练的程度。拼音熟练了，可以练习绕口令。不要盲目追求语速快，而是以读对、读准为原则，在读对读准的基础上慢慢提速。绕口令的选择是先易后难，慢慢加码。

日常会话中，坚持说普通话，锻炼说普通话的感觉，在说中学，在学中说。可以用中央人民广播电台、中央电视台的新闻联播为素材，边听边看边模仿电视上主持人的口型、发音，反复练习。

读报纸或是诵读古诗词时，可以给自己的练习录音，再和正确的朗读材料相比对，以便及时发现问题并进行改正。也可以利用一些普通话练习软件、配音软件，在线学习、测试等，增强学习的趣味性。

第五章 教学设计

教学设计也称培训备课，是家政培训讲师根据家政培训项目、培训方案、课程内容和学员的具体情况设计和编写教学方案（简称教案）的过程，是将家政培训讲师的内在素质转化为现实教学能力的过程。教学设计输入的是培训方案，输出的是教案和单元教学设计，以及相应的培训课件、复习思考题和考核题目。可以说，教学设计是课堂教学的起点和基础，是决定课堂教学质量高低的重要一环。

第一节　教学目标和内容

一、确定教学目标

（一）教学目标概论

教学目标是指培训项目（或教学活动）的目的和预期成果，是建立在培训需求分析基础上的。培训需求分析明确了受训人员所需提升的能力，据此确定具体的、可评价的培训目标。

1.分类

根据不同的分类标准，教学目标可以分为不同类型。

（1）按层级分。

教学目标按层级分为总体教学目标和单元教学目标两部分。前者是一种概括性的总体要求，是一级目标，较为抽象，时间跨度较长，是培训项目预期达到的最终效果或标准。后者是一种具体化的要求，和一个课程单元或课题相对应，是总目标的分目标，是二级目标。

（2）按性质分。

教学目标从性质上可分为两类：一种是定量目标，可以用数字来量化，例如，"2分钟内把一个Excel表格拷贝到Word文档中"；一种是定性目标，是用变化的趋势来表现教学活动达到的目标，例如，"能够运用恰当的管理方法实现共赢沟通的结果"。

选择定性目标还是定量目标，要根据实际情况来定。在课程实施过程中，由于教学效果本身会受到很多因素的影响，所以，有些目标可以通过定量的方式来检查，而有些目标却只能通过定性的方式来检验，这也是教学活动很难体现在业绩上的根本原因。

2.构成

（1）构成要素。

教学目标一般由以下四个要素构成。

人员要素：即培训项目的培训对象是谁。

条件要素：在什么条件下达到什么样的标准。

标准要素：即做到什么程度，其界定必须清楚明确，使学员在培训中有明确的努力方向。

内容要素：期望学员做什么事情，可分为三类：一是知识的传授，二是技能的培养，三是态度的转变。

（2）书写格式。

可以用以下句式书写教学目标：

定量目标：学习后，（谁）在（什么条件下），达到（什么标准），（做什么）。

定性目标：学习后，（谁）在（什么条件下），能够运用（什么标准），掌握/实现/达到（什么内容/效果/目标）。

3.作用

教学目标是教学方案实施的"导航灯"。对讲师来说，教学目标明确，就能确定单元课程的教学内容，积极为实现教学目标努力。反之，如果教学目标不明确，就会使讲师和受训者偏离学习轨道，造成人力、物力和时间的浪费，甚至导致培训失败。具体来讲，教学目标具有以下作用。

（1）能结合受训者、管理者、企业等各方面的需要，实现培训的目标。

（2）帮助受训者理解其为什么需要培训。

（3）协调训练的目标与企业的目标相一致，使培训目标服从企业目标。

（4）能够指导教学过程的有序开展及实施。

（5）确保培训目的的顺利达成，提高教学效率。

（6）给教学效果的评价提供了一个衡量标准，即以教学目标为依据，根据目标的达成程度判断教学效果的好坏和教学质量的高低。

（二）设定总体教学目标

总体教学目标是从宏观的角度根据培训目的来制定总的目标，是教学内容的总体方向。比如，培养家政培训讲师的总体教学目标就是让学员在学完所有课程后，能独立开展家政培训工作。它是一个长期的、整体的、定性的目标。

（三）制定课堂教学目标

课堂教学目标是总体教学目标的细化、分解，具体到每一堂课、每一项技能的拆解讲授、练习操作，是为实现总体教学目标，要求学员在每堂课上应该达到的目标和标准，可以通过测试和练习的方式检验。通俗地讲，在课堂上，"以什么标准做什么"或"做什么，达到什么样的标准"，就是课堂教学目标。

比如，总体目标是培养合格的家政培训讲师，分解到每一堂课，就是具体到哪一堂课讲课件制作，哪一堂课讲技能操作。课堂教学目标的达成，可以保证总体教学目标的顺利实施。

1.课堂教学目标的构成

要从知识目标、能力目标、态度目标三个方面去设计。

（1）知识目标。

即每门课程的基本知识，一般指完成一个教学任务所需了解的概念、分类、组成、原理等。

（2）能力目标。

掌握发现问题、思考问题、解决问题的能力；学会学习，初步拥有创新能力和基本技能。

（3）态度目标。

让学员形成积极的学习态度，健康向上的人生态度，具有科学创新精神和正确的世界观、人生观和价值观，成为有社会责任感、使命感的公民。

2.课堂教学目标的书写格式

课堂教学目标讲的是"学员以什么标准学会了什么"，是可观察、可评价、可检验的，是课程单元培训目标的具体化。

（1）课堂教学目标的基本要素。

主体：主体必须是学员，而不是讲师，判断教学有没有效益的直接依据是学员有没有获得具体的进步，而不是讲师有没有完成任务。一般在写教学目标时，行为主体可以忽略。

条件：条件是指影响学员产生学习结果的特定的限制或范围。如"通过收集资料""通过观看影片""通过本课学习"，行为条件一般也可以省略。

行为：即"做什么"，表明学习的类型，常见的词语有背诵、描述、改写、列举、归纳、判断等。

标准：即"做到什么程度"，是学员学习后产生的行为变化的最低表现水平，用以评价学习表现或学习结果所能达到的程度。

（2）课堂教学目标的书写格式。

课堂教学目标的书写，可以参照以下格式。

培训后，学员在（什么条件下），能够运用（什么标准），完成（什么任务）。

知识目标常用的行为动词格式：描述……陈述……说明……识别……背诵……复述……。

能力目标常见的格式：运用（什么标准），完成／掌握／实现（什么内容）。

态度目标的一般格式：转变……态度，提高……认识。

二、编写教学内容

1.给课程命名

培训目标是课程的灵魂，课程设计的目标是为了实现培训目标，一个好的课程题目必须对学员有用、有好处，能引起学员的兴趣。

常见的课程命名形式主要有以下几种。

（1）直接用课程内容作为课程名称。

这样的命名方式简单直接，学员能一目了然地知道课程讲授的内容是什么，适合受众面广或全员必修的课程。比如，"PPT操作技巧"课程。

（2）"对象＋内容"的命名方式。

命名时将受众对象写在前面，课程内容写在后面，这种命名方式更好地体现了课程内容与学员之间的关联，适合同一岗位或同一工作类型的课程。比如，"家政培训讲师必备的九大职业能力"。

（3）"对象＋内容＋价值"的命名方式。

较前两种更能凸显课程的优势，是比较流行的命名方式，比如，"一节课教你打造高效能团队"。

（4）双标题命名方式。

在这种命名方式中，前面的标题称为引题，主要突出课程的价值和亮点，后面的标题称为主题，主要体现了课程的受众对象和课程内容。双标题命名因具有层次清晰和组合灵活的特点，已经被越来越多的讲师所使用。比如，"玩转Photoshop——手把手教你做图片处理大师"。

2.确定课程结构

课堂教学目标和课程名称确定以后，就是课程结构的设计。课程结构也叫课程大纲，就是把课程整体划分成若干部分，各部分按内在逻辑顺序排列组合，确定重点、难点，提纲挈领，提炼出课程框架。

3.搭建课程主干

有了课程结构，我们就对课程有了一个整体的把握；然后根据课程结构，搭建课程结构的主干，再添"枝"加"叶"。主干一般是课件的目录部分，可以按组成、分类、方法、流程、递进关系等方式进行设计，讲师可根据课程内容的内在逻辑选择相应的结构形式。通常包括四个模块。

第一个模块是自我检视，通过游戏、测试等方式，帮助学员发现工作中存在的问题与思维上的误区，激发学员的学习欲望，使其实现正确的自我认知。

第二个模块是理论指导，在此模块中，要为学员提供解决问题的科学方法，并讲清理论依据。

第三个模块是实战演练，通过操作实训等形式，使学员的认知和理论得到实践的验证。

第四个模块是总结反思，通过课题研究、交流探讨等形式使学员联系工作实际，将学习所得进一步升华，深入反思自身距离学习目标还有哪些差距，应在哪些方面继续努力。

4.完善课程细节

课程主干一经确定，应以主干为本，再添加主干下的枝节部分，也就是列举出每个大标题下的下一级标题，一级一级往下写，直到详细的文字部分为止。

5.确定重点难点

课程重点是教学内容的核心，是教学内容所渗透的基本思想、主要观点、科学概念、实践要领等；课程难点是指教学内容中学员难以突破、难以接受、不好理解和掌握的思想、观点、概念及操作方法等。二者既有区别，又有联系。有时重点不一定是难点，难点也不一定是重点，但有时重点和难点又是统一的。

（1）课程重点。

课程重点具有相对稳定性，因为教学内容的知识和技能体系具有相对稳定的内在逻辑联系，深入领会和掌握课程重点的这一基本特性，有助于避免和克服确定课程重点中的盲目性和随意性，从而确定课程重点。

（2）课程难点。

课程难点既取决于教学内容，更取决于讲师和学员的素质和能力。包括学员难学、讲师难教两方面因素，两者是相互影响、相互制约的。比如，同一教学内容，有的讲师较易讲清楚，不成为难点，有的讲师较难讲清楚，成为难点。

同样，对于同一教学内容，因为学员的素质和接受能力不同，也影响了它是否会成为难点。因此，教学难点具有不稳定性。

第二节　教案的编写

教案是讲师为顺利而有效地开展教学活动，根据教学目标的要求及学员的实际情况，以课时或课题为单位，对教学内容、教学目标、教学过程等进行具体的安排和设计而编写的一种实用性教学文书。

一个完整的教案应该包括每个课题或每个课时的教学内容，教学步骤的安排、教学方法的选择、板书设计、教具或现代化教学手段的应用、各个教学步骤或教学环节的时间分配等，具有很强的计划性，是保证教学成功、提高教学质量的基本条件。

一、教案编写的五大原则

1. 科学性

编写教案时应对教材内容读懂、吃透，并融会贯通，以保证教案编写时所呈现的思想观点、内容知识、教学方法准确、科学和有效，避免出现知识性错误。

2. 实用性

教的目的是为了学，所以，教案的编写也要着力于好用、能用、实用，克服形式主义，力求体现讲师个人的教学思想和教学风格，以利于教学活动的实施和教学目标的实现。

3. 针对性

讲师在编写教案时，不仅要从自己的角度体现怎么教的问题，更要从学员的实际出发，考虑怎么学的问题，综合考量学员的接受能力和知识水平，设计编写出适合学员接受水平、心理特点和思维规律的教学方案，有的放矢地进行教学，从而顺利推进教学活动的开展。

4. 创见性

教案是讲师教学思想和素质能力的体现，是课堂教学规划的蓝本，应具有创新性，有自己独特的观点和风格；同时也要学习借鉴别人的优秀教案，取长补短，但要避免照搬照抄。

5. 发展性

时代在前进，知识在迭代，学员也在不断变化。讲师在编写教案时，要坚持发展的观点，吐故纳新，因人、因事、因时而异，不断更新和拓展自己的知识领域，切忌"一本教案打天下"。

二、教案编写前的准备工作

"凡事预则立，不预则废。"教案是讲师授课的书面指导文件，需要精心设计。有了精心设计的教案，讲师授课才会有条不紊，从容不迫，脉络清晰，重点突出，从而确保教学目标的达成。因此，编写教案前，我们要做好以下工作。

1. 了解学员的实际情况

如学员的年龄结构、学历情况、工作技能与经验、需要解决的问题，对培训的态度、期望、以往的培训经历等，"知己知彼"，才能"百战不殆"。

2. 吃透教材

要对教材的结构、内容、内在逻辑关系读懂、吃透，深入理解，并能转化成自己的思想和知识。

3. 确定课题单元培训目标

根据培训方案，确定课题单元的培训目标和培训内容，然后根据课题单元的培训目标和培训内容确定教案名称，设计课程结构，分清教学重点、难点，选择合适的教学方法，并据此准备教学内容。

三、确定教案的主要结构

1. 教学目标

主要指本节课所要完成的教学任务，即课时目标。

2. 教学方法

根据授课内容及学员的认知水平，采取不同的教学方法，由浅入深，由具体到抽象，由感性到理性，循序渐进地进行教学。

3. 课型

课程的类型（理论型，实操型）。

4. 教具

教学过程中要用到什么样的教学工具来促进教学，从而提高教学质量和效果，如白板、白板笔、挂图、PPT、U盘等。

5. 教学过程

包括教学步骤以及时间分配，教学内容的安排与教学方法的具体运用。

6.板书设计

板书是讲师上课时在黑板上书写文字、符号，以传递教学内容的一种语言活动方式，是讲师在教学过程中帮助学员理解知识而利用黑板、言简意赅的文字、符号、表格等展现的教学信息的总称。板书设计的好坏与讲师的整体教学安排及教学理解分不开，综合考验讲师的各项水平。

7.作业设置

作业是对学员在课堂上是否已经掌握所学知识的反馈，是对讲师教学质量的评定。作业设置的形式不一，可以是口头作业，可以是书面作业，也可以是实际操作。

8.教学后记

教学后记一般包括三方面的内容：成功的经验记录，教学不足方面的教训记录，以及教学中的灵感记录，主要是帮助讲师及时评价自己的教学效果，改进教学水平。

四、编制完善教案

教案编制是讲师不断学习、不断提高的过程，做好了前期的准备工作，最后一步就是落笔成文，通过文字加工形成教案。

教案的书写形式可分为文字式、表格式和程序式。三者并非完全独立，也可以结合在一起运用。例如，文字式教案有时也插入表格，程序式教案也有文字说明等。

实际培训工作中，表格式教案的应用比较多，因为这种形式的教案简明、清晰，操作性强，使用方便，能充分反映讲师和学员的互动，体现讲师的主导作用和学员的主体地位（具体的教案模板格式、案例说明下文详述）。

五、编写教案的几个误区

1.注重书写，忽略新思想、新方法的体现

编写教案时，只关注书写是否工整，结构是否完整，环节是否清楚，字数的多少，板书设计的好坏等外在形式，而忽略了先进教学理念和创新教学方法这些本质内容，导致教案编写变成了形式上的"八股文"，使编写变成了抄写，失去了教案设计的意义。

2.注重教法，忽略差异性、个性化的体现

编写教案的过程中，讲师以自己为中心，过多地考虑自己怎么讲、怎么教，而忽视了学员怎么学，不以学员为主体去组织教学过程，无法实现以教促学、以导促学的目的；在教学内容、作业安排上，重统一，轻差异、轻分层，不注重因材施教；在教学安排上，重理论知识，轻实践操作，亦不利于教学目标的实现和教学效果的呈现。

3.注重详案，忽略合理性、操作性的体现

编写教案时"眉毛胡子一把抓"，分不清主次，面面俱到，将教案写成了烦琐冗长的讲稿，以至于上课时照本宣科，对教案设计的合理性与操作性缺乏深入细致的体现。这样既不利于灵活把握教学进程，也吸引不了学员的注意力，无法更好地完成教学任务。

六、教学设计格式模板

（一）教学内容及教学目标设计

（1）课题（说明本课名称）。

（2）课时（说明本课用几个课时）。

（3）课型（课程类型：理论型或实操型）。

（4）培训对象（本节课听课人）。

（5）教学目标（说明本课所要完成的教学任务）。

①知识目标；②能力目标；③态度目标。

（6）培训设备设施。

①资料；②培训设施；③场地布置。

（二）教学过程设计

教学活动过程（或称课堂结构，说明教学进行的内容，方法步骤）一般按教学环节和阶段来写，写清自己怎么教与学员怎么学的基本要点。包括教学流程、教师活动、教学重点难点、学员活动、课堂练习、作业布置等。

表格式教学设计格式模板

表 5-2-1 课程单元教学设计目标及内容

课程标题					
讲师			审核批准		
授课对象		时长		上课地点	
教学目标	能力指标		知识目标		态度目标
能力训练任务					
培训设备设施	1.资料 2.培训设备 3.场地布置				

表 5-2-2 培训教学过程设计

步骤	培训内容	教学方法	学员活动	教学设备	时间分配
引入	1.课程导入 2.介绍培训对象，教学目标和主要内容，明确课程重点				
讲授					
总结					
作业					

表格填写说明

1.在讲授阶段的培训内容中，要标出课程的重点和难点部分。

2.教学方法包括：讲授法（打比方、举例）、案例法、讨论法（小组讨论、邻座讨论）、提问法、游戏法、角色扮演法、演示法、实际操作法等。

3.学员活动：听课、回答问题、练习、小组讨论、观看视频（挂图）等。

4.教学设备：PPT、白板、白板笔、挂图、学员资料等。

案例学习

育婴师第一课时培训教案设计

表 5-2-3 课程单元教学设计目标及内容

本课标题	了解育婴师这个职业及《育婴师》这门课程				
讲师	XXX		审核批准		
授课对象	家政公司入职新员工	时长	30分钟	上课地点	公司会议室
培训教学目标	能力指标	知识目标		态度目标	
	育婴师的分级鉴定	熟练背诵育婴师的职业道德		转变对育婴师的错误认知，正确对待育婴师这个职业	
能力训练任务					
培训设备设施	1.资料：育婴师讲义 2.培训设备：手提电脑，投影仪，白板、白板笔各1个，无线麦克1个，音响设备，连接电脑的音频线 3.场地布置：培训现场采用会场式布置				

表 5-2-4 培训教学过程设计

步骤	培训内容	教学方法	学员活动	教学设备	时间分配
引入	一、课程导入 以社会经济的发展和文明程度的提升，年轻夫妻有经济实力没有养育经验，引出育婴师这一职业存在的必要性。今天我们就一起谈谈关于《育婴师》这门课程的含义及一名好的育婴师应具备的职业道德	讲授	学员听课	PPT 1-3	1分钟
	二、介绍培训对象，教学目标和主要内容，明确课程重点 课程目录： 职业定义 鉴定等级 职业道德（重点）	讲授	学员听课	PPT 4-5	1分钟
讲授	一、职业定义 1.提问：你认为育婴师是做什么的？和保姆有什么区别？学员回答，讲师补充 2.正确的定义	提问	学员思考并回答		5分钟
	二、鉴定等级 1.育婴员 2.育婴师 3.高级育婴师	讲授	学员听课		5分钟
	三、职业道德 1.学习勤奋 2.富有爱心、耐心、诚心和责任心 3.热爱儿童并尊重儿童 4.具有现代教育观念及科学育婴的专业知识 5.具有广泛的兴趣及宽泛的知识 6.善于沟通，具有与人合作的能力 7.具有解决问题和研究问题的能力 8.身心健康 9.爱好清洁，做事有条理性 10.有进取精神	讲授	学员听课	PPT 6-15	15分钟
总结	课程框架展示：知识，技能，技巧	讲授	学员听课	PPT 16	2分钟
作业	课后认真思考：育好婴儿，如何做起？				1分钟

第六章　课件制作

第一节　运用多媒体制作课件

多媒体课件就是利用计算机技术将教学的文本、图形、动画、声音、视频等多种媒体信息按照一定的教学目标、教学策略、教学方式组合在一起的教学程序，弥补了传统教学在直观感、立体感和动态感等方面的不足。

在实际教学过程中，好的多媒体课件可以充实课堂教学内容，丰富课堂教学手段，提高课堂教学实效，促进学员学习，从而保证教学目标的顺利达成。

一、课件制作原则

1.教育性

制作课件的目的是帮助学员掌握知识，促进学员专业能力的发展。所以说，教育性是多媒体课件制作的根本原则。

（1）明确教学目的。

为什么要制作这个课件？制作这个课件要解决什么问题？要在学员的知识、能力等方面引起哪些变化？对此，讲师要心中有数。

（2）明确教学对象。

课件制作要以学员为主，根据学员的实际情况来选择内容，控制难易程度。如果一个课件既适合中级水平的学员，也适合高级水平的学员，那就绝不是一个好课件。

（3）内容形式生动活泼。

内容形式要生动活泼，以激发学员的学习兴趣和积极性，不能搞成文字教材的翻版。

（4）解决教学重点、难点。

着力于解决教学中的重点和难点，力求将抽象的问题形象化，将复杂的问题简单化，为学员的学习提供帮助。

2.启发性

课件不是一节课的全部，也不能全部代替讲师的授课活动，而只是授课过程的一个辅助手段，其作用是帮助学员梳理并形成完整的知识框架，所以，讲师不必把课件做得面面俱到，更不能把应该由学员思考的问题轻易地展示出来，讲师要做的就是通过课件的辅助来实现对学员的启发和引导，从而激发学员积极学习的兴趣，促进学员主动进行探究与思考，提高学员的创造意识与学习能力。

3.科学性

课件内容要正确、准确、明确，具有科学性。离开了科学性，课件制作得再好也毫无意义。

（1）内容结构科学严谨。

内容结构科学严谨、无懈可击，内容阐述按内在逻辑顺序进行系统、合理的安排，以加深学习者对教学内容的理解和掌握。合理加工教学内容，注重用科学的方法来表达丰富的教学内容，从而使选材、例证更具有典型性和代表性，有助于启发学员的思维。

（2）素材选择真实可靠。

模拟试验要符合科学原理，图像、动画、视频以及画面色彩要真实可靠，不能因为单纯追求美观而破坏了对客观事物的真实反映。

二、课件制作标准

1.符合教案

课件制作是为教学内容服务的，所以要与教案相符，应紧紧围绕教学内容选择素材，为所要表达的内容服务，以突出学习主题。要主题鲜明，详略得当，言简意赅，恰到好处。

2.生动性

保持内容和图片的一致性，有文有形有图，能静能动，前后有序。在课件中合理地使用动画效果，可增加课件的趣味性和对学员的吸引力，但并不是所有的内容都适合使用动画效果。因此，动画的运用要适度、适量，一般情况下，主题词、文本正文最好不要设置动画效果，如需设置，也要尽量简单。而对正文的补充、解释或说明性的文本可以设置简单的进入和退出效果。

3.交互性

交互性是多媒体课件的主要特点之一，它可以提供图文并茂、丰富多彩的交互方式，并且可以立即反馈，有效激发学员的学习兴趣。在交互的过程安排上可以适当使用一些效果，使整个切换过程平缓、舒适，不致出现仓促的感觉。采用的音乐要恰当，要适合当前的画面和演示过程，并且要在适当的时机切入、停止，不能出现画面已停止而音乐还在继续的尴尬场面。

4.方便性

课件运行要流畅，操作要尽量简便灵活，因而界面设计应力求简洁、文字精练，有效突出教学内容、教学主题。与主题无关的或不能为主题服务的素材不要采用，不要片面追求"技术含量"。课件是为了方便教学，因此要尽量设置好各部分内容之间的转移控制，使其能根据现场教学情况改变演示进程，避免层次太多的交互操作。

5.个性化

课件形式和内容既要体现个人特色，又要兼顾学员感受，杜绝千篇一律，要保持讲师自己的特色。

6.艺术性

一个优秀的课件，是好的内容与美的形式的统一。所以，课件制作不能过于粗糙，各个部分要注意协调；课件的界面要美观和谐，色彩搭配要恰当，不能过于亮丽，也不能过于暗淡。一般文字颜色是亮色，背景色是暗色；忌五颜六色，过多的颜色会显得杂乱，分散学员的注意力。

第二节 PPT课件制作的常见误区和问题

作为一名专业的培训讲师，课件是课程必备的辅助工具，也是讲师的授课利器。可以说，制作课件是讲师必备的基本技能之一。相对于其他软件，PPT的操作相对简单，是大多数讲师的首选。然而，PPT的制作虽然简单，但也存在很多误区和问题。

一、PPT课件制作常见误区

1.过度依赖PPT

PPT只是课程教学的辅助工具，而不是主体。讲师制作PPT，是因为PPT有助于讲师理清思路，把握课程进度和节奏，帮助学员理解教学内容。过度依赖PPT、离开PPT就讲不成课，只会让课堂教学失去灵魂。

因此，讲师在授课过程中，没有必要在PPT上呈现大段的叙述性文字，而应该提炼主题词，帮助学员梳理并形成完整的学习框架，调动学员的视觉感知，强化学员的视觉印象。讲师可以借助PPT"锦上添花"，不能形成对PPT的过度依赖。

2.过于追求图片型PPT

图片型PPT是近几年流行的一种PPT风格，全图型PPT更是十分流行，有很多忠实的使用者。

全图型PPT在视觉方面的冲击力的确让人印象深刻，但这类PPT有适用场合上的局限性，如介绍严谨的工作时就不宜使用。而培训课程的PPT在使用图片的过程中也要根据教学课题、培训内容、培训对象的需要进行取舍。

适量的图片有利于吸引学员的注意力，避免课堂气氛的枯燥无味，但过量的图片堆砌也会分散学员的注意力，于课程的顺利进行无益。另外，找图片尤其是找风格统一的高质量图片是非常耗时的工作，图片的大量使用也会让整个PPT文件变大，运行过慢。因此，教学课件的制作要从服务教学和提高教学质量来考虑和选择。

3.把PPT当成课程开发

课程开发和课件制作有先后顺序之分，前者考察的是人的思维逻辑、知识能力，后者只是思维方式的线性呈现。有些讲师把课程开发简化成了PPT的制作过程，在课程开发方面的时间投入非常少，也没有接受系统的课程开发方法的训练，常常是要讲课了才提前几天突击准备课程，而准备课程就直接等同于PPT的制作，认为把PPT制作好了，课程就准备好了。事实上，这是一种偷懒的做法。

完整的课程设计与开发需要结合教学系统设计模式（ADDIE）进行，主要是整理思维，梳理内容，形成逻辑，赋予价值，专业呈现。做PPT只是把这些整理过的思维呈现出来，是讲师讲课的辅助工具。

4.不分讲师版和学员版

一般来说，学员讲义是讲师PPT的精减版，某些地方会删除内容留空，以便学员在听课过程中记录，让学员的思路跟着讲师走，随堂书写既可以加强学员对所学内容的记忆，又是对讲师的智力成果的保护。如果需要有拓展的阅读，可以在适当的时间把内容打印出来分发给学员，或给他们一个指定的网址。

如果讲师版PPT和学员版PPT几乎相同，而讲师在课堂上又没有展开讲解，那学员在课堂上就可以理所当然、毫无负担地开小差，从而影响课堂的培训效果。

二、PPT课件制作常见问题

1.文字过多

文字在解释某种概念或理论时，的确功不可没，但如果能结合相关图解、表格和图片，会更有利于学员理解，尤其是讲解一些较抽象的理论或概念。

有的讲师唯恐学员听不懂或者为了方便学员记笔记，把课件做成了缩小版的课本，满屏都是文字。殊不知，由文字堆砌而成的PPT不但容易造成视觉疲劳，而且也不利于学员对文字信息的接收。幻灯片的可视效果是强化表达的辅助手段，而不是课程原文的再现。所以，设计时要尽量减少文字，突出重要概念。

幻灯片页面上不完整的陈述，能强化学员的记忆，比全文再现效果好。在一个页面中，不要讲述太多内容，一次只给出一个重点。同时，可将文字图形化、图表化，因为图形或图表传递信息时更直观，效率更高。

2.画面过于拥挤

在PPT课件中，很多讲师喜欢在一个页面里放上许多内容，页面的信息容量看似提高了，实则会给学员造成阅读压力，也不容易让学员获得和理解相关信息，实际上大大降低了信息的传递效率。

一般来说，一个画面中出现一个相关的要点，全部要点按照一定的逻辑顺序依次展现是比较好的。内容单一，逻辑清晰，才有助于学员理解。如果非要在一页中挤下这么多内容，那不妨用简单的淡入淡出动画进行分割串联，确保学员在看到画面时根据逻辑顺序看到相关要点。

3.内容逻辑不清

有的课件初看时图片清晰，标题突出，文字内容有详有略，但细一探究，就会发现文字内容的逻辑关系混乱，前言不搭后语，表达不清。这一方面是因为讲师自身没有把知识内容吃透，对教学内容间的逻辑关系没有理清，从而导致了课件内容的逻辑混乱，主次不分。另一方面，是课件的版式设计、图片安排等设计不当，让学员对内容的逻辑关系理解有误，比如把非重点内容设置得过多或放在显眼的位置等。

课件并非一张张幻灯片的无序堆积，而是有先后顺序的，要根据课件内容选择出场顺序，不犯逻辑错误。可以多使用结构示意图，使演示内容间的逻辑关系更加清晰。

4.字体字号问题

制作课件时，选择什么字体、使用多大的字号并无一定之规，总体来说，字体、字号取决于离你的PPT投影面最远距离的大小。

通常，如无特殊要求，PPT上展示给学员看的文字最小要用24号字，最大不要超过60号字。字号过小，课件会显得拥挤；反之，则过于单薄。这些都会导致课件画面不美观，中心不突出。

另外，同一页面中使用的字体数量尽量不要超过三种，标题要加大加粗，正文用较细的字体（对比性原则），且要有一定的行间距；不同页面中相关内容的字体保持一致，不同内容的标题在各页面中的字体、字号和位置保持一致。字号的选择要遵循两点：不同内容的文字大小有一定的差异；字号不要过大，不要使文字内容占用过多的画面空间（留白原则）。

5.素材与技术滥用

对于自己辛苦收集的各类素材及刚掌握的技术，讲师们往往都会尽力在课件中展示出来，而对这些素材或技术的使用是突出了主题还是给学员造成信息接收的困扰却没有多加考虑。

要知道，形式是为内容服务的，并不是所有好看的元素都适合你的内容。在页面中加入不相关的设计元素，只会对学员产生干扰，对课件来说，始终是内容为王。

所以，在动手编辑之前，要明确主题，精选素材。尽量选择质量好的图片，不改变图片的比例，不要把多张图片放在一个页面上使用；统一素材图片的风格，如相同的边框、相同的色调等；对视频素材进行处理时，不出现与主题无关的内容；尽量不用声音素材，除非十分有必要；出场过渡效果最好不要超过五种。

6.页面风格统一问题

页面的风格不统一主要表现在两个方面：一是同一页面内元素风格不统一，如交互按钮与画面风格不一致；二是不同页面的风格不统一，如不同页面的背景图片、标题文字等元素均发生较大改变。

风格不统一，会让人感觉不专业，除了交互按钮图片与画面风格保持一致外，必须特别注意艺术字的使用。另外，对于从网上找到的素材图片一定要有选择，如果只是把很多漂亮的背景图片分别放在不同的页面上，会让课件无法产生统一的、稳定的学习氛围，并且会使学员的学习注意力发生转移。

7.画面色彩问题

有的讲师以个人爱好为出发点，不考虑颜色和课件内容之间的联系。课件整体色调或过于单调暗淡，或过于复杂鲜艳，画面颜色选择与主题明显不符。有的则把课件做成了调色盘，五颜六色，过于花哨，颜色选择过多且搭配不合理，课件缺乏美观性和专业度。

因此，制作PPT课件时，要根据课件主题和内容选择一个合适的主色调，同一个页面上尽量不要使用三种以上的颜色；背景色和字体颜色的对比度要强一些，方便学员看清楚；同级别主题的文字最好一直使用同种颜色和艺术效果，以保证结构清晰，纲举目张。当对色彩搭配不确定时，尽量不要使用很大差别的颜色，可尝试使用相近的颜色（如深浅不同的一种颜色）。

第三节　常用软件的基础操作

一、Word文档的基础操作（以WPS文字为例）

Word文档已经成为我们工作、学习和生活中必不可少的一款软件，其强大而简便的编辑、排版功能可以让我们非常方便地输出美观的文档。那么，如何快速上手Word软件，排出美观的文档呢？请看下列新手教程（以下内容以WPS软件为例讲解，通常电脑上都会安装这个软件）。

1.新建文档

在桌面上双击打开WPS文字的图标后，在图6-3-1所示界面的左上角点击"新建"，得到图6-3-2所示界面，再点击"新建空白文字"，得到图6-3-3所示界面，一个新的文档就建立了。

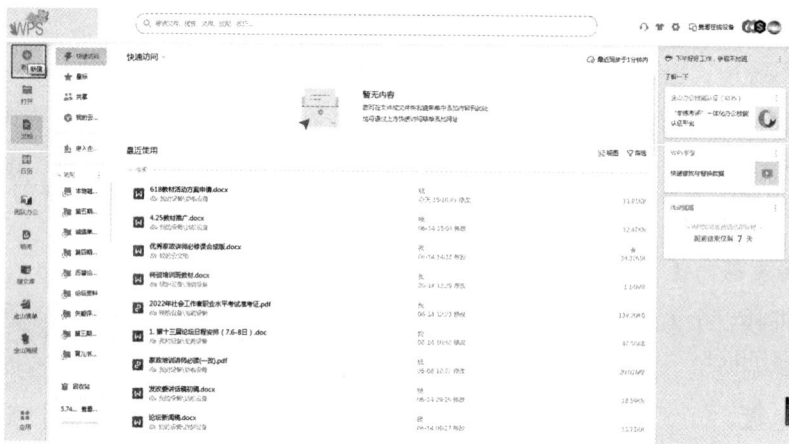

图 6-3-1

图 6-3-2

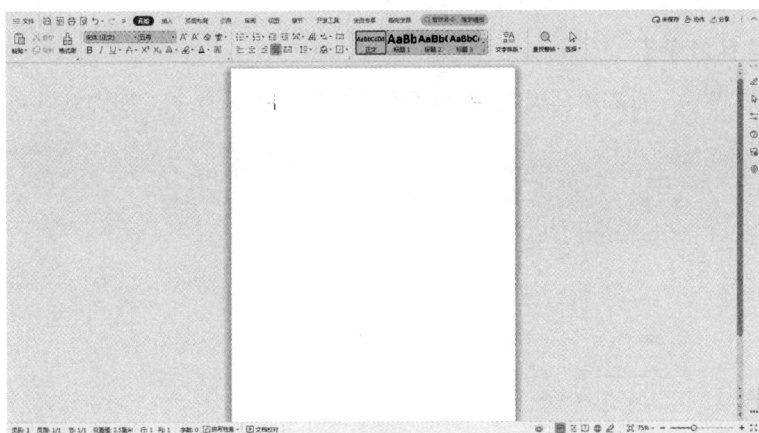

图 6-3-3

2.基本操作

在空白文档中输入文字，比如"师资培训班教材"，如图 6-3-4 所示。

输入的文字会出现在光标前方；按下键盘上的 Backspace 键可以删除内容；按下键盘上的 Enter 键可以换行输入；按下左上角的撤销 / 恢复按钮可以取消上一步的操作或者恢复上一步的撤销，如图 6-3-5 所示。

图 6-3-4

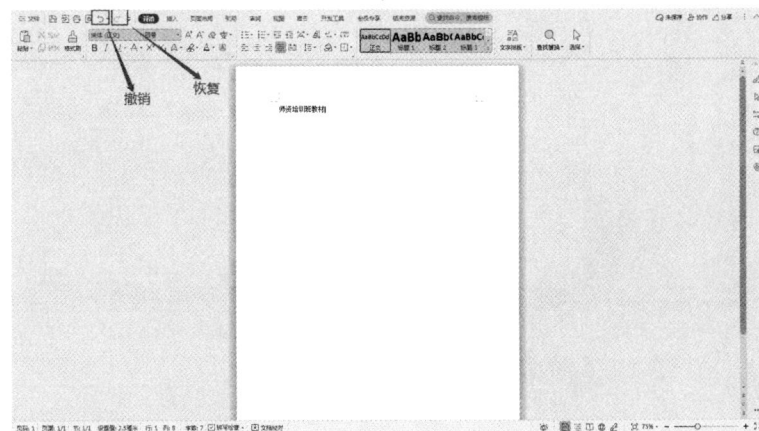

图 6-3-5

3.改变字体、字号

继续录入文字，通常新建文档默认字体字号为宋体五号字，如图6-3-6所示。

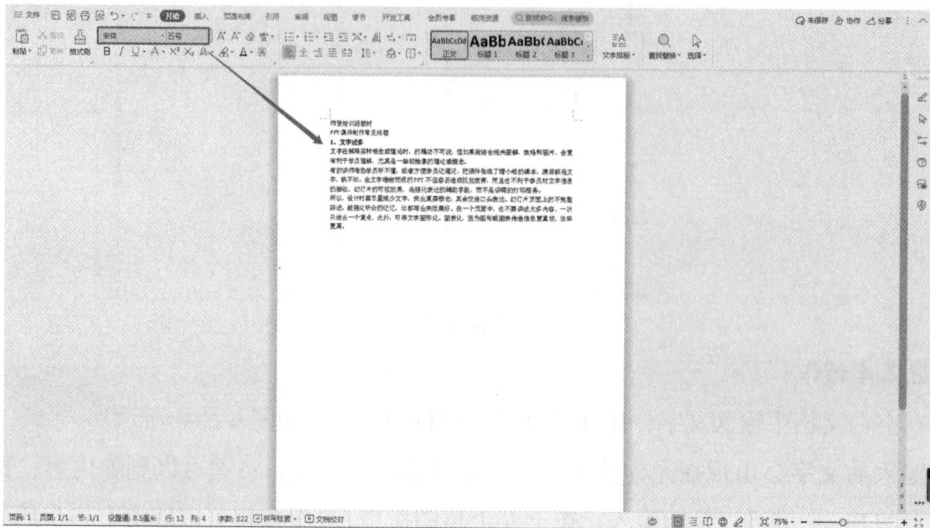

图 6-3-6

单击选择菜单栏"开始"命令，界面最上面的工具栏就会出现"字体、字号"选项按钮，以及加粗、斜体、下划线等选项按钮。首先按下左键选中需要改变的文字，然后在上方点击相应命令按钮即可修改内容样式，也可以点选工具栏中"选择"下拉菜单中的"全选"，选中所有文字。在这里我们设置成四号字，字体为微软雅黑。如图6-3-7、6-3-8所示。

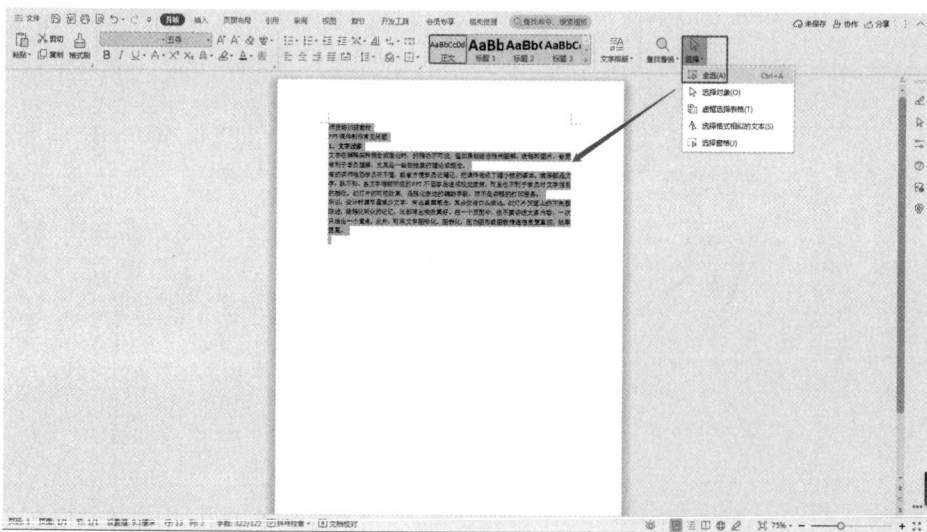

图 6-3-7

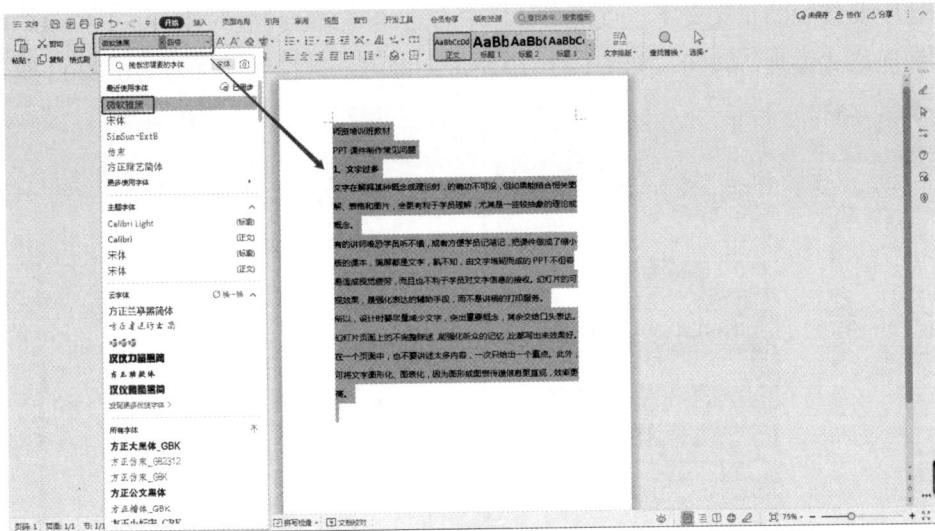

图 6-3-8

4.标题居中

文章标题通常居中设置，字号要比正文的字号大，具体根据个人需要设置即可。此处设置标题为二号字，如图6-3-9所示。

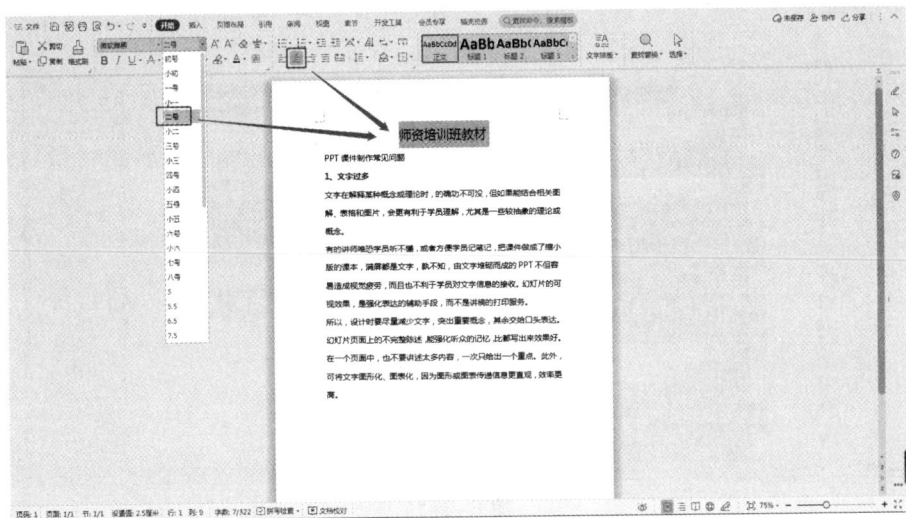

图 6-3-9

5.智能格式排版

标题版式设置好后，再给正文排版，只需用WPS文字中的"智能格式整理"，就可以给大段文字分段、空格，进行规范的排版，而不需要一段一段地手动整理，可谓事半功倍。

选中要排版的正文文字，点击工具栏中右边的"文字排版"按钮，下拉菜单中点击"智能格式整理"按钮，如图6-3-10所示，即可一键排版，得到图6-3-11所示界面，着实方便。

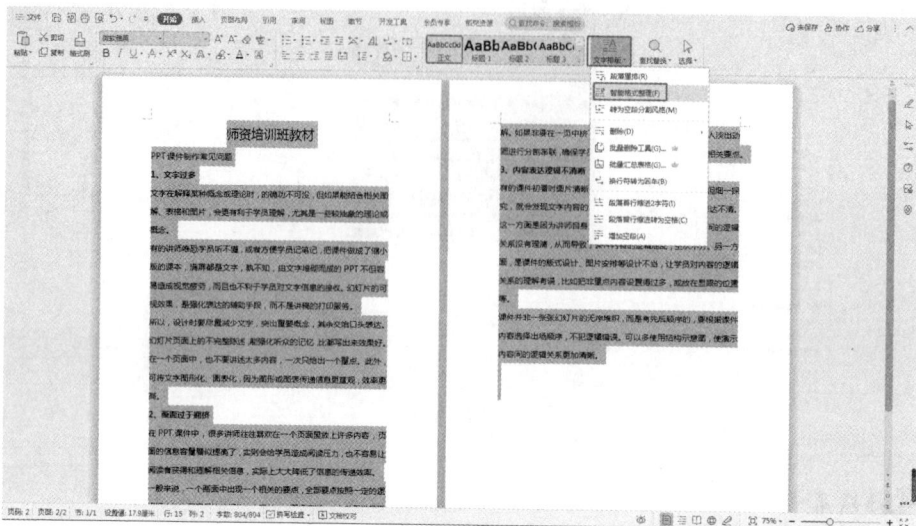

图 6-3-10

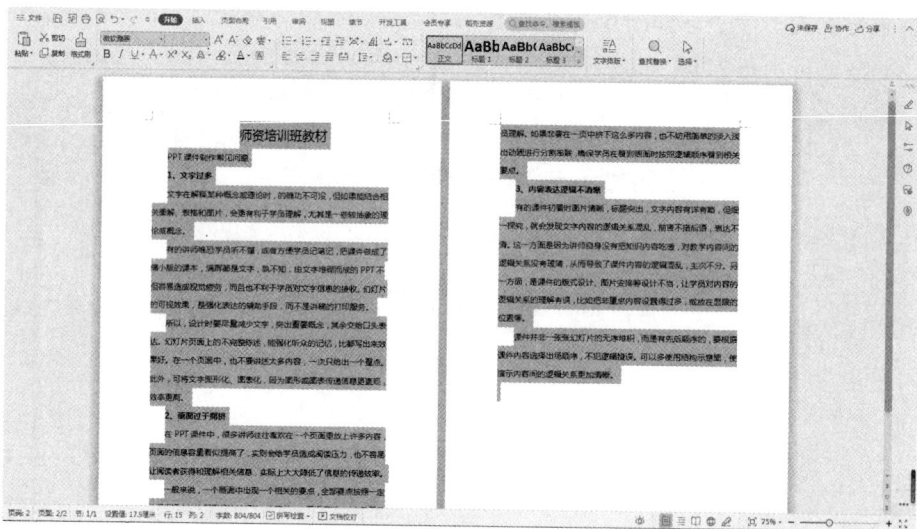

图 6-3-11

6.插入图片

一个Word文档通常是图文并茂的，因此，可以在文章插入图片，美化文档。

把鼠标放在想插入图片的位置，点击最上方一排工具栏中的"插入"，然后在下方按钮中找到"插入图片"，如图6-3-12所示，点击"图片"，从电脑中选取图片插入文档，如图6-3-13、6-3-14所示。

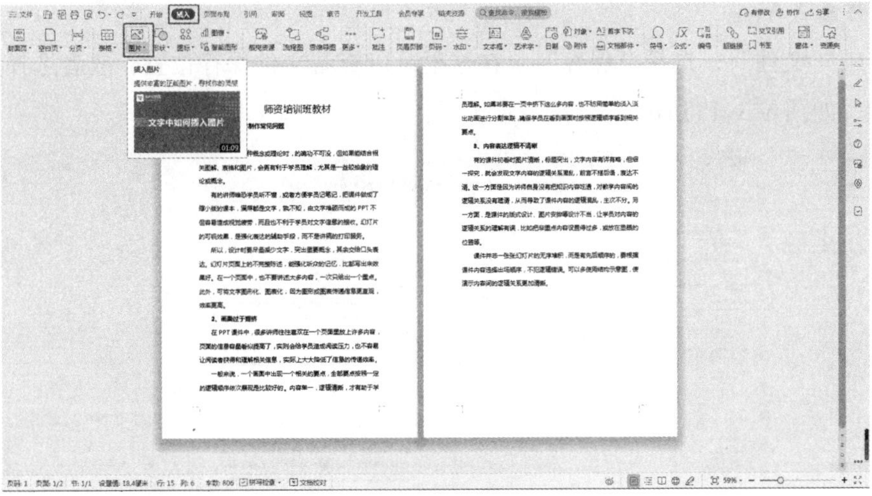

图 6-3-12

图 6-3-13

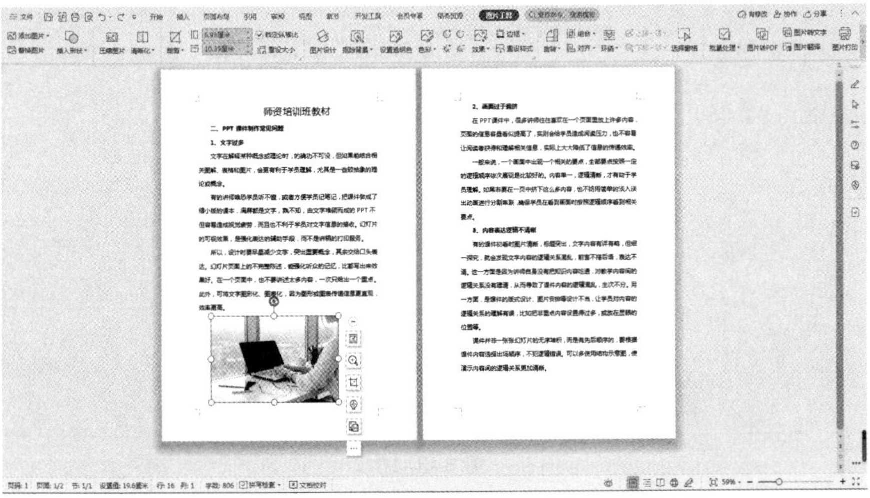

图 6-3-14

7.保存文件

点击"文件",选择"保存",在这里可以查看文件保存位置,或者选择文件保存位置,如图6-3-15所示。

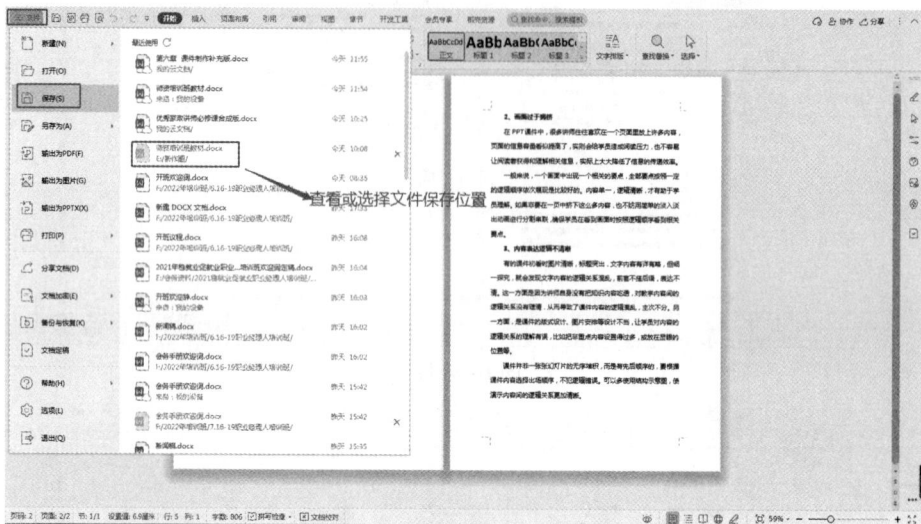

图 6-3-15

8.页面格式

文档经常要用到的功能是修改纸张的大小以方便打印,通常是改成A4纸大小。而通过调整页边距,能让你自由决定用多少空间来显示文字。在最上方的工具栏中找到"页面布局",单击之后可以在下方找到"纸张大小"和"页边距"两个按钮,如图6-3-16所示,按下即可从中选择一种你需要的页面格式。

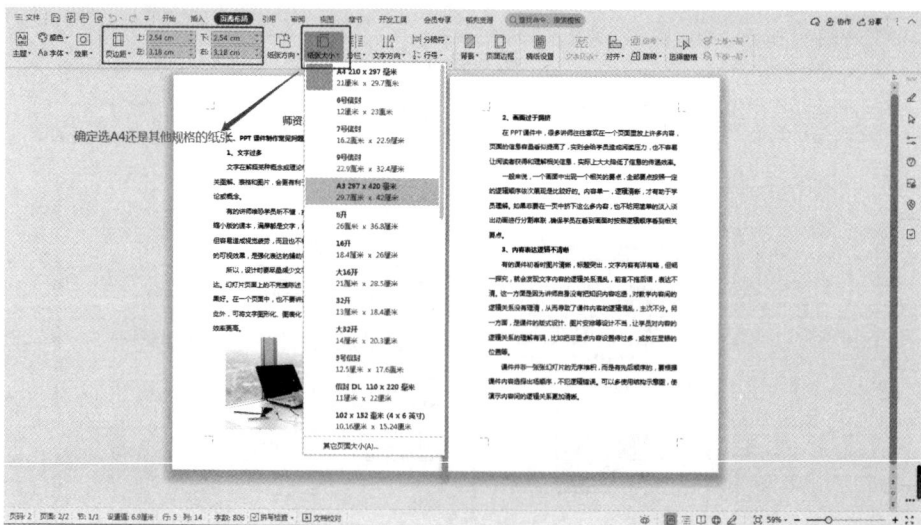

图 6-3-16

二、Excel表格处理的基础操作

Excel是现在大家使用非常普遍的办公软件，它功能齐全，方便快捷，能很好地帮助我们处理文档，编辑表格，更重要的是，它可以进行数据分析和预测，完成复杂的数据运算等。熟练掌握Excel能大大提高日常工作效率。下面就给大家分享一下Excel表格的入门基础教程——简单制作数据表格。

1.新建一个空白表格

在桌面上双击打开WPS文字的红色图标后，在图6-3-17所示界面的左上角点击"新建"，得到图6-3-18所示界面，再点击"新建空白表格"，得到图6-3-19所示界面，一个新的表格就建立了。

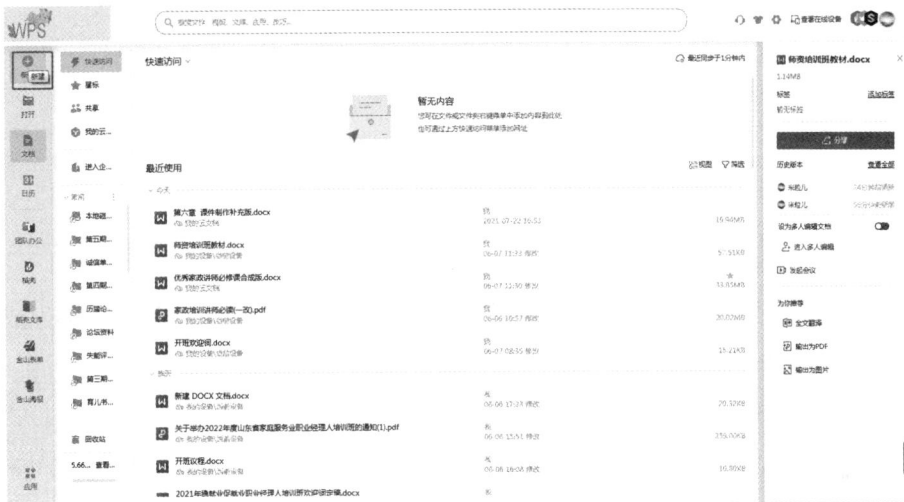

图 6-3-17

图 6-3-18

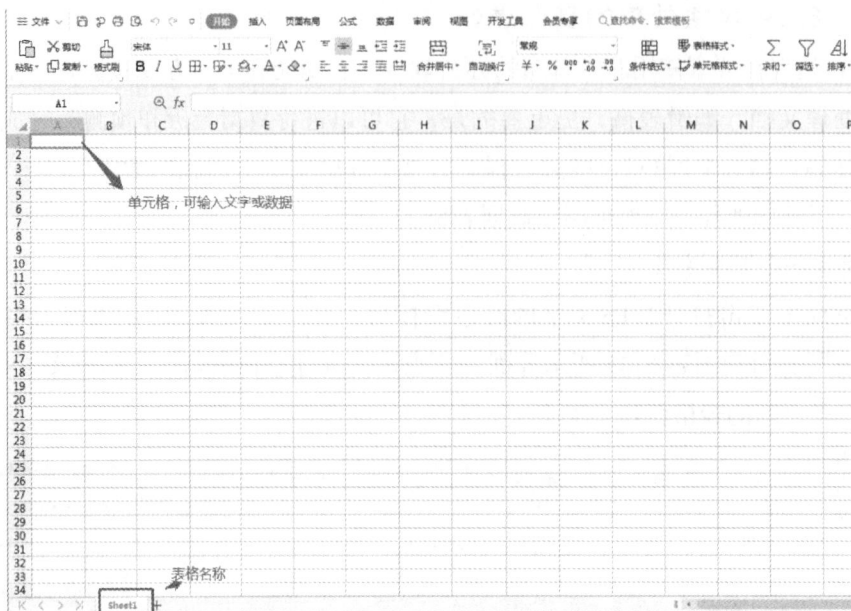

图 6-3-19

2.输入信息数据

从第一个单元格开始输入要编辑的信息数据，在这里我们录入某学校学生成绩统计表，如图 6-3-20 所示。

图 6-3-20

（1）输入考试时间。

考试时间都是一样的，在第一个单元格内输入时间后，选中该单元格，鼠标移动到右下角位置，如图 6-3-21 所示。

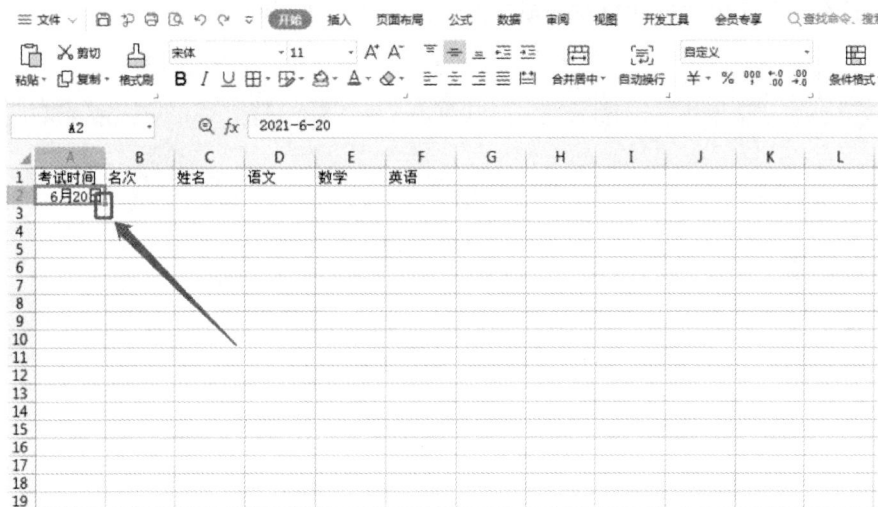

图 6-3-21

当出现"+"这个符号时，按住鼠标左键一直向下拖动到需要编辑的最后一行。此时发现考试时间是递增的格式，如图 6-3-22 所示。

图 6-3-22

点击该列右下角"自动填充选项"按钮，如图6-3-23所示。

图 6-3-23

在弹出的选项中选择点击"复制单元格"，如图6-3-24所示，考试时间一列就自动填充为相同的时间了。

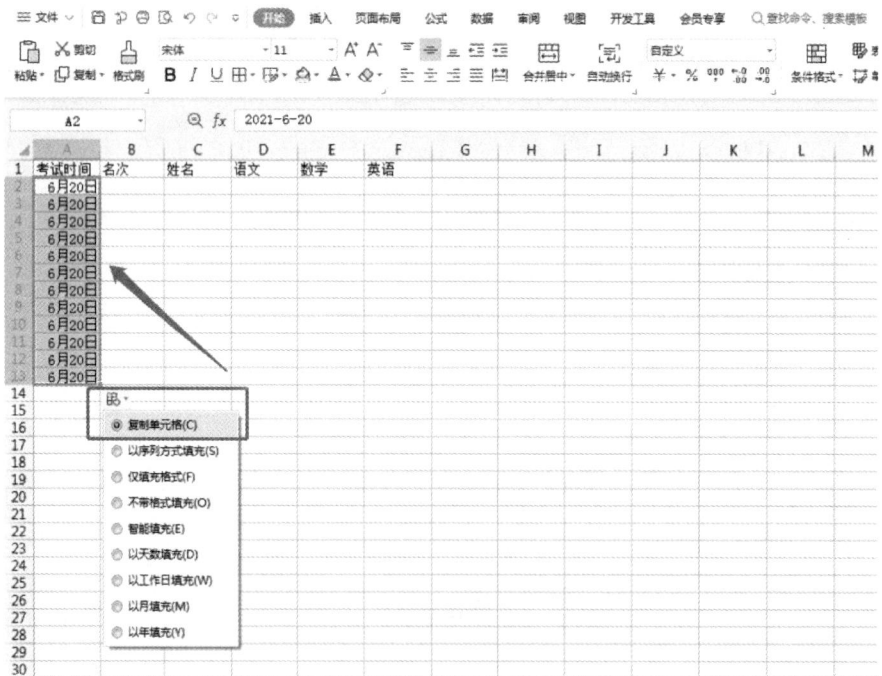

图 6-3-24

（2）输入名次。

名次是依次递增的，输入第一名后，同样选中该单元格，鼠标移至右下角位置，如图 6-3-25 所示。

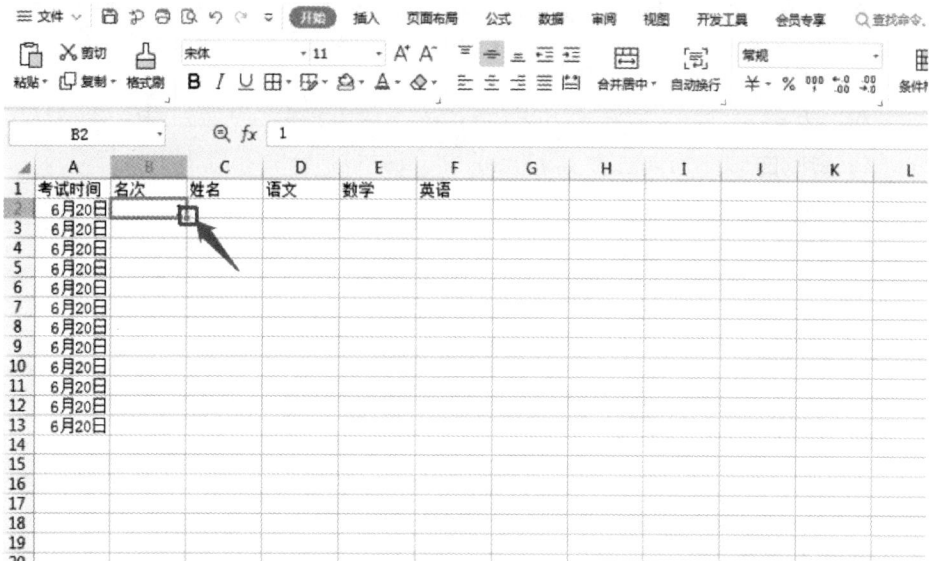

图 6-3-25

当出现"+"这个符号时，按住鼠标左键一直向下拖动到需要编辑的最后一行，名次就按递增的格式排好序了，如图 6-3-26 所示。

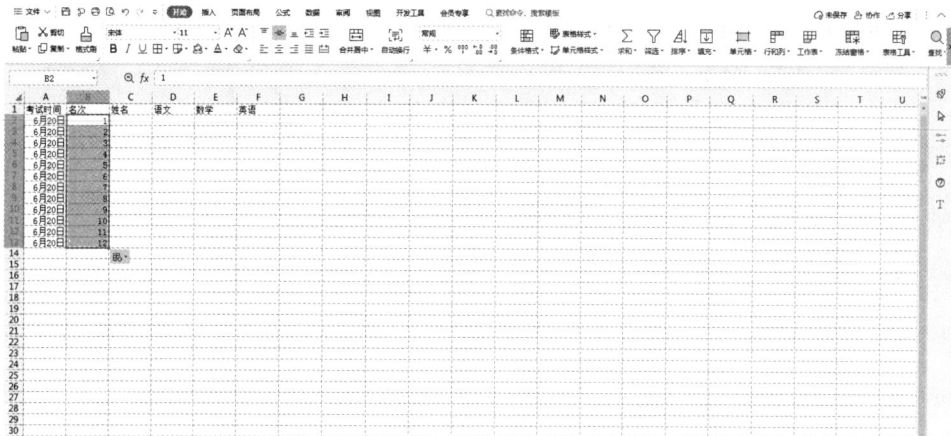

图 6-3-26

（3）分别把姓名和科目成绩录入其中，如图 6–3–27 所示。

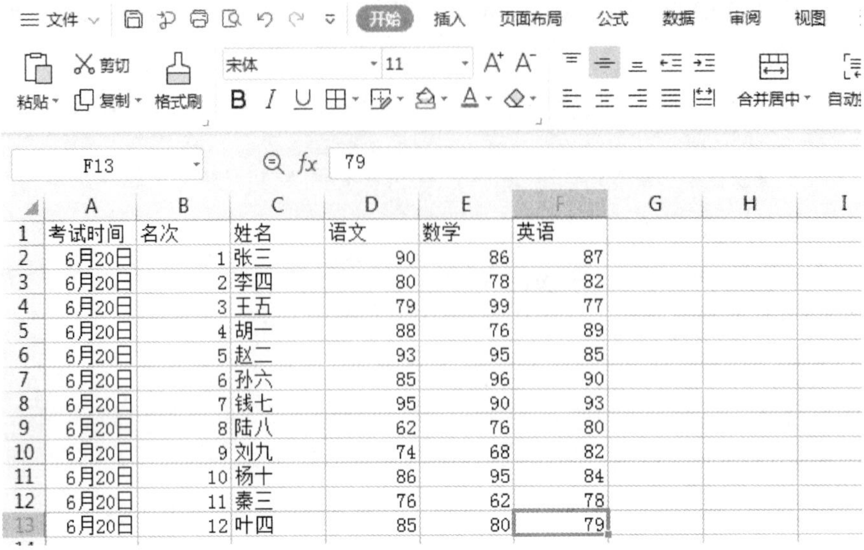

	A	B	C	D	E	F
1	考试时间	名次	姓名	语文	数学	英语
2	6月20日	1	张三	90	86	87
3	6月20日	2	李四	80	78	82
4	6月20日	3	王五	79	99	77
5	6月20日	4	胡一	88	76	89
6	6月20日	5	赵二	93	95	85
7	6月20日	6	孙六	85	96	90
8	6月20日	7	钱七	95	90	93
9	6月20日	8	陆八	62	76	80
10	6月20日	9	刘九	74	68	82
11	6月20日	10	杨十	86	95	84
12	6月20日	11	秦三	76	62	78
13	6月20日	12	叶四	85	80	79

图 6–3–27

3.文字居中设置

鼠标选中该表格，点击上方“开始”菜单中的“水平居中”按钮，如图 6–3–28 所示。所有信息就全部居中显示在单元格内了，如图 6–3–29 所示。

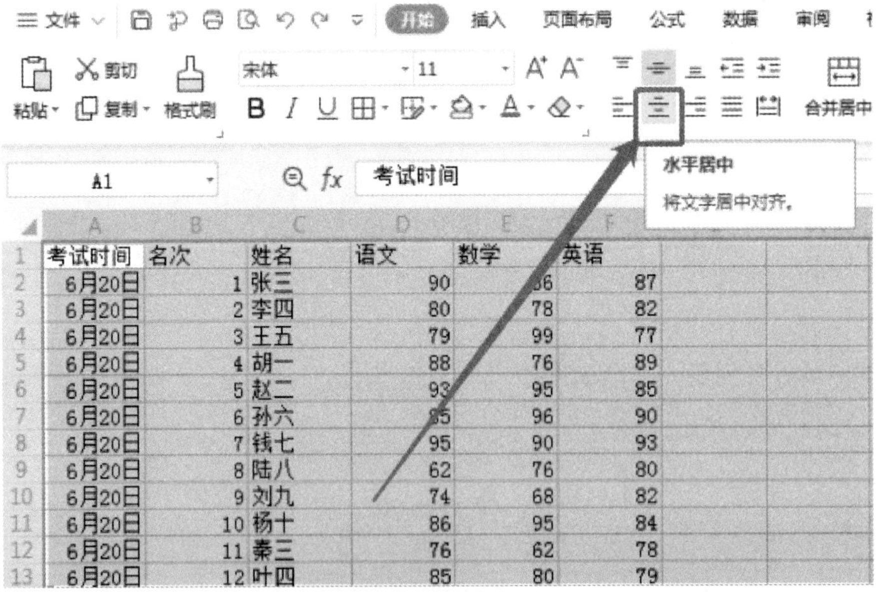

	A	B	C	D	E	F
1	考试时间	名次	姓名	语文	数学	英语
2	6月20日	1	张三	90	86	87
3	6月20日	2	李四	80	78	82
4	6月20日	3	王五	79	99	77
5	6月20日	4	胡一	88	76	89
6	6月20日	5	赵二	93	95	85
7	6月20日	6	孙六	85	96	90
8	6月20日	7	钱七	95	90	93
9	6月20日	8	陆八	62	76	80
10	6月20日	9	刘九	74	68	82
11	6月20日	10	杨十	86	95	84
12	6月20日	11	秦三	76	62	78
13	6月20日	12	叶四	85	80	79

图 6–3–28

图 6-3-29

4.添加框线

从图 6-3-29 中可以看到表格是没有边框的,选中该表格,找到上方菜单中的"框线",点击框线旁边的"小三角",如图 6-3-30 所示。

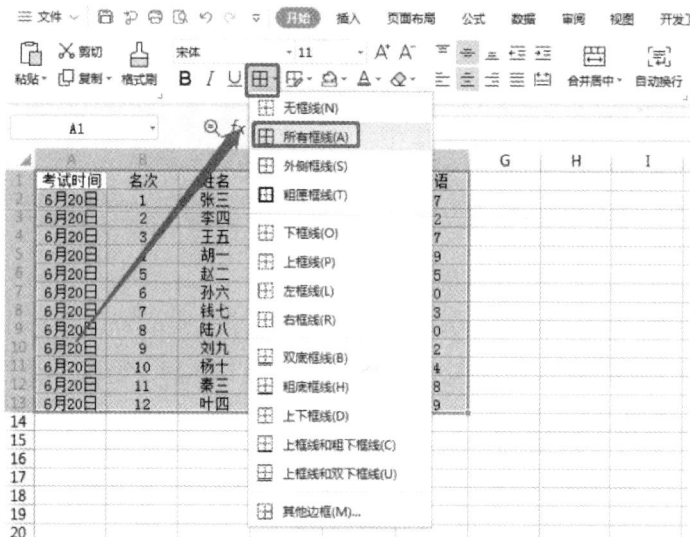

图 6-3-30

在弹出的框线选项中选择点击"所有框线",此时表格中就添加上了框线,如图 6-3-31 所示。

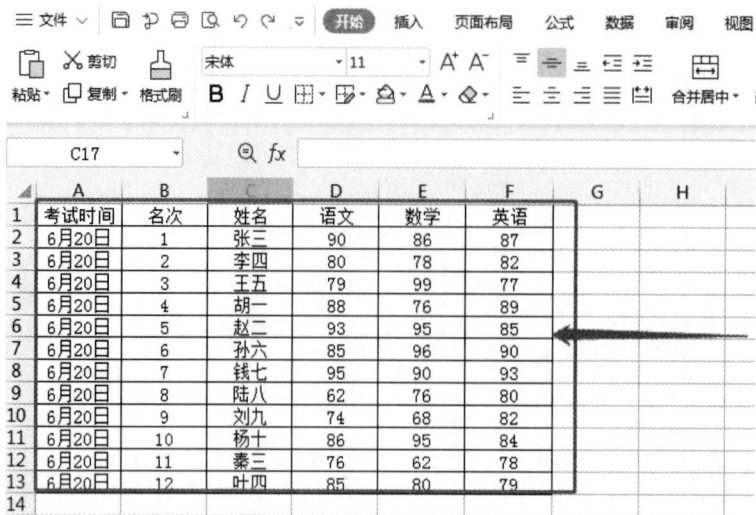

图 6-3-31

5.设置表格行高

若是表格看起来比较紧凑，信息比较拥挤，还可以设置表格的行高。同样，选中该表格，找到上方菜单中的"行和列"，如图 6-3-32 所示。

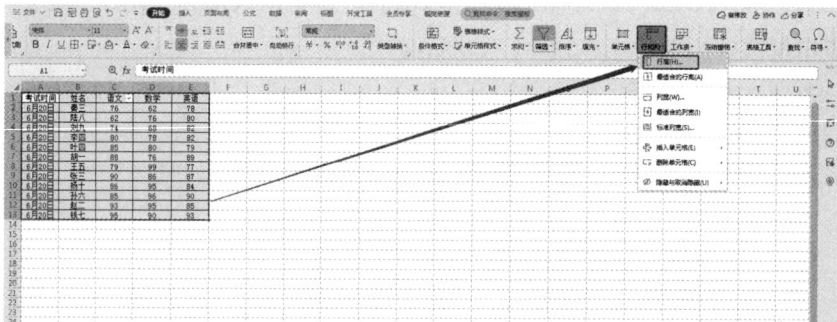

图 6-3-32

在下拉弹出的选项中点击"行高"，在弹出的系统对话窗口输入自己想要设置的行高数值，如图 6-3-33 所示。在这里设定的行高为 18.5 磅，输入后点击"确定"，文档表格就出现了变化，如图 6-3-34 所示，表格看起来更加的清爽宜人了。

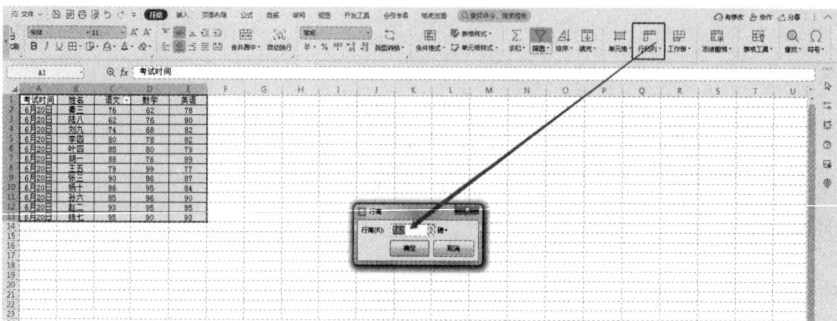

图 6-3-33

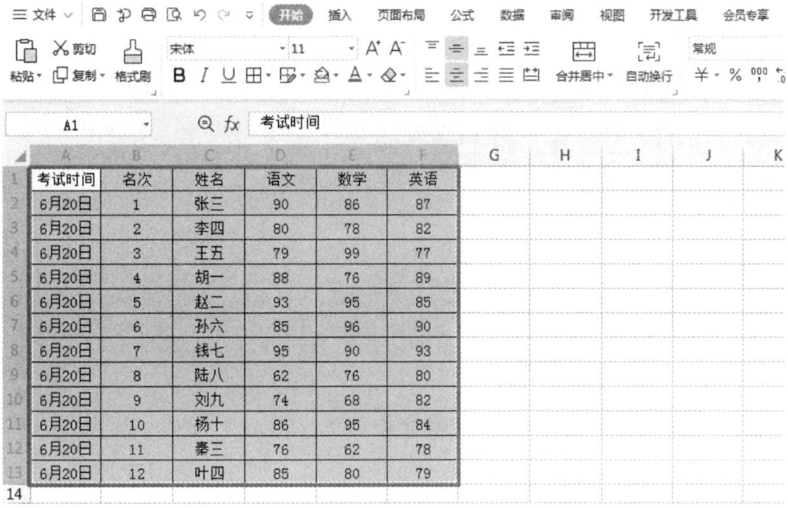

考试时间	名次	姓名	语文	数学	英语
6月20日	1	张三	90	86	87
6月20日	2	李四	80	78	82
6月20日	3	王五	79	99	77
6月20日	4	胡一	88	76	89
6月20日	5	赵二	93	95	85
6月20日	6	孙六	85	96	90
6月20日	7	钱七	95	90	93
6月20日	8	陆八	62	76	80
6月20日	9	刘九	74	68	82
6月20日	10	杨十	86	95	84
6月20日	11	秦三	76	62	78
6月20日	12	叶四	85	80	79

图 6-3-34

6.求和

（1）打开Excel表格，选中需要求和的区域，如图6-3-35所示。

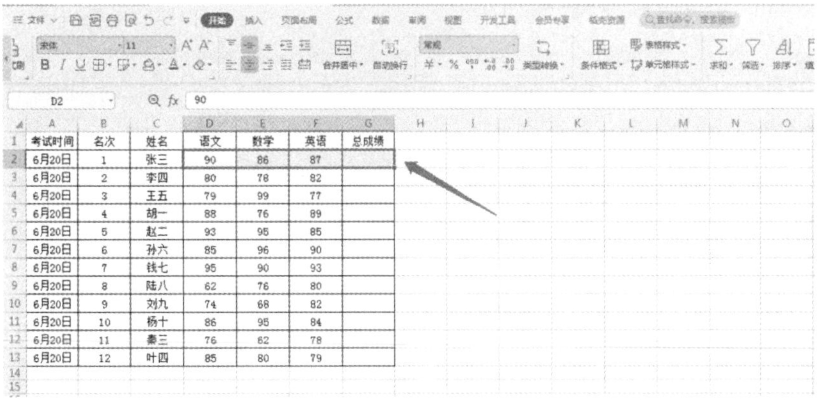

考试时间	名次	姓名	语文	数学	英语	总成绩
6月20日	1	张三	90	86	87	
6月20日	2	李四	80	78	82	
6月20日	3	王五	79	99	77	
6月20日	4	胡一	88	76	89	
6月20日	5	赵二	93	95	85	
6月20日	6	孙六	85	96	90	
6月20日	7	钱七	95	90	93	
6月20日	8	陆八	62	76	80	
6月20日	9	刘九	74	68	82	
6月20日	10	杨十	86	95	84	
6月20日	11	秦三	76	62	78	
6月20日	12	叶四	85	80	79	

图 6-3-35

（2）在“开始”工具栏中，点击“求和”即可，如图6-3-36、6-3-37所示。

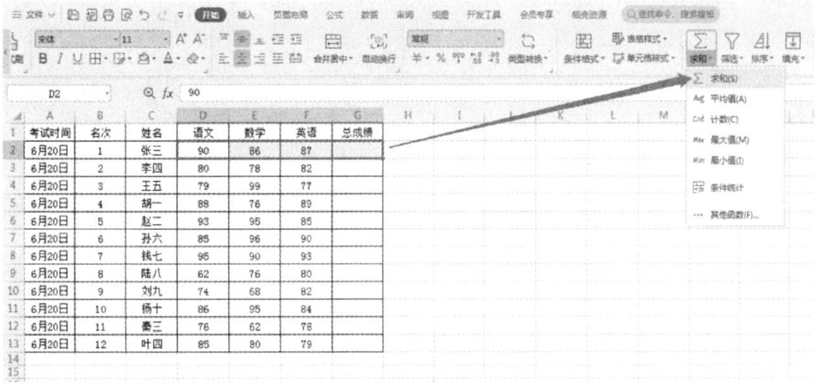

考试时间	名次	姓名	语文	数学	英语	总成绩
6月20日	1	张三	90	86	87	
6月20日	2	李四	80	78	82	
6月20日	3	王五	79	99	77	
6月20日	4	胡一	88	76	89	
6月20日	5	赵二	93	95	85	
6月20日	6	孙六	85	96	90	
6月20日	7	钱七	95	90	93	
6月20日	8	陆八	62	76	80	
6月20日	9	刘九	74	68	82	
6月20日	10	杨十	86	95	84	
6月20日	11	秦三	76	62	78	
6月20日	12	叶四	85	80	79	

图 6-3-36

图 6-3-37

7. 排序

统计数据时，有时需要按数据大小排列顺序，此时，就可以用排序功能。

首先，选中需要排序的单元格，在"开始"工具栏中点击"排序"按钮，在下拉菜单中选择"升序"或"降序"，如图 6-3-38 所示，就得到总成绩从低到高或从高到低的排名，如图 6-3-39、6-3-40 所示。

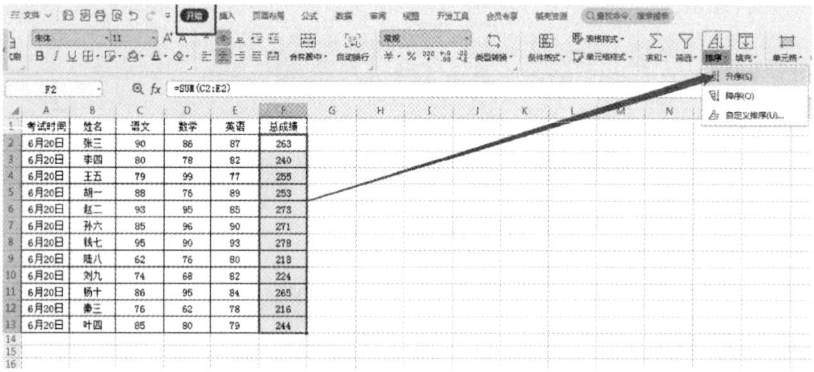

图 6-3-38

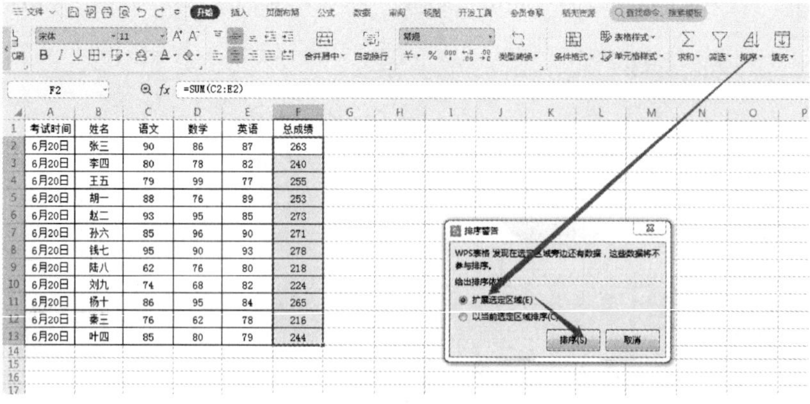

图 6-3-39

图 6-3-40

8.筛选

（1）例如，筛选语文成绩在90分以上的人员。打开需要编辑的Excel文档，用光标选择要筛选的单元格，如图6-3-41所示。

图 6-3-41

（2）在选择的单元格上右击鼠标，在弹出的页面选择"筛选"，如图6-3-42所示，或直接单击"开始"工具栏中的筛选按钮。

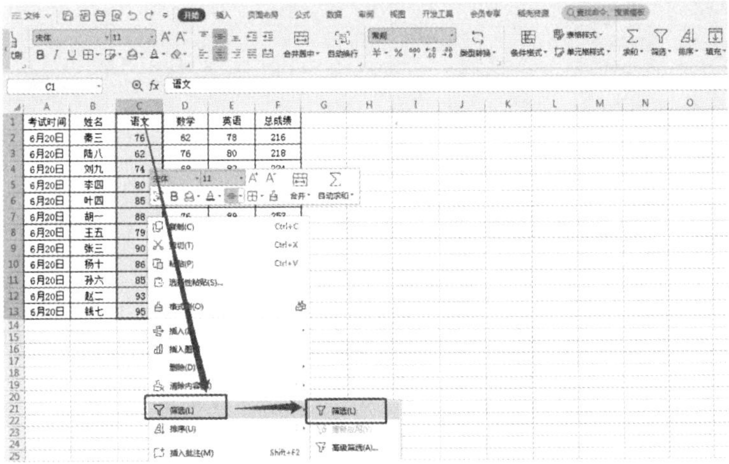

图 6-3-42

（3）点击弹出的三角图标，如图6-3-43所示。

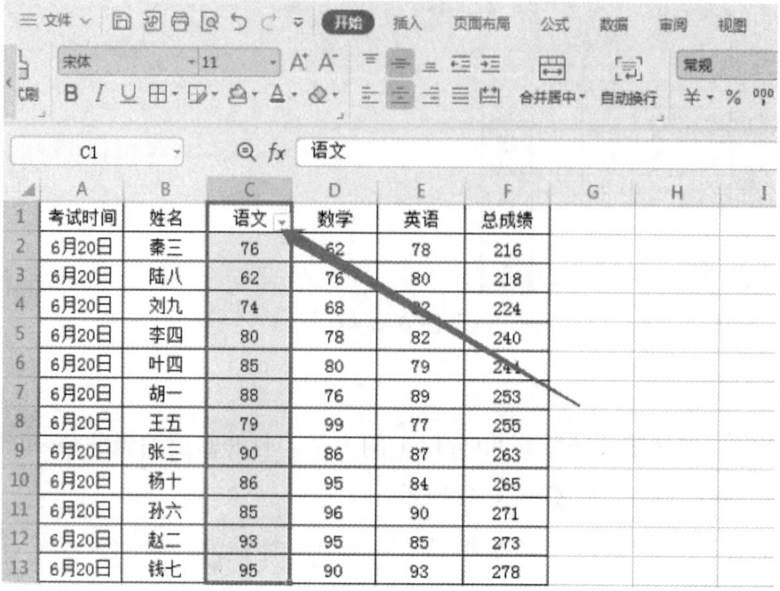

图 6-3-43

（4）这时可以看到筛选框，点击"数字筛选"，选择"大于或等于"，如图6-3-44所示。

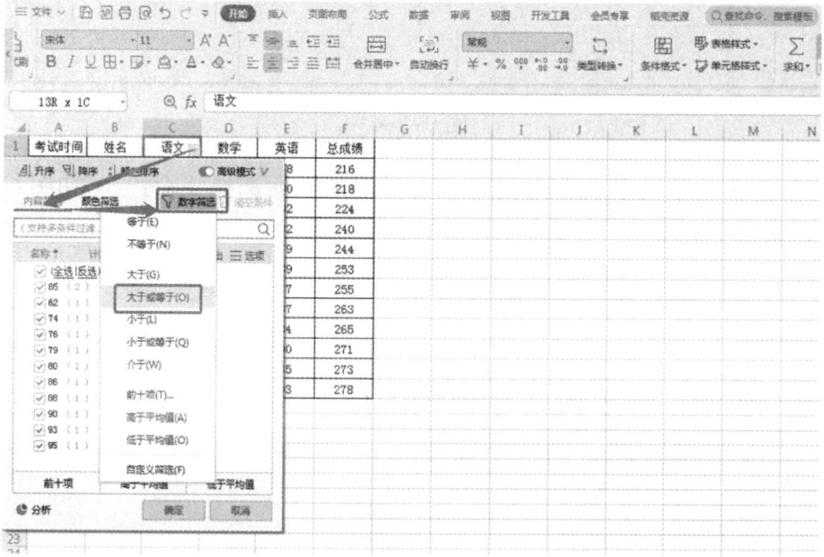

图 6-3-44

（5）在弹出的自动筛选页面输入范围"90"，点"确定"，如图6-3-45所示。

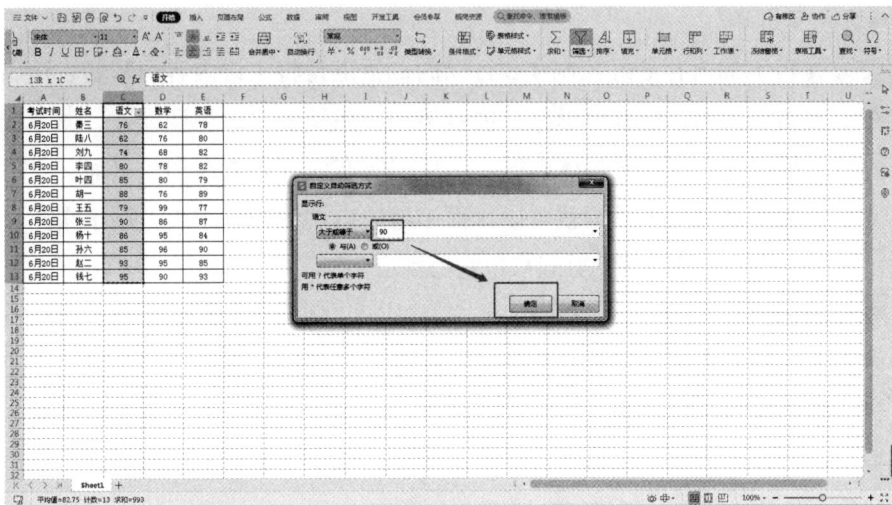

图 6-3-45

（6）得到结果，就是筛选后的数据，如图6-3-46所示。

图 6-3-46

到此为止，一个分数名次统计表就完成了。这是最基础的操作，基本上能满足大多数表格统计的需要。

三、PPT课件制作的基础操作

1.确定授课内容

建议每页 PPT 的内容最好控制在 5 行以内，重点是将主讲内容的精髓表达出来。先用笔在纸上列出大纲，把整体思路、内容架构、版面安排、色调设置、图片选择等写出来，然后再根据大纲细化具体内容。切忌把所有内容都放在 PPT 里面，更不能全篇都是文字，文字只列出关键词就可以，更多地应选用图片、图表、例子来凸显课程的重点。这样，学员容易理解，看起来也赏心悦目。

2.确定PPT模板

为体现课件的专业性，提升学员的视觉感受，课件制作要有统一的风格，根据教案的设计，精心选择设计模板。PPT 软件自带一些构思精巧、设计合理的模板。讲师可以根据自己的授课内容，选择合适的模板或者从网上下载模板，还可以自己设计模板，在制作课件的过程中，模板可随时更换、修改。

3.通过母版自建课件模板

母版即一次设置好幻灯片的样式，包括文字格式、背景等，这样就可以全部应用于整个幻灯片，使整个幻灯片的风格统一、美观。如果要修改幻灯片的样式，只需在母版里进行修改，这样既省事又省力。编辑一次母版，永久使用，可以最大限度地减少重复的编辑工作。

（1）依次从菜单栏中选择"视图"—"幻灯片母版"，如图 6-3-47 所示，点击"幻灯片母版"进入母版编辑状态，如图 6-3-48 所示。

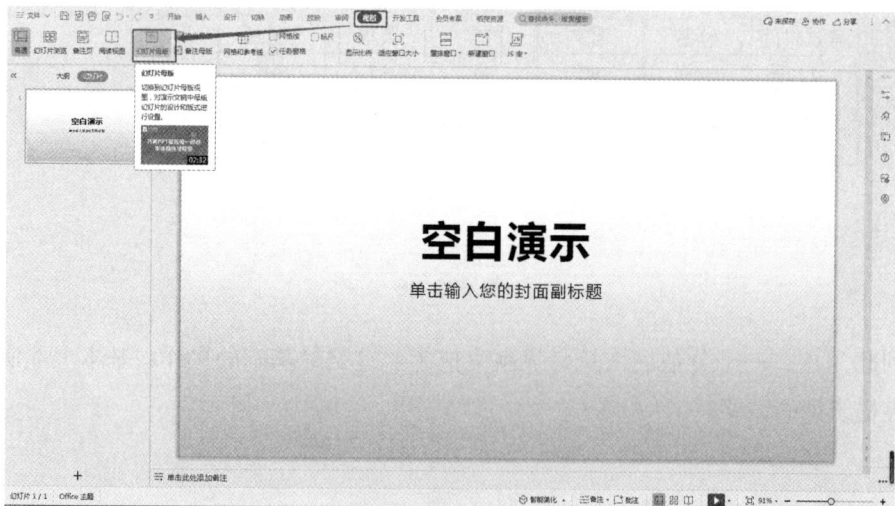

图 6-3-47

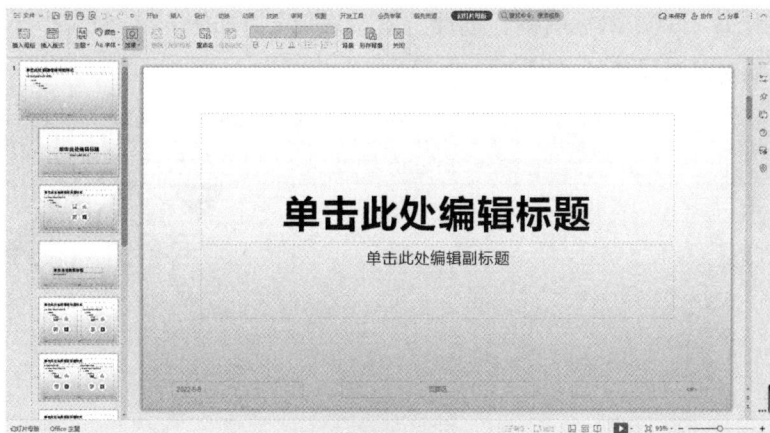

图 6-3-48

（2）选中第一页幻灯片，点击"插入—图片—本地图片"，如图 6-3-49 所示，选中要作为母版背景的图片，点"确定"，并调整图片大小，使之与母版大小一致，如图 6-3-50 所示。

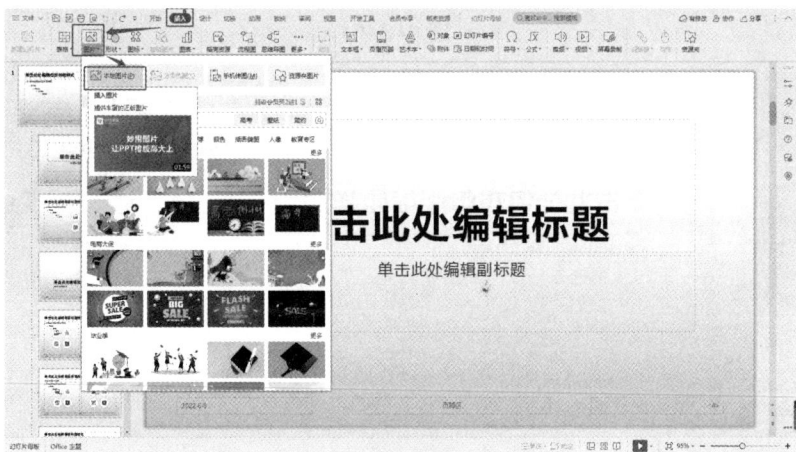

图 6-3-49

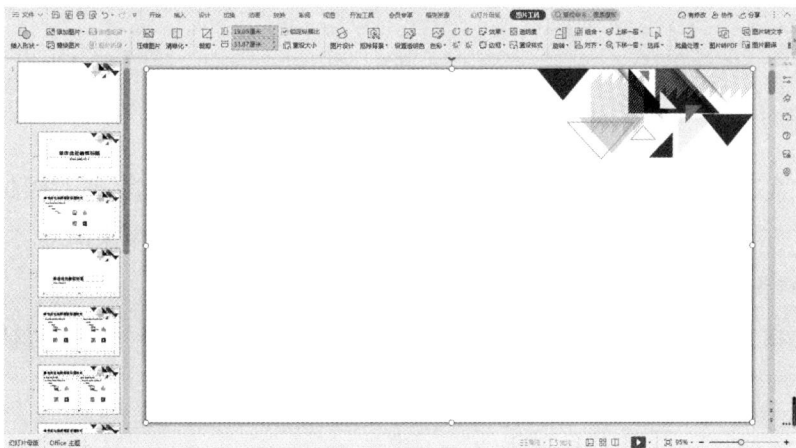

图 6-3-50

（3）在图片上点击鼠标右键，选择"置于底层"，如图 6-3-51、6-3-52 所示，使图片不影响对母版排版的编辑。

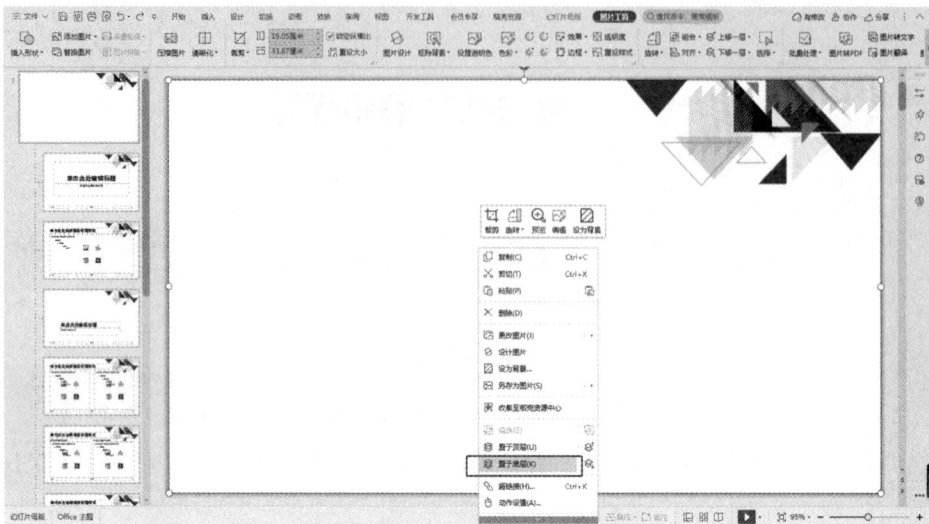

图 6-3-51

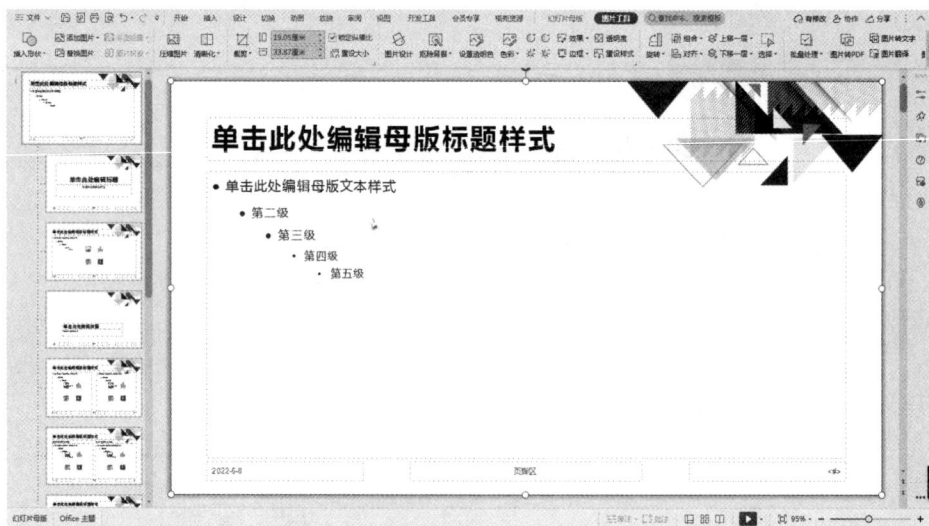

图 6-3-52

（4）点击"文件—保存"，程序将显示默认的文件保存位置，选择要保存文件的目录，在"文件名"中输入一个便于自己记忆的名字，确定保存下来即可。

4.根据内容设置框架

根据第一步确定的内容、第三步设置好的母版来设置框架，一般包括封面、目录、章节、结束语，根据主题进行风格布局。

（1）设置封面。

打开 WPS 文字，新建一个空白 PPT 作为封面。主要是课程主题和主讲人姓名等信息，如图 6-3-53 所示。

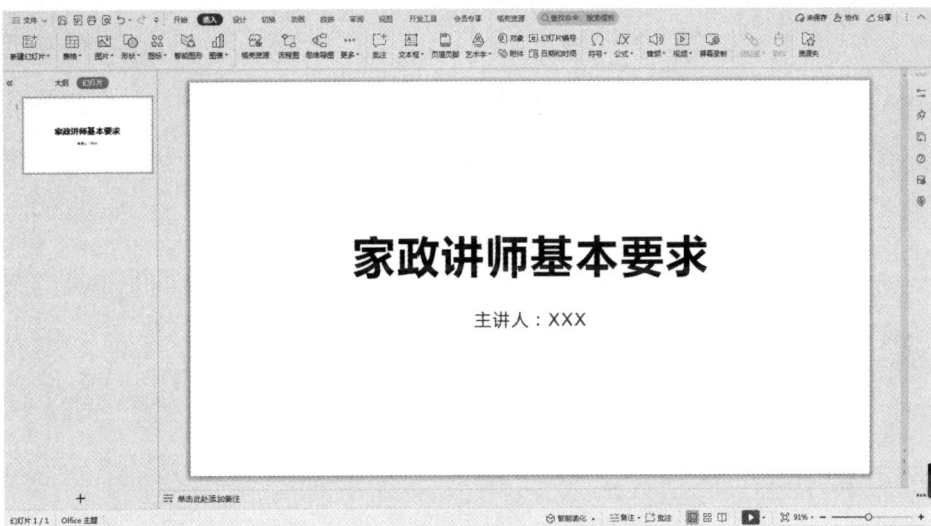

图 6-3-53

（2）创建目录。

在左侧空白区域单击右键，如图 6-3-54 所示，单击"新建幻灯片"命令，新建一张幻灯片，如图 6-3-55 所示。

图 6-3-54

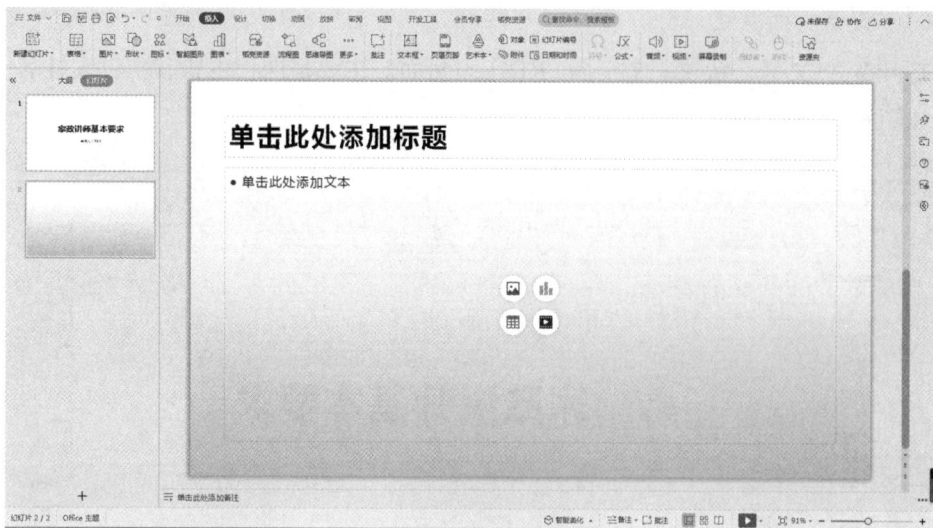

图 6-3-55

（3）设置目录。

在新建的幻灯片页面上方的文本框中输入"目录"，如图 6-3-56 所示，在下方的文本框中输入章节内容，依次是"讲师的职业素质""讲师的职业能力""讲师的职业道德"（笔者只是用此举例说明，目录部分根据课件设计框架录入即可）。如图6-3-57 所示。

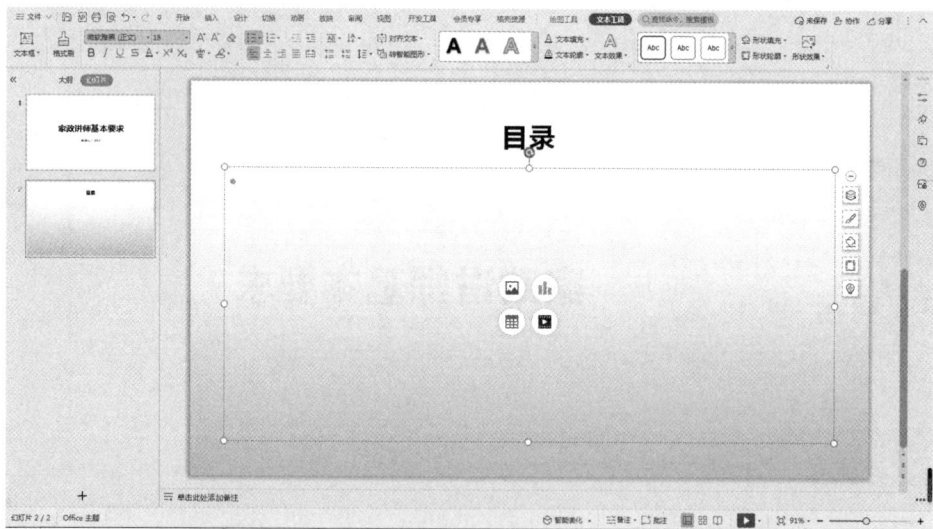

图 6-3-56

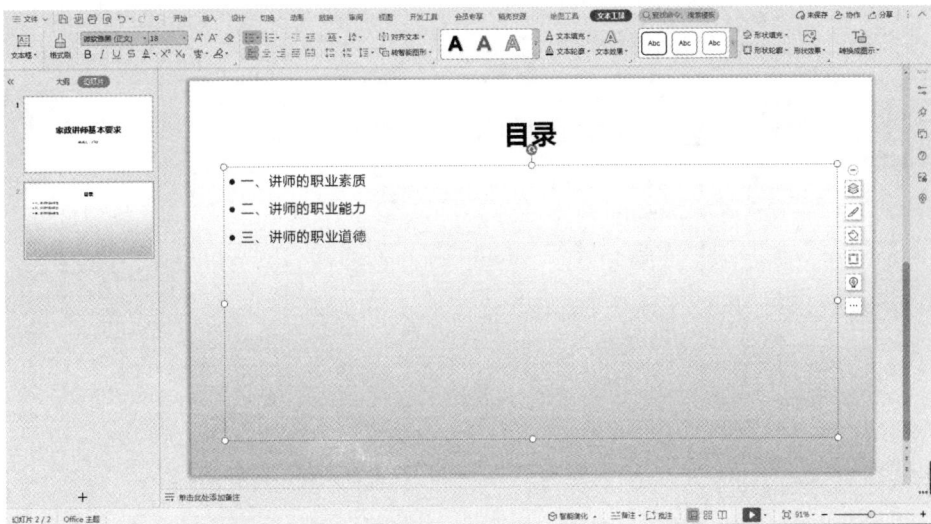

图 6-3-57

（4）输入内容。

继续重复第二步的操作，插入新的幻灯片，根据需要录入具体章节的内容。详细步骤与第三步相同。如图 6-3-58 所示。

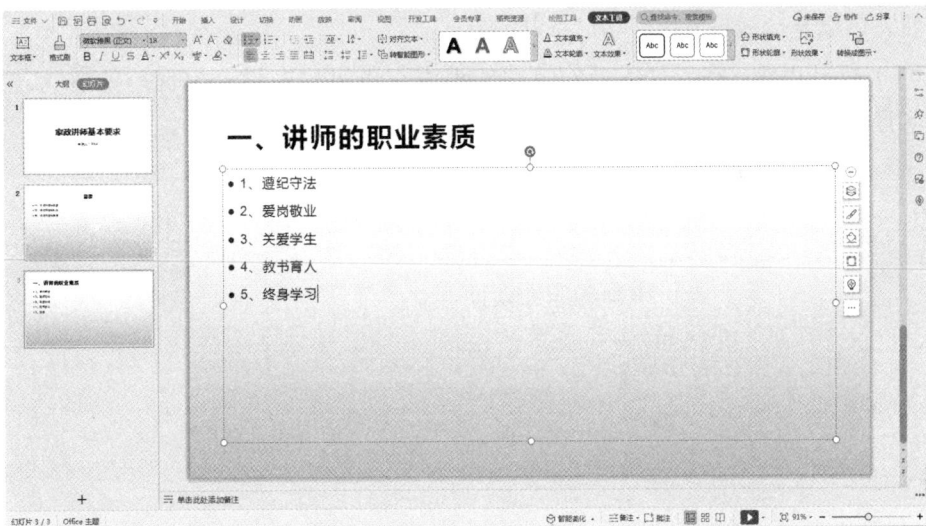

图 6-3-58

（5）根据第三步的"目录"架构，依次把讲师的"职业能力""职业道德"的单张幻灯片做好，最后是结语，如图 6-3-59 所示。

具体章节内容可根据情况插入图表或图片，详细步骤见下文"添加课件素材"中的相关内容。

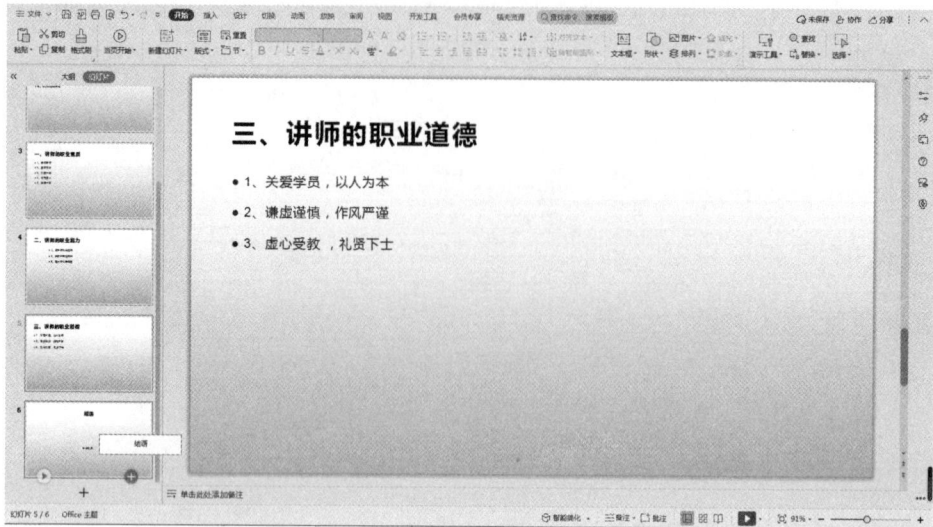

图 6-3-59

5.添加课件内容

制作课件的过程中，如果现有幻灯片不能满足讲课需要，可以插入新的空白幻灯片，再将适合这一页的资料根据自己的需要编辑加工，并填充进去。如需调整幻灯片的位置，可以直接拖拉或用剪切、粘贴的方式。

（1）打开PPT，在要插入新幻灯片的地方点击鼠标左键，出现一条横线，如图6-3-60所示。

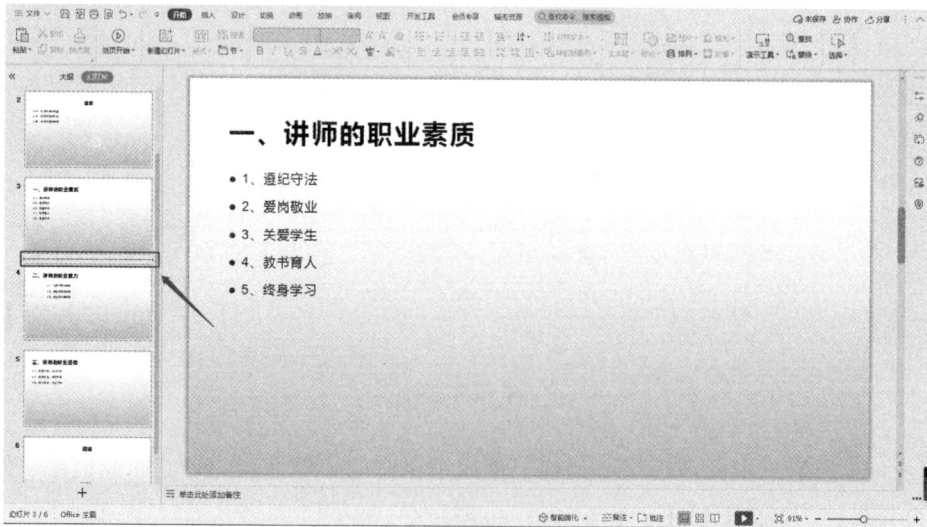

图 6-3-60

（2）在横线处单击右键，选择"新建幻灯片"命令，则可以插入一张新幻灯片，如图6-3-61所示。

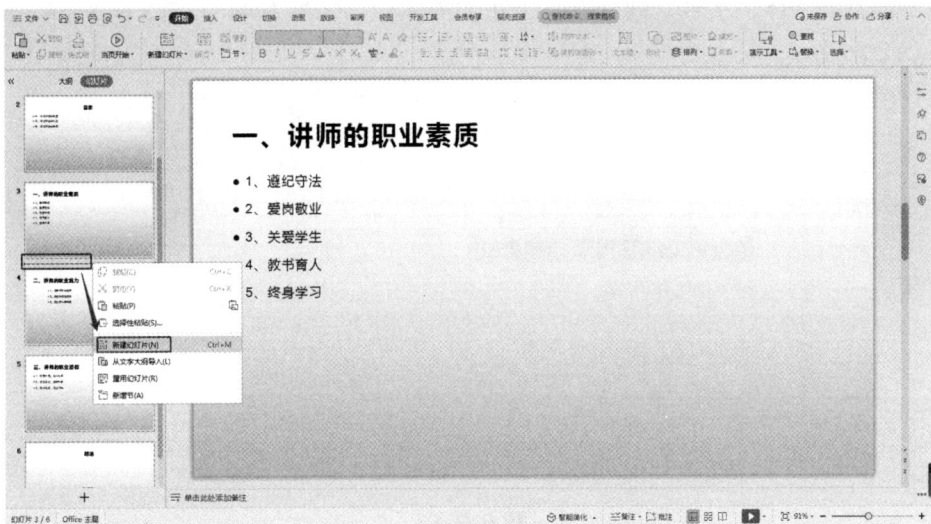

图 6-3-61

6.设置内容效果

（1）按层次调整字号。

在模板视图中调整标题、文字的大小和字体。

第一步，新建一个幻灯片母版，如图6-3-62所示。

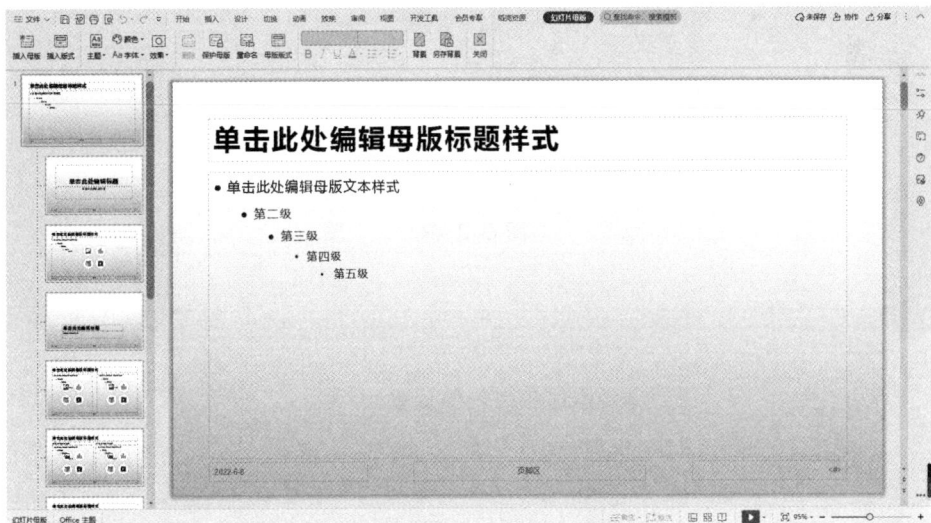

图 6-3-62

第二步，选择根级幻灯片，选择"单击此处编辑母版标题样式"，如图6-3-63所示。此处默认字体为"微软雅黑"，字号为36，如图6-3-64所示。根据课件需要，改为想要设置的字体、字号，此处选"方正大黑体"，字号为44，如图6-3-65，6-3-66，6-3-67所示。

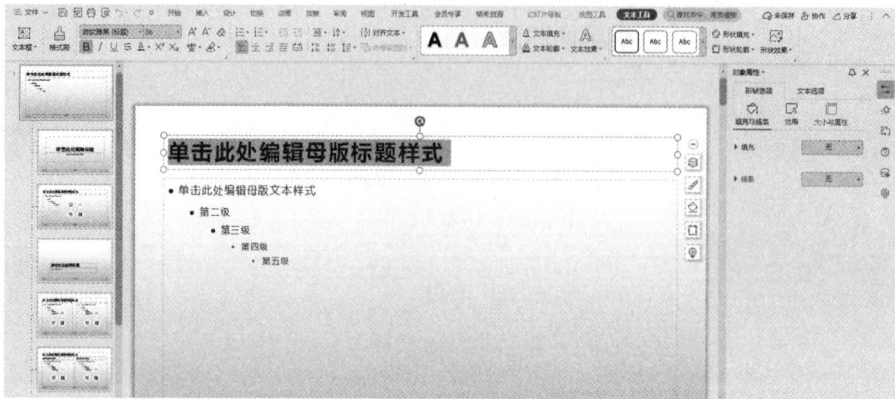

图6-3-63

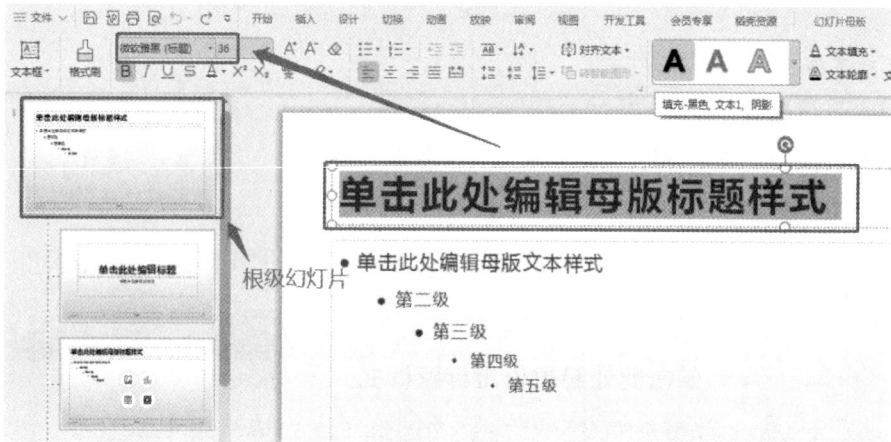

图6-3-64

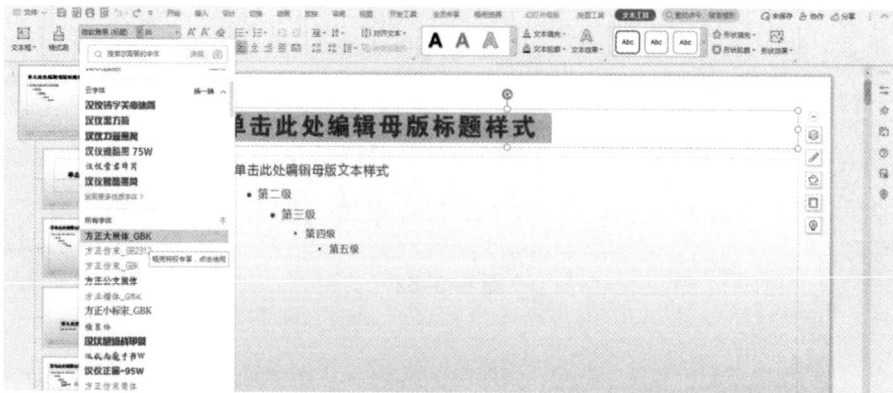

图6-3-65

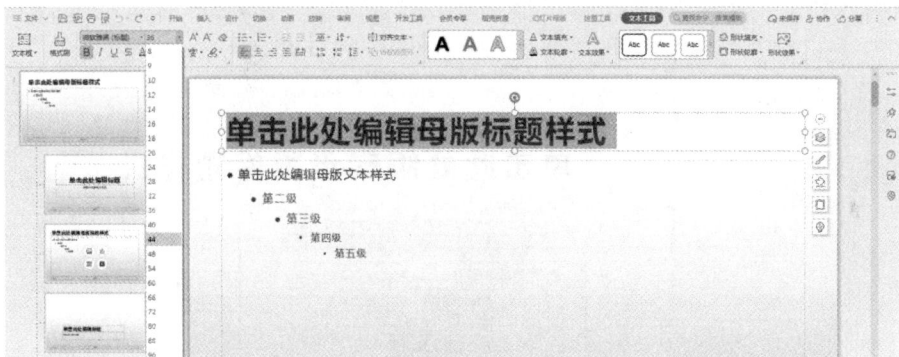

图 6-3-66

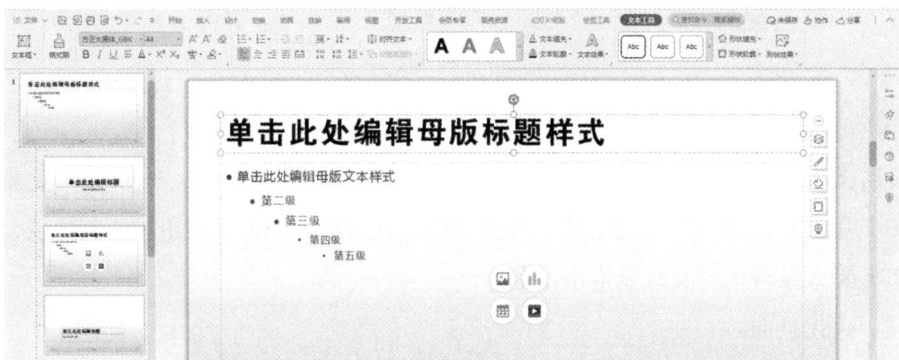

图 6-3-67

第三步，选中"单击此处编辑母版文本样式"里所有的文字，如图 6-3-68 所示。根据情况，选择需要的字体、字号，此处选"微软雅黑"，字号为 24，如图 6-3-69 所示。

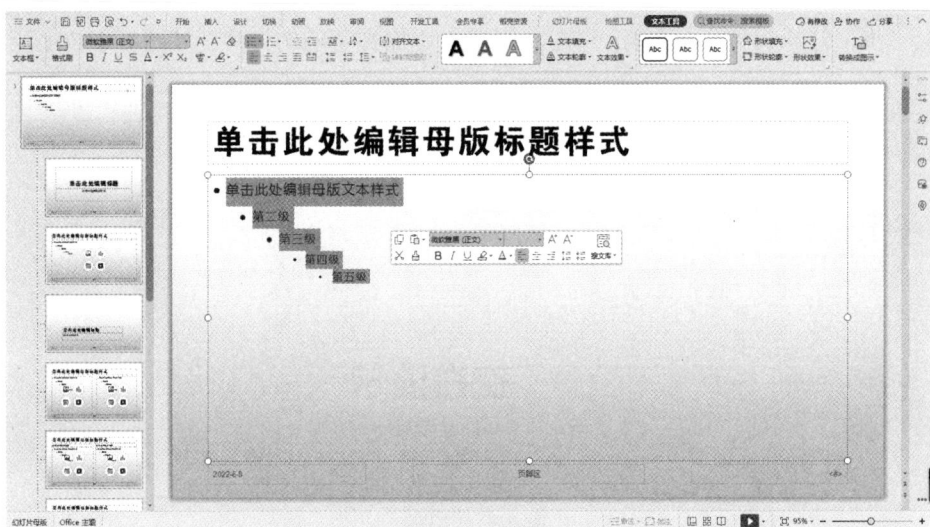

图 6-3-68

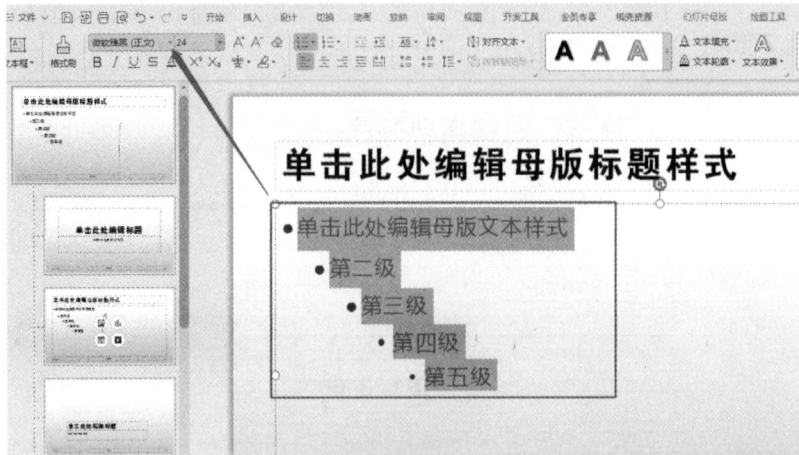

图 6-3-69

（2）美化图片。

根据模板的色调，将图片进行美化，调整颜色、阴影、立体、线条，美化表格、突出文字等。在此过程中要注意把握整个PPT的色调，建议不要超过3个颜色，否则这套PPT要么显得乱，要么显得不专业。

（3）美化页面。

装饰图一定要符合当前页面的主题，大小和颜色不应喧宾夺主。

（4）在放映状态下通读。

发现词不达意、语法标点错误、丢字落字、错别字的情况，应马上修改。

7.添加课件素材

（1）添加文字 。

第一步，打开PPT演示文稿，点击左侧需要添加文字的幻灯片，如图6-3-70所示。

图 6-3-70

第二步，单击"插入"命令中的"文本框"按钮右侧的小三角，可以选择横向文本框或竖向文本框，在幻灯片上想要输入文字的地方按住鼠标左键拖动，添加文本框。用鼠标选中文本框，在文本框中添加文字即可，如图6-3-71所示。文字输入后还可以编辑文本，如设置字体、字号、颜色等。文本框的位置和大小也可以改变。

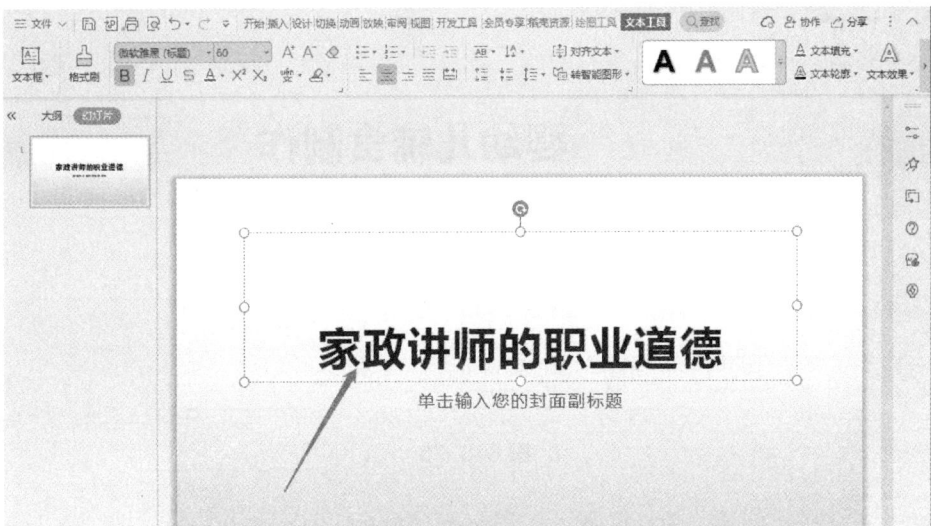

图 6-3-71

（2）添加图片。

向演示文稿中添加图片是一项基本的操作。将图形和文字配合在一起，不但可以有效呈现课件的内容，而且可以大大增强课件的吸引力，增强演示效果。

第一步，新建一个PPT课件，如图6-3-72所示。

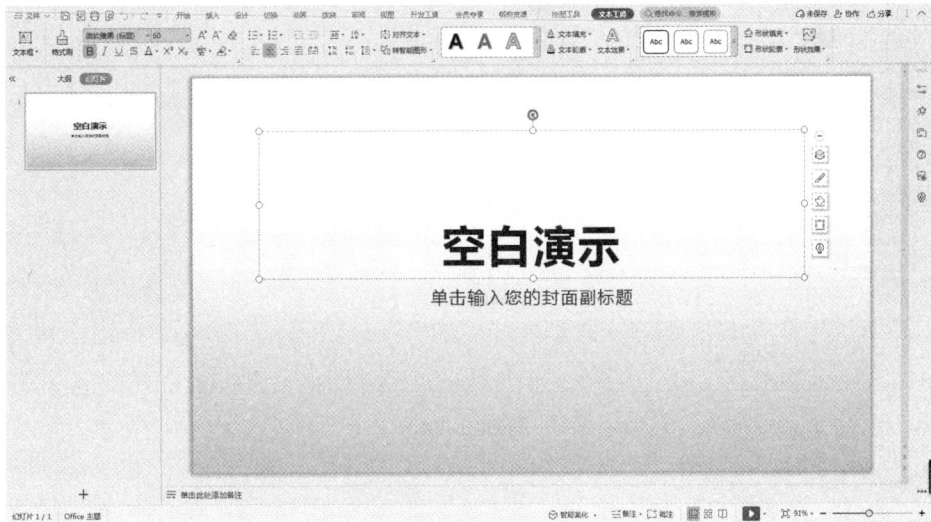

图 6-3-72

第二步，在文本框中输入"婴幼儿辅食制作"作为课件标题，如图 6-3-73 所示。

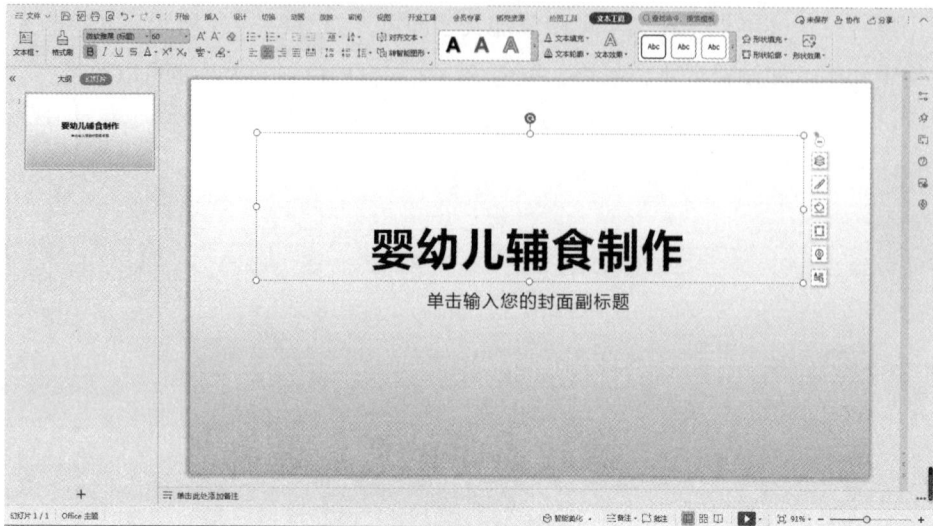

图 6-3-73

第三步，执行"插入图片"命令，定位到需要插入的图片所在的文件夹，选中相应的图片文件，如图 6-3-74 所示，然后按下"打开"按钮，将图片插入到幻灯片中，如图 6-3-75 所示。

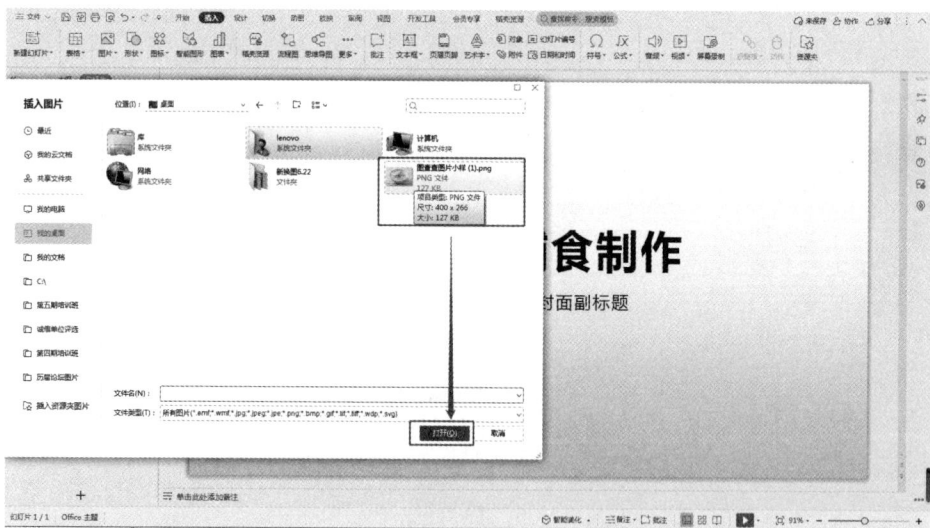

图 6-3-74

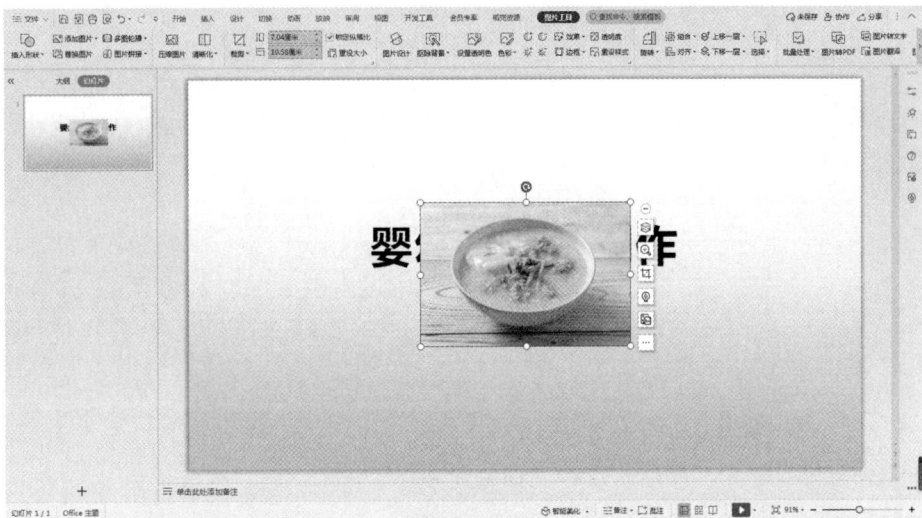

图 6-3-75

第四步，用拖拉的方法调整好图片的大小，并将其放置在幻灯片合适的位置上即可，如图 6-3-76 所示。

图 6-3-76

（3）添加视频。

PPT 可以插入剪辑库中的影片，主要是把 avi 格式的文件插入当前课件中。播放影片时，可随时单击鼠标暂停和重放，这对于上课来说非常方便。同时，还可以调整视频播放窗口的大小。

打开一个 PPT 文件，如图 6-3-77 所示，点工具栏里的"插入—视频—嵌入本地视频"，如图 6-3-78 所示。

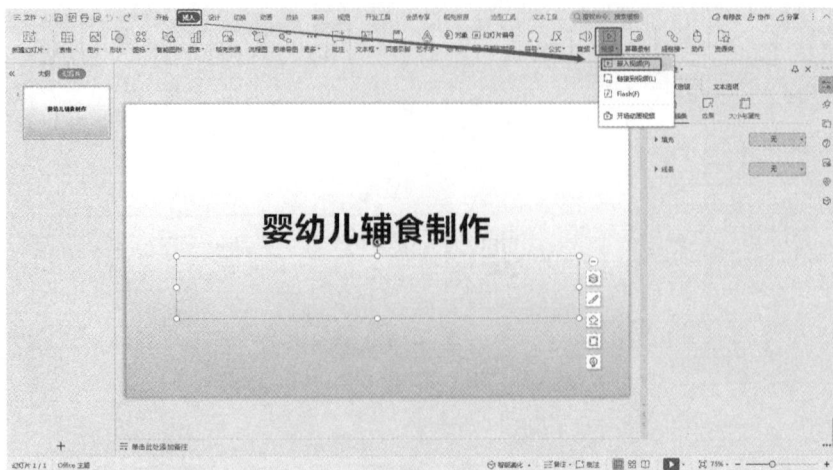

图 6-3-77

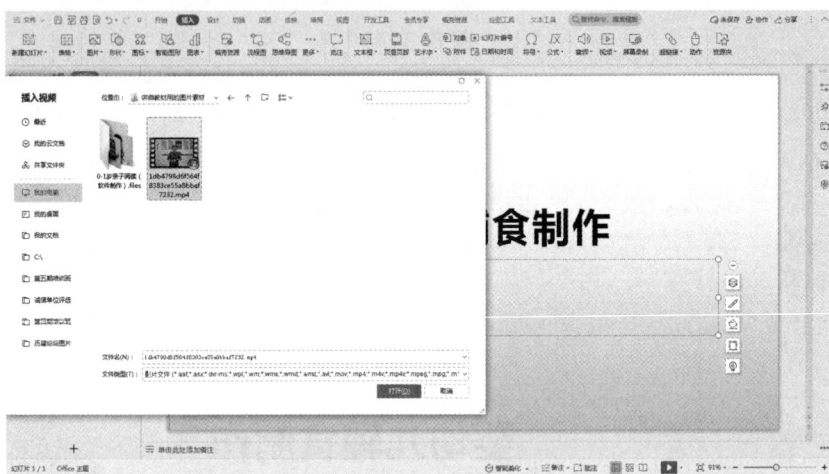

图 6-3-78

选择需要插入的视频，点击"打开"，视频就插入成功了，如图 6-3-79 所示，

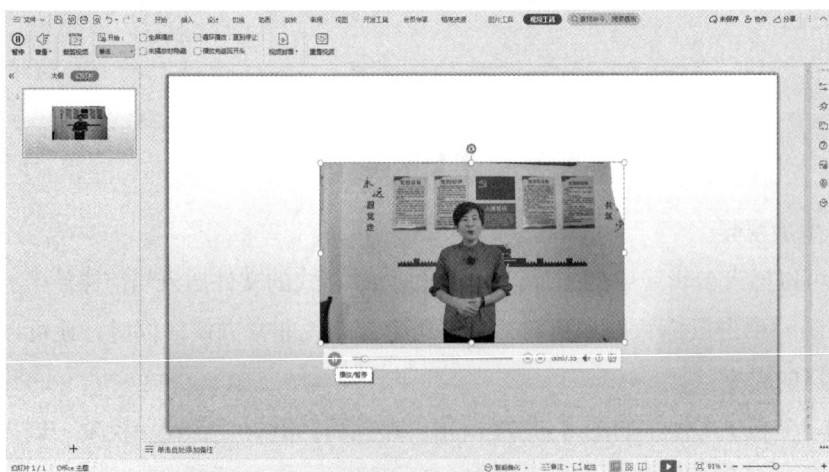

图 6-3-79

再根据情况，拖动鼠标调整视频播放画面的大小，并点击播放试看一下，看是否能够正常播放，如图6-3-80所示。

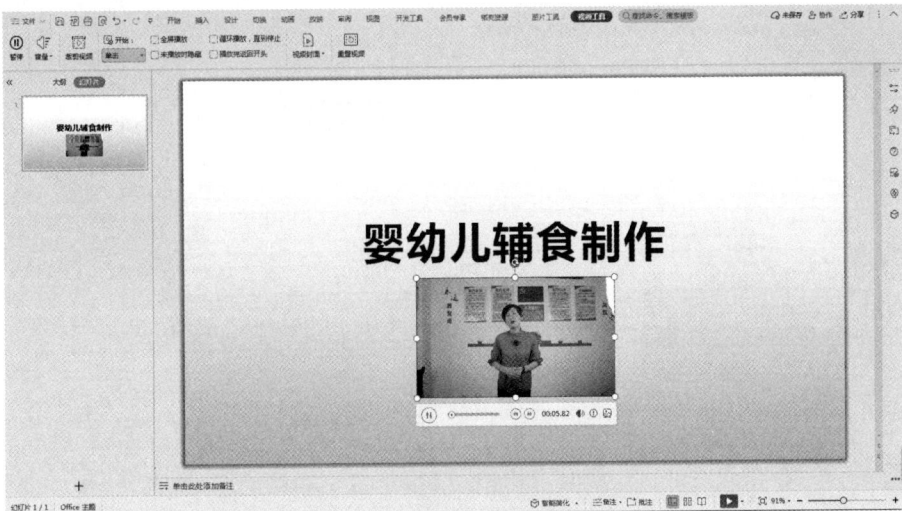

图6-3-80

（4）添加音频。

为演示文稿配上声音，可以大大增强演示文稿的播放效果。

第一步，执行"插入—音频—嵌入音频"命令，如图6-3-81所示。

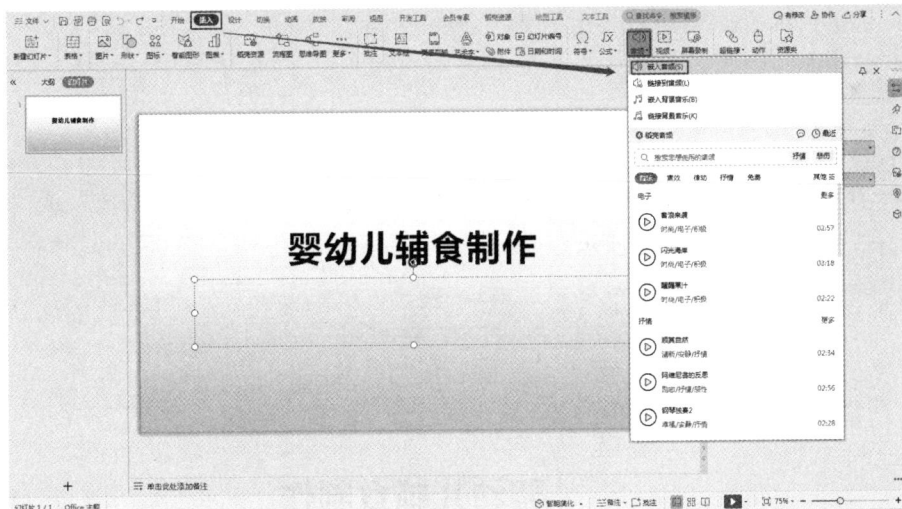

图6-3-81

第二步，定位到需要插入声音文件所在的文件夹，选中相应的声音文件，如图6-3-82所示。按下"打开"按钮，根据情况拖动变换位置，如图6-3-83所示。

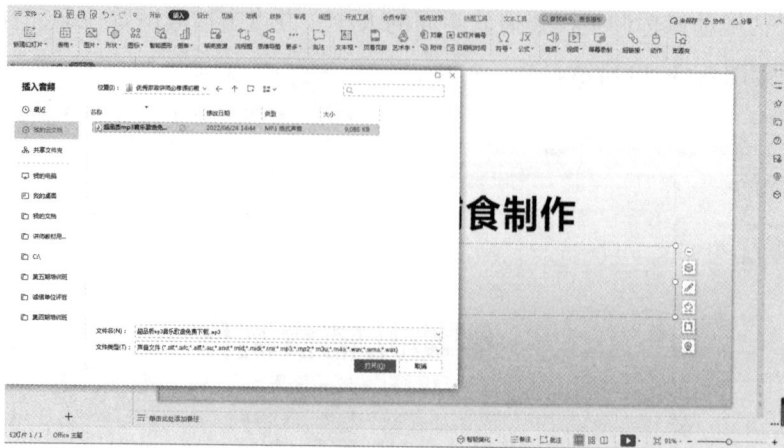

图 6-3-82

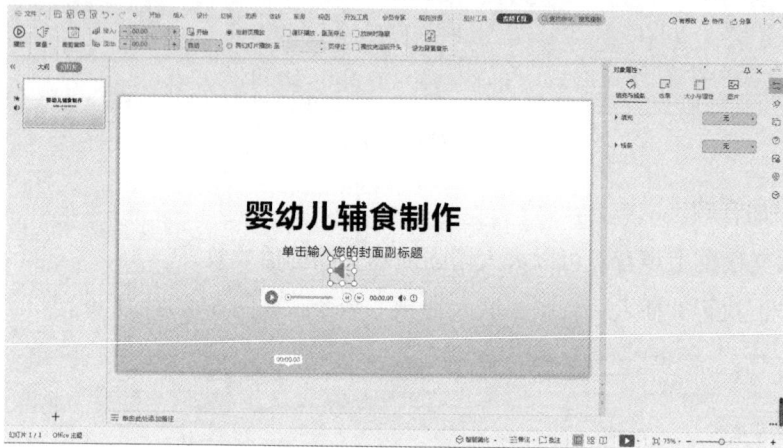

图 6-3-83

第三步，在工具栏里找到音频工具，根据课件的需要设置"循环播放"或"设为背景音乐"等，如图 6-3-84 所示。

图 6-3-84

总之，一个多媒体课件应该以充分激发学习者的潜能、强化教学效果、提高教学质量为重心。因此，讲师应该不断积累经验，努力探索制作技巧，制作出更多图文并茂、形质俱佳的优秀课件，努力取得最佳的教学效果。

四、利用Photoshop进行图片处理的基础操作

Photoshop是Adobe公司研发的一款专业的图像处理软件，集图像扫描、编辑修改、图像制作、广告创意、图像输入与输出于一体，功能强大，是国内最流行的专业平面设计软件之一，深受广大平面设计人员和美术爱好者的喜爱。

作为入门者，首先要了解一下Photoshop的工作界面以及使用工具、图层等功能。这里主要以Photoshop CS6为例来简单介绍一下。不同版本的操作稍有差别，功能基本相同，可根据自己的情况选择版本。

1.界面

打开Photoshop，这时会出现一个界面，如图6-3-85所示，左侧的是工具栏，有移动工具、选框、裁剪工具、橡皮擦、画笔、仿制印章、渐变工具、放大镜、钢笔工具、文字工具等（鼠标点击会显示相应工具名称），如图6-3-86所示。

图 6-3-85

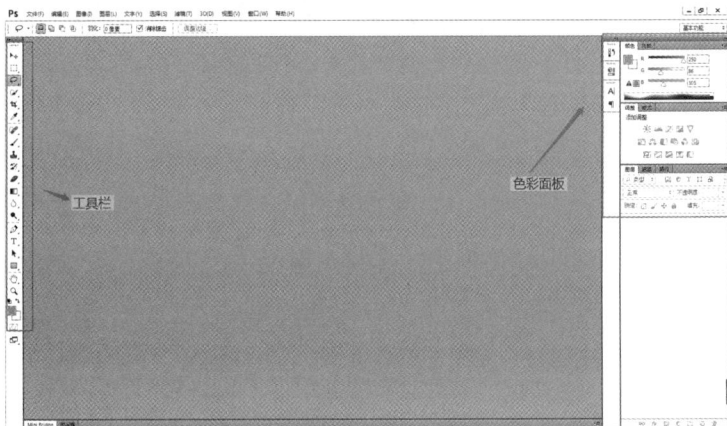

图 6-3-86

2.新建图像文件

新建一个图像文件，有几种途径，可以在Photoshop的文件菜单中点击"新建"，也可以通过快捷键Ctrl+N来实现。

点击"文件—新建"，如图6-3-87所示，这时会出现图6-3-88所示界面。

图 6-3-87

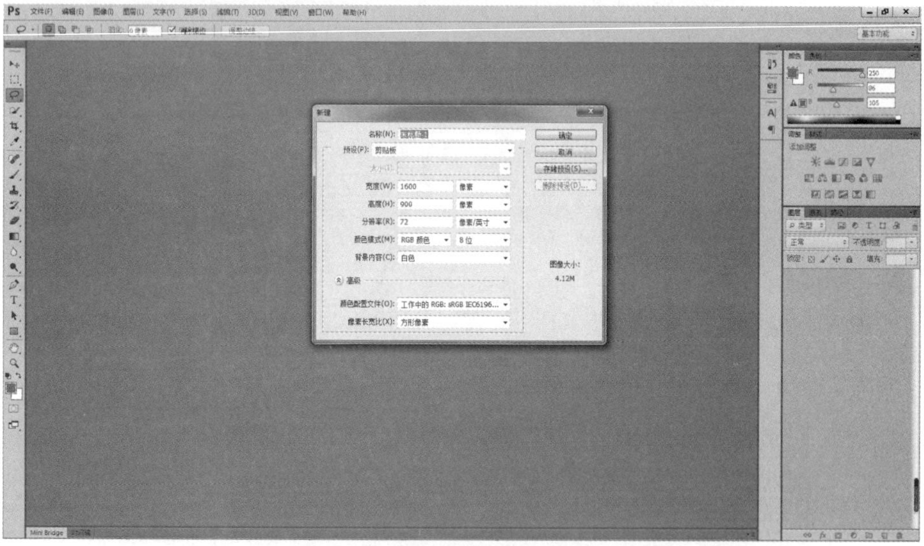

图 6-3-88

在弹出的"新建文件"对话框中，选择图像尺寸的单位，输入图像的高、宽及分辨率，在这里我们选"国际标准纸张"中的A3纸，背景颜色选白色，如图6-3-89所示，单击"确定"按钮后，得到图6-3-90所示的界面。在图6-3-90所示界面上可以进行编辑，比如填充颜色。

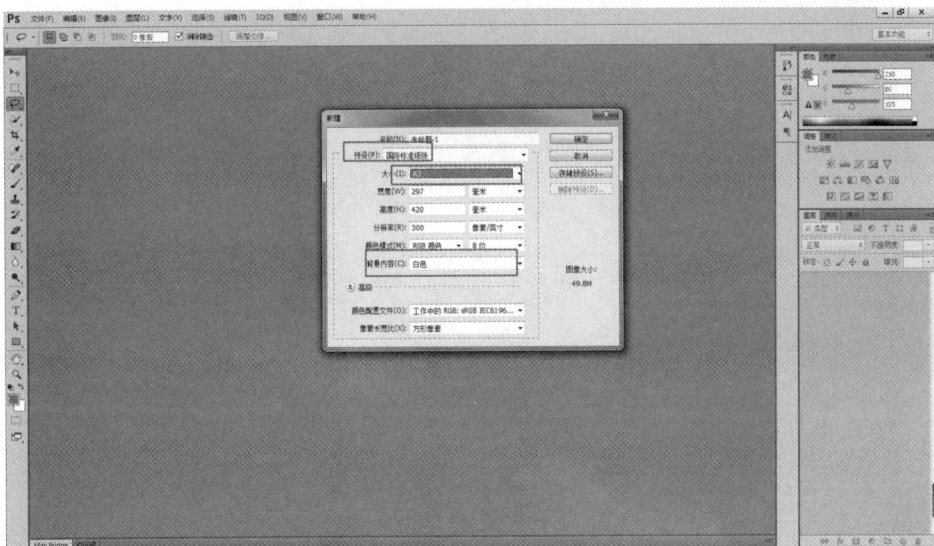

图 6-3-89

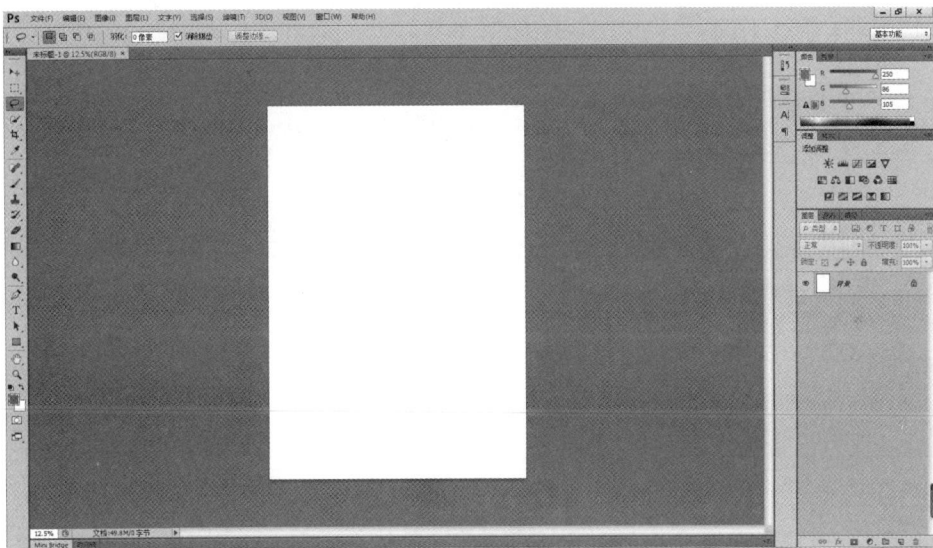

图 6-3-90

3.打开和保存图像文件

（1）打开图像文件。

点击文件菜单里的"打开""打开为""导入"都可以打开图像文件，也可以直接通过在灰色界面上双击打开一个已存图像文件，如图 6-3-91 所示。

图 6-3-91

在这里，我们用菜单里的"打开"为例。点击"打开"，如图6-3-92所示。在本地文件中找一张图片打开，如图6-3-93所示。

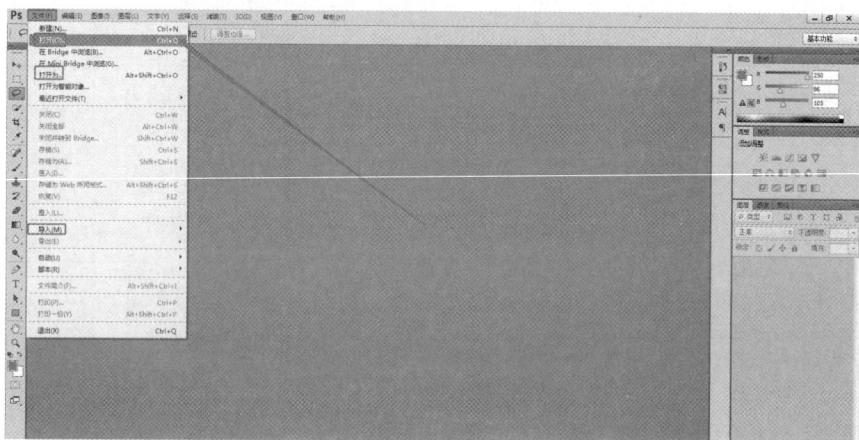

图 6-3-92

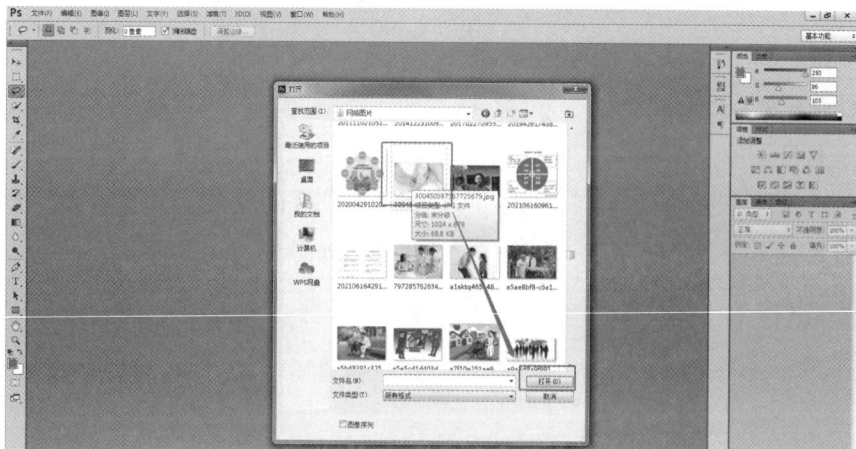

图 6-3-93

（2）保存图像文件。

当一个图像需要保存时，可以点击"文件"菜单中"存储""存储为"或"存储为web所用格式"，如图6-3-94所示。

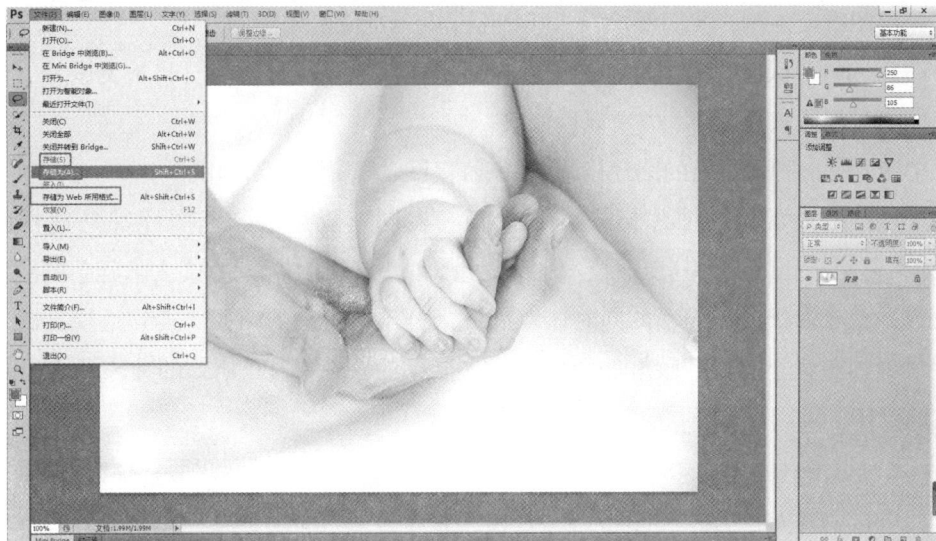

图6-3-94

"存储为web所用格式"是将图片保存为网页上常用的格式。点开后有"原稿""优化""双联""四联"几栏，我们一般选"优化"，它的右边有预设，可以设定需要的格式，设好后就可以存储了，如图6-3-95所示。

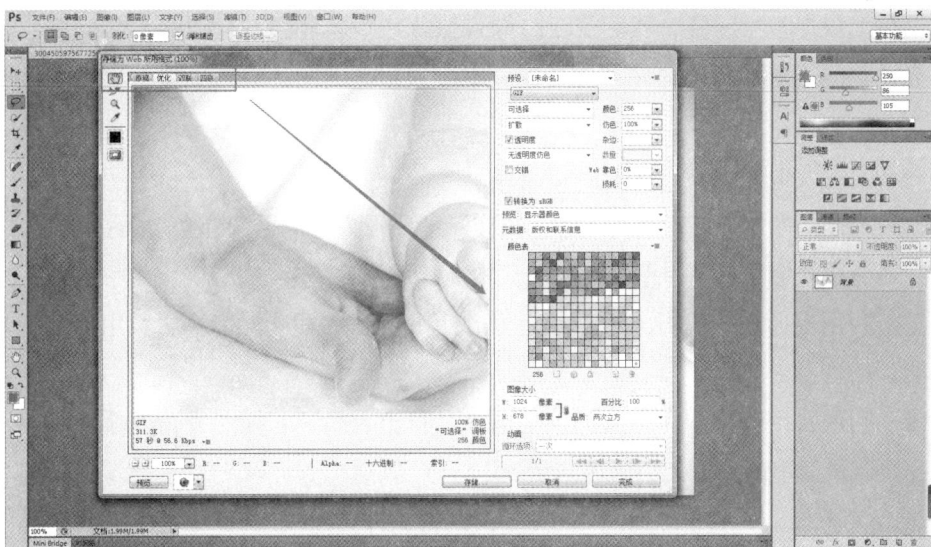

图6-3-95

"存储"是覆盖图片原有格式，保存当前格式，快捷键是 Ctrl + S。

"存储为"是不修改之前图片原有格式，而是另存为其他格式。在下拉框中选择你想要的格式，快捷键是 Ctrl + Shift + S。

保存图像文件时，我们要接触一些 Photoshop 文件格式：

PSD：PS 默认保存的图片格式，这个格式可以保存所有的图层和相关设置，建议大家作图时保留 PSD 文件，方便以后修改。

BMP：是一种无压缩的图片格式，一般都比较大，不建议使用。

JPG：是很常见的图片格式，一般我们在网上看到的彩色图片都是这样的格式。JPG 是有损压缩的，其压缩技术十分先进，它用有损压缩的方式去除冗余的图像和彩色数据，获取极高压缩率的同时还能展现十分丰富生动的图像，换句话说，就是可以用最少的磁盘空间得到较好的图像质量。同样的图片，JPG 格式的大小几乎是 BMP 格式的 1/10。

GIF：最多只能呈现 256 色，所以它并不适合色彩丰富的照片和具有渐变效果的图片，而比较适合色彩比较少的图片。另外，GIF 可以保存成背景透明的格式，也可以做成多帧的动画，这些都是 JPG 无法做到的。

PNG：是目前最不失真的格式，它结合了 GIF 和 JPG 二者的优点，存储形式丰富，兼有 GIF 和 JPG 的色彩模式；能把图像文件压缩到极限以利于网络传输，但又能保留所有与图像品质有关的信息。

3.调整图片大小

通常，根据教学需要，我们需要在课件制作中插入相关图片或是上传到网络上，为了节省空间或顺利打开文件，需要把原本像素很高的图片进行压缩，这就要调整照片的大小。

调整图片大小有四种方法：

一是选择图像大小进行调整（在"图像""图像大小"里选择大小）；

二是利用裁切工具（用工具箱里的裁切工具裁切大小）；

三是利用矩形选框裁切（用工具箱里的矩形选框工具选大小，然后用移动工具裁切移动）；

四是利用自由变换（在"编辑"中选择"自由变换"，拖动边角变换大小）。在这里我们以最简单的图像大小为例演示一下。

点击"图像"，在下拉菜单中点击"图像大小"，如图 6-3-96 所示，得到图 6-3-97 所示界面。

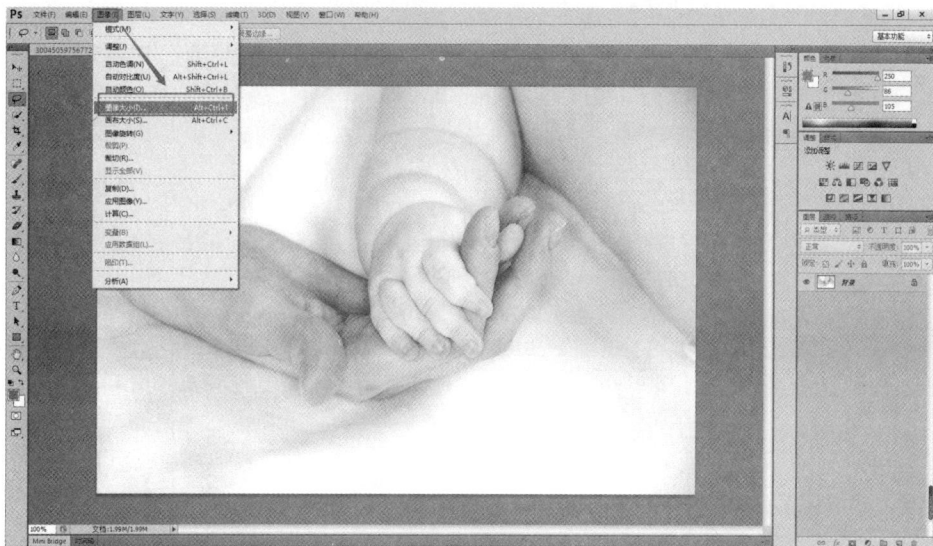

图 6-3-96

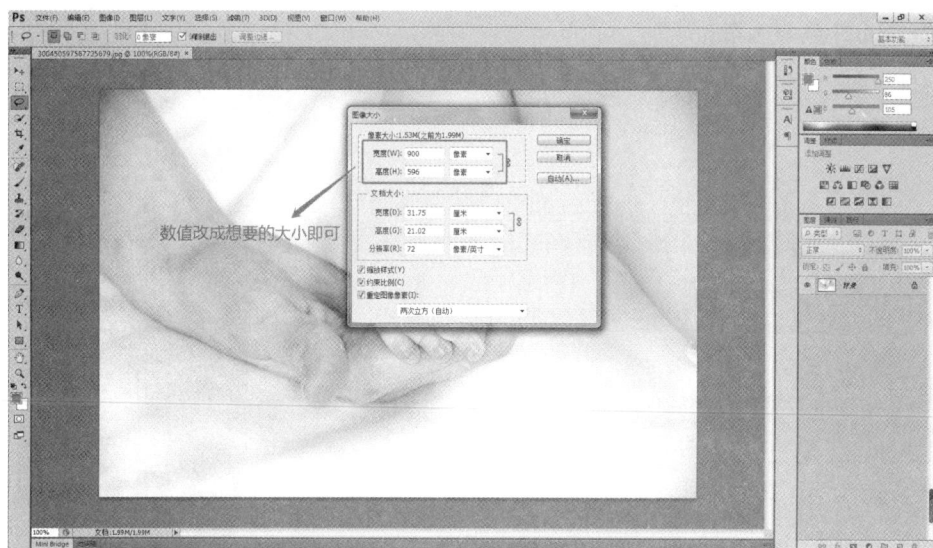

数值改成想要的大小即可

图 6-3-97

4.旋转图片

进行图片设计时，往往会需要一些相对变形的照片，这就需要用好简单的旋转。

使用"图像"中的"图像旋转"命令，根据需要旋转图片至合适的角度即可，如图6-3-98所示。

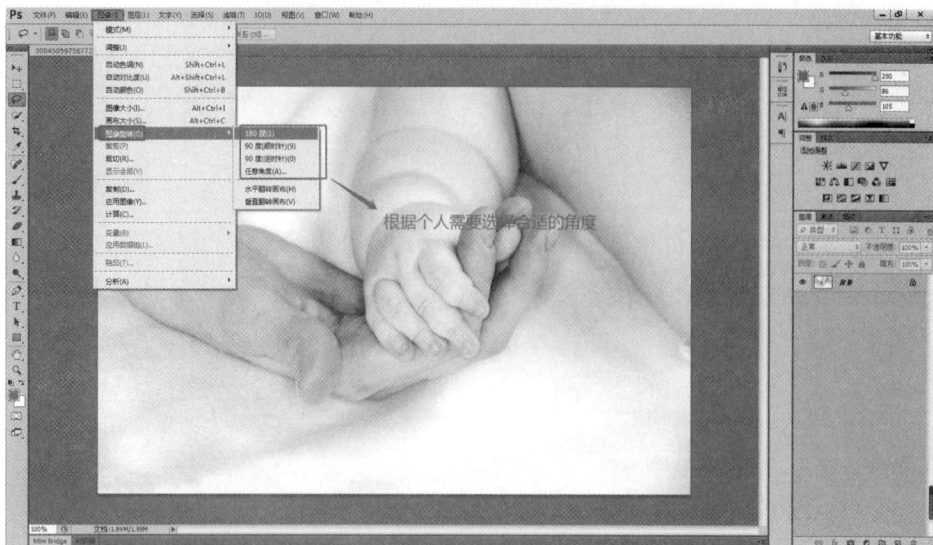

图 6-3-98

5.给图片添加文字

（1）使用左上角的"文件一打开"选项或者直接将照片导入 PS 当中，如图 6-3-99 所示。

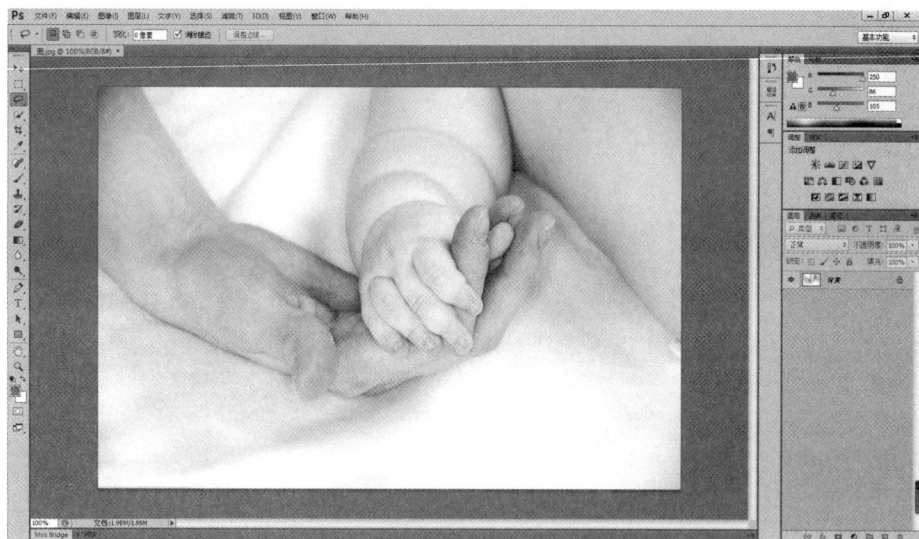

图 6-3-99

（2）首先要给照片解锁，使其变成 0 图层，找到图层栏双击图片，如图 6-3-100 所示。

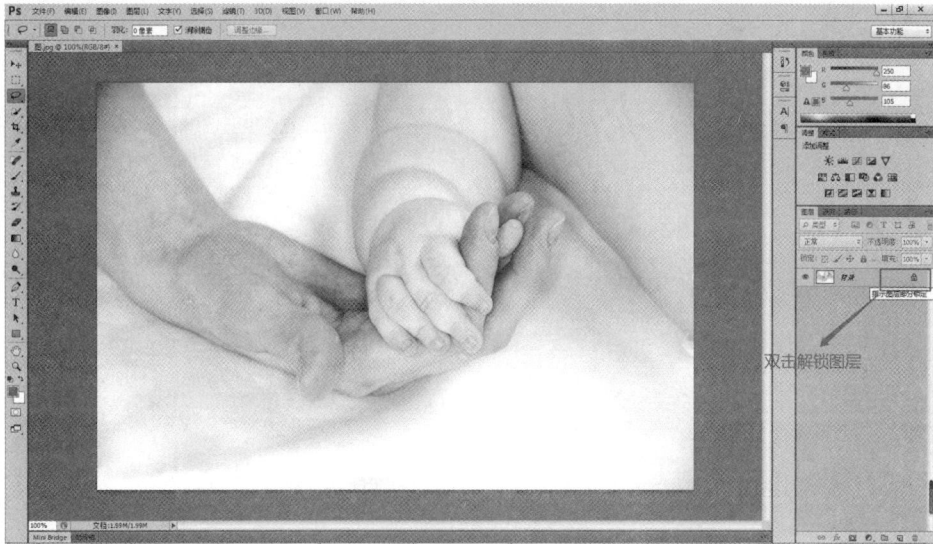

图 6-3-100

（3）出现图 6-3-101 所示的对话框后，点击"确定"按钮即可，图层栏图片会变成图 6-3-102 所示的形式。

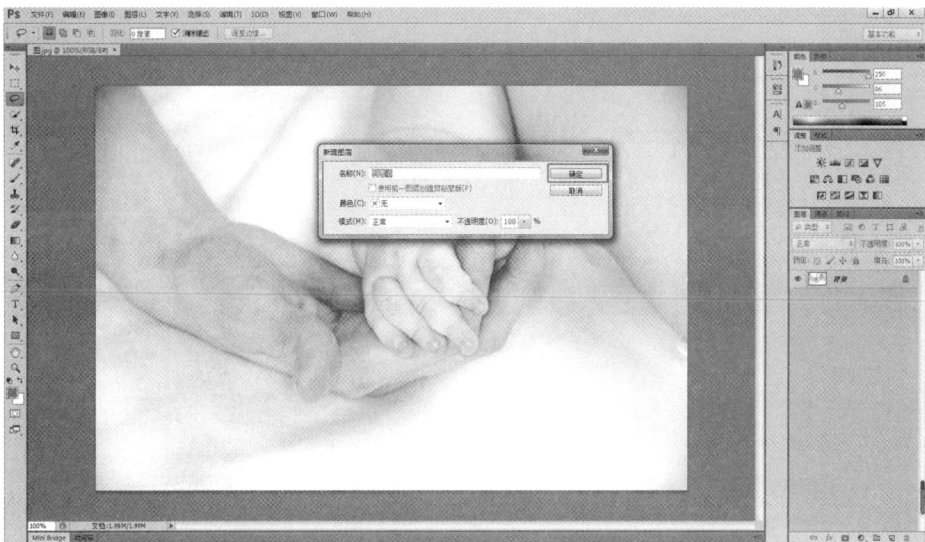

图 6-3-101

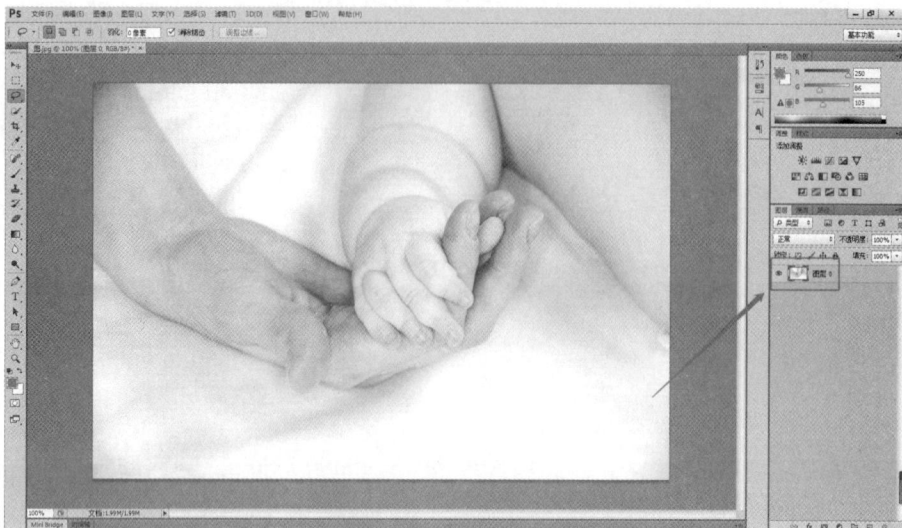

图 6-3-102

（4）点击左侧工具栏中的"T"符号，在靠下的位置，使用鼠标选中文本框的位置和大小，如图 6-3-103 所示。

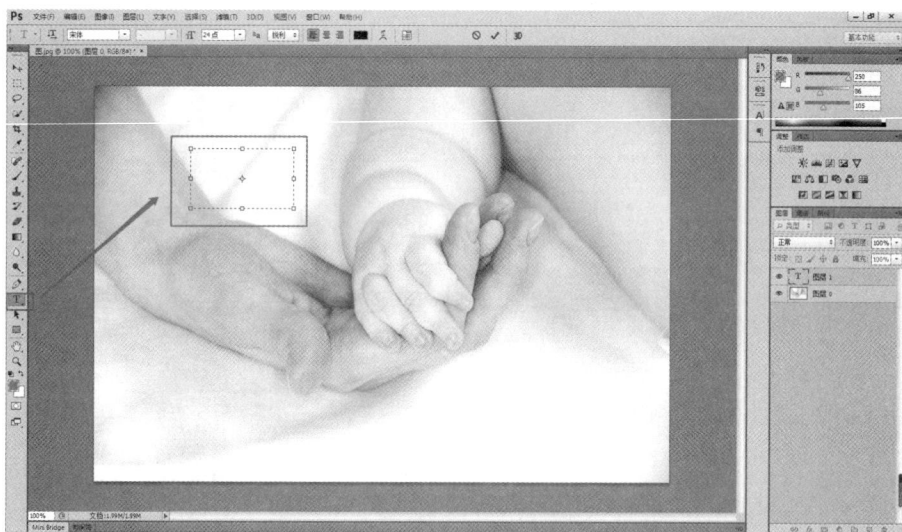

图 6-3-103

（5）输入文字，可以在上方菜单栏中选择"字号""字体"进行调整，选择完成之后点击"回车"确定即可，如图 6-3-104 所示。

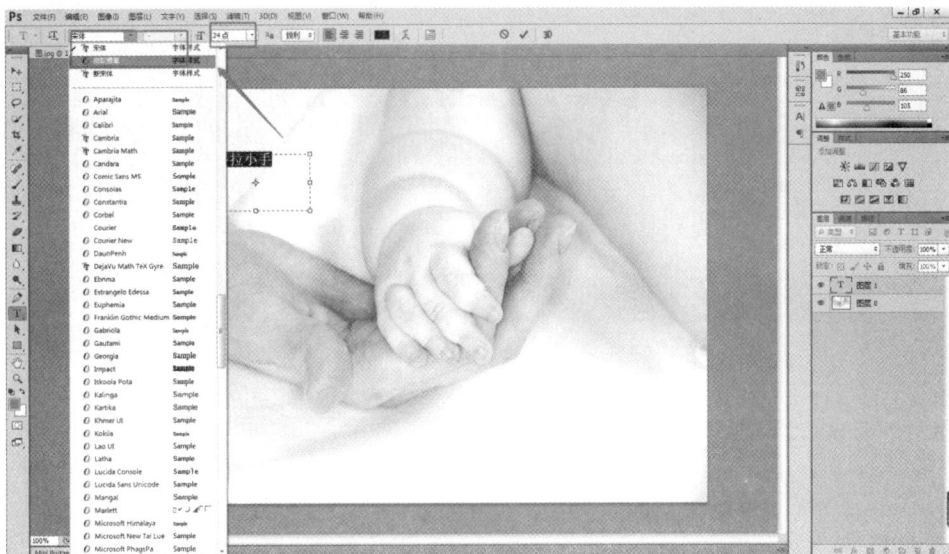

图 6-3-104

（6）输入完成之后，还可以使用工具栏最上方的"移动工具"，移动文本框，如图 6-3-105 所示；或者再次选择"文字工具"，对字体的内容进行修改，直到满意为止。

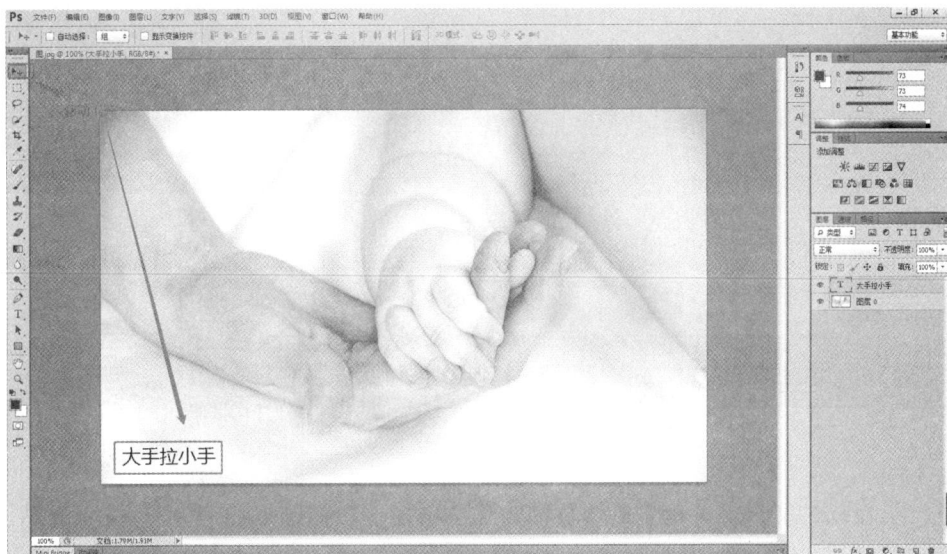

图 6-3-105

（7）合并图层，在上方菜单栏中找到"图层"按钮，在下拉菜单中点击"合并可见图层"按钮，如图 6-3-106 所示，得到合并后的图片，如图 6-3-107 所示。

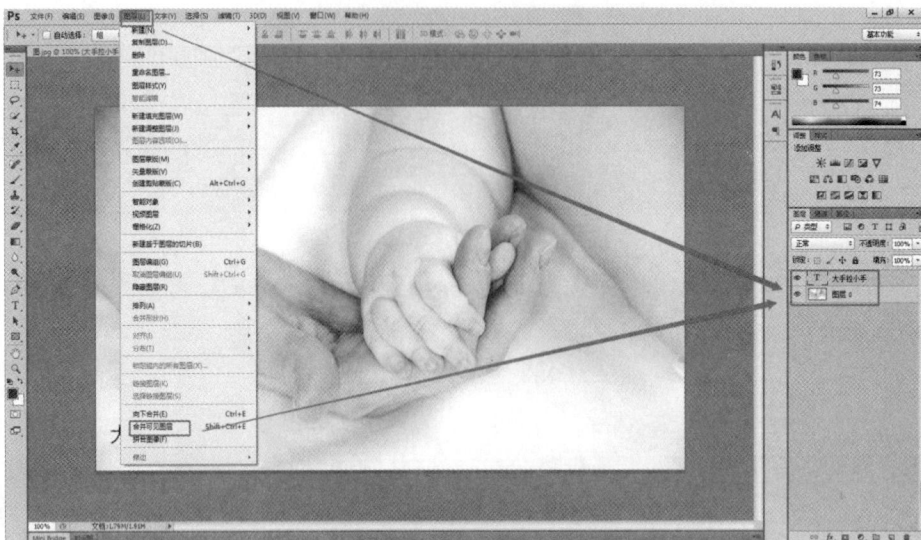

图 6-3-106

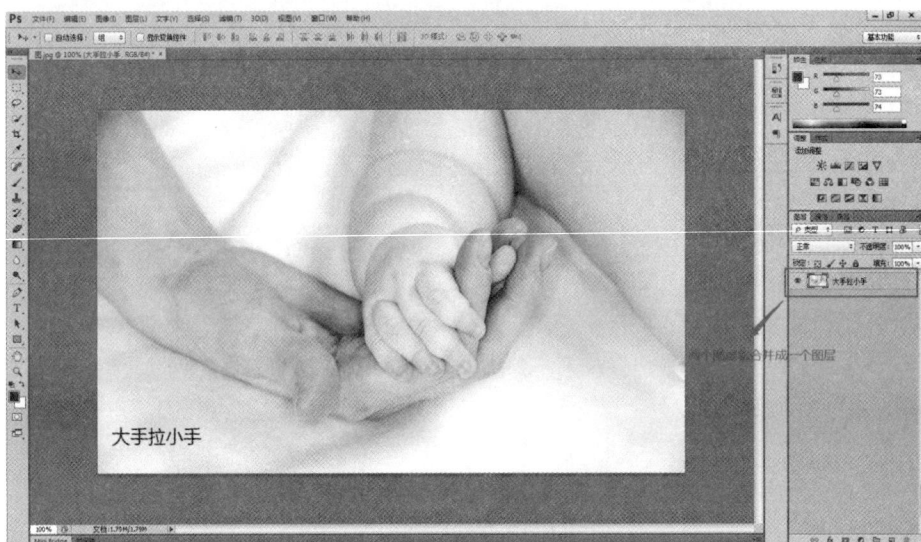

图 6-3-107

（8）点击"文件"菜单中的"存储为"选项保存，如图 6-3-108 所示。PS 默认保存的图片格式为 PSD 文件，这个格式可以保存所有的图层和相关设置，建议大家作图时都要保留，方便以后修改，并选择保存的路径即可，如图 6-3-109 所示。也可以根据个人需要储存为 JPG 格式，如图 6-3-110 所示。

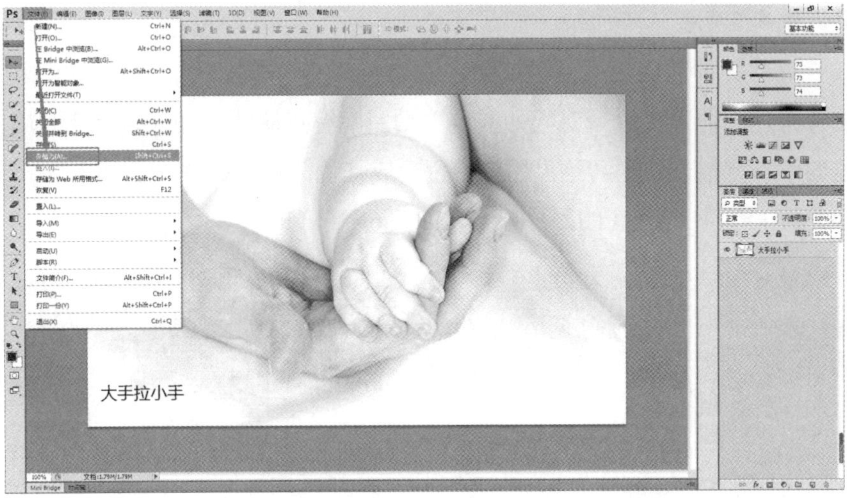

图 6-3-108

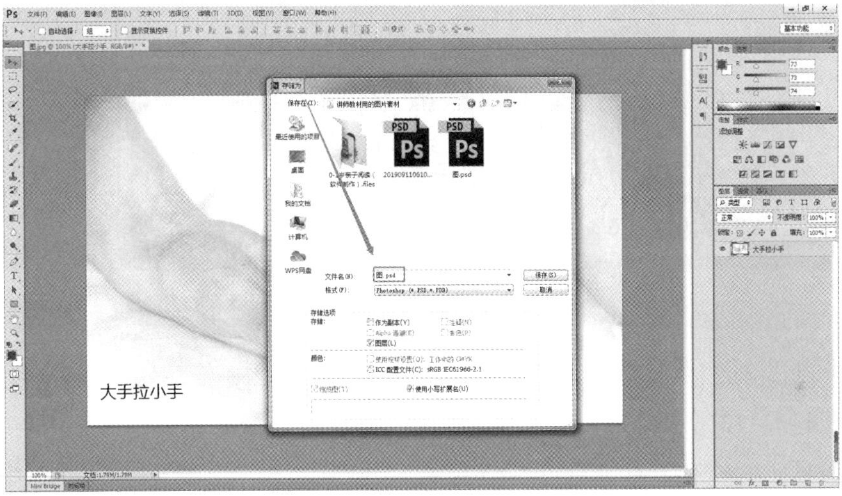

图 6-3-109

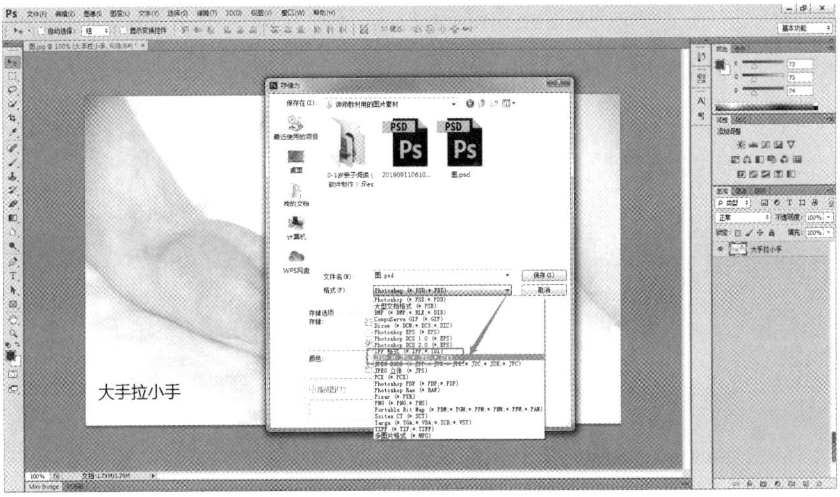

图 6-3-110

6.给证件照换背景

比较常见的证件照底色有红色、蓝色、白色。有时手上可能只有某种颜色，但又需要其他背景色的照片，这个时候如果再去拍照就有点麻烦，如果自己能利用 PS 给照片换底色的话，就很方便了。这里用将白色换成红色为例，具体步骤如下。

（1）打开PS，将要换底的照片导入，如图6-3-111所示。

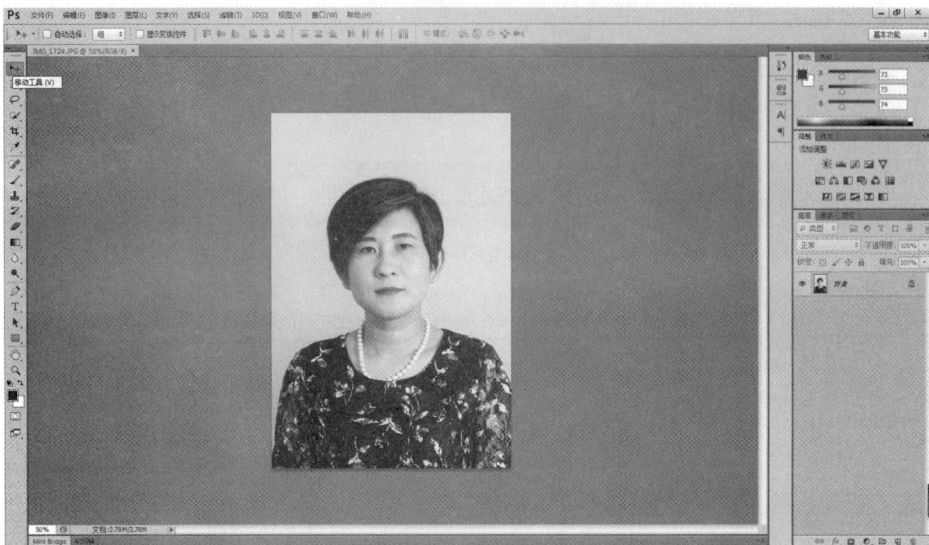

图 6-3-111

（2）点击PS左侧工具栏上的"快速选择"工具图标，然后用鼠标将白色背景选中，如图6-3-112所示。

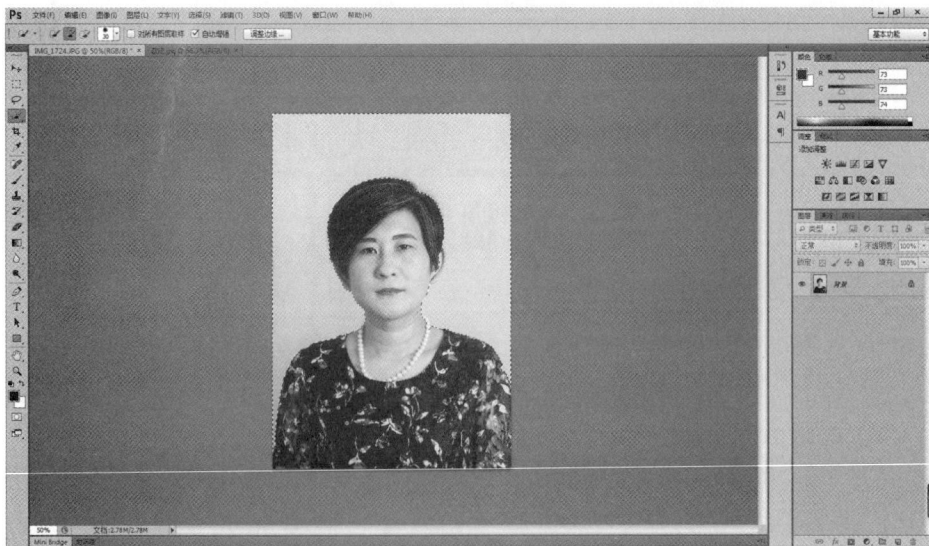

图 6-3-112

（3）同时按住键盘上的"Shift"键和"F5"键打开填充面板，将"内容"这一项选择为"颜色..."，点击"确定"，如图6-3-113所示。

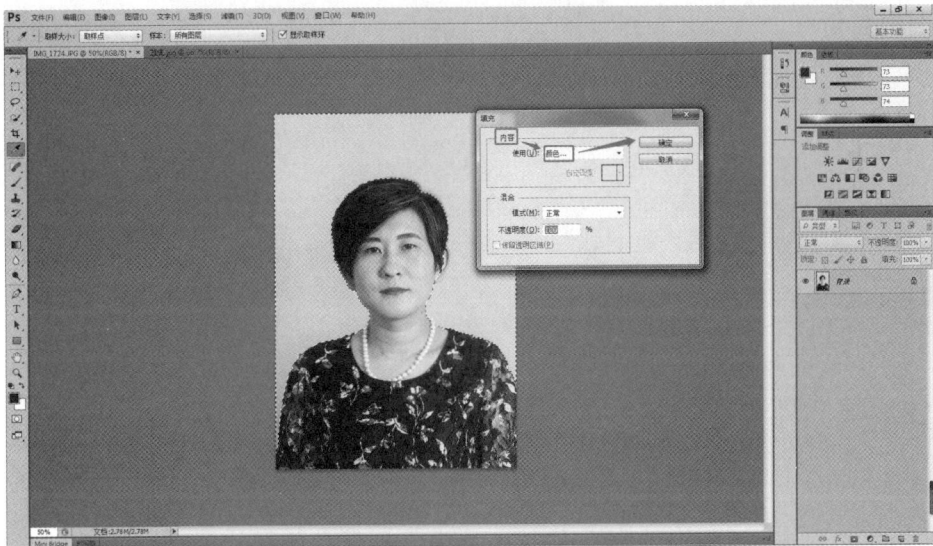

图 6-3-113

（4）在弹出的拾色器中选择红色，然后点击"确定"按钮，如图6-3-114所示，再点击填充面板上的"确定"按钮。这时，原来证件照的白底就被改成了红底，如图6-3-115所示。

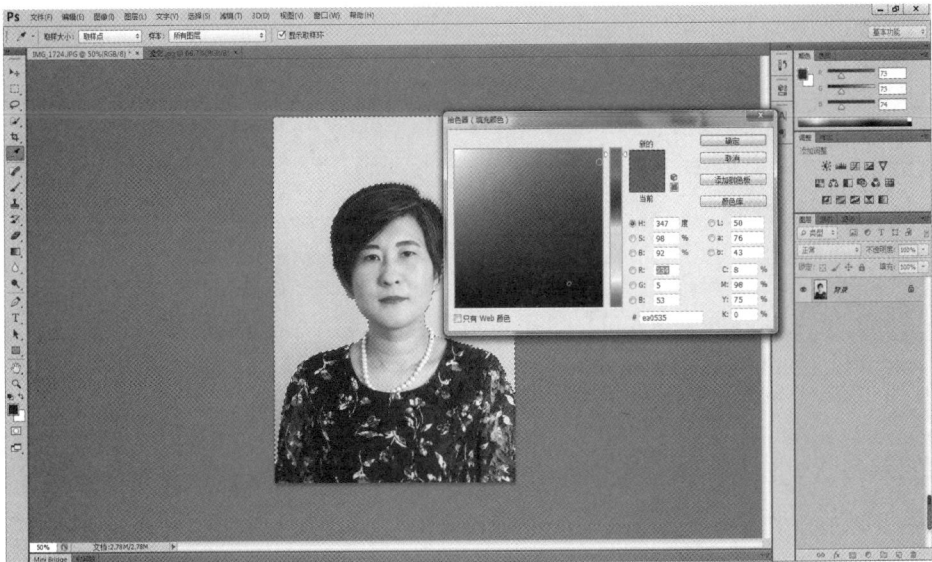

图 6-3-114

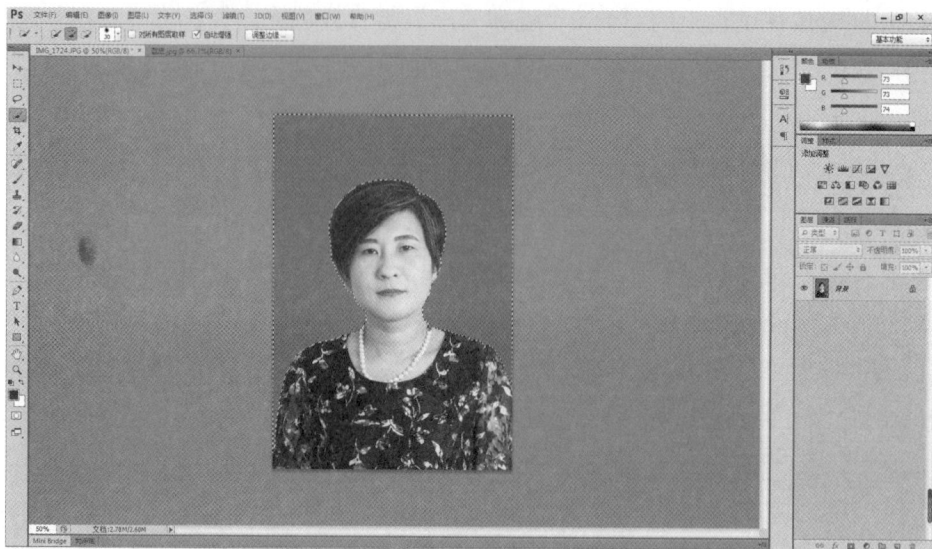

图 6-3-115

（5）然后按"Ctrl+D"使虚线选区消失，再保存好图片即可，如图 6-3-116 所示。

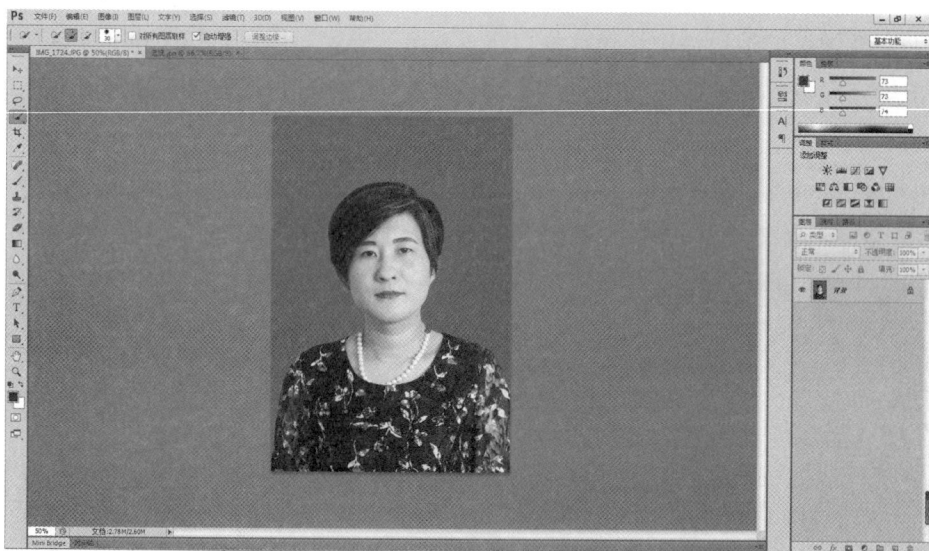

图 6-3-116

PS有很多工具和功能，最基础的操作学会后，可以慢慢摸索其他功能，多试多练。在平时的工作中，不论是PPT、Word还是Excel，PS都能起到非常好的辅助作用，很多看似无法完成的任务，用PS简单几步就能完成。可以说，学会PS，就是如虎添翼。

第四节 常用软件的操作技巧

工欲善其事，必先利其器，PPT、Word、Excel和Photoshop等电脑软件在讲师制作课件或是教学设计时都是需要经常用到的。为了提高效率，下面给大家介绍一些常用技巧。

一、Word的操作技巧

1.快速定位到上次编辑位置

打开Word文件后，按下Shift+F5键，光标就可以快速定位到上一次编辑的位置了。其实Shift+F5的作用是定位到Word最后三次编辑的位置。

2.如何插入图片、调整大小

在对文档进行编辑时，免不了要插入多张图片、表格、形状、文本框等，以更好地表达主题。

（1）打开需要编辑的Word文档，如图6-4-1所示。

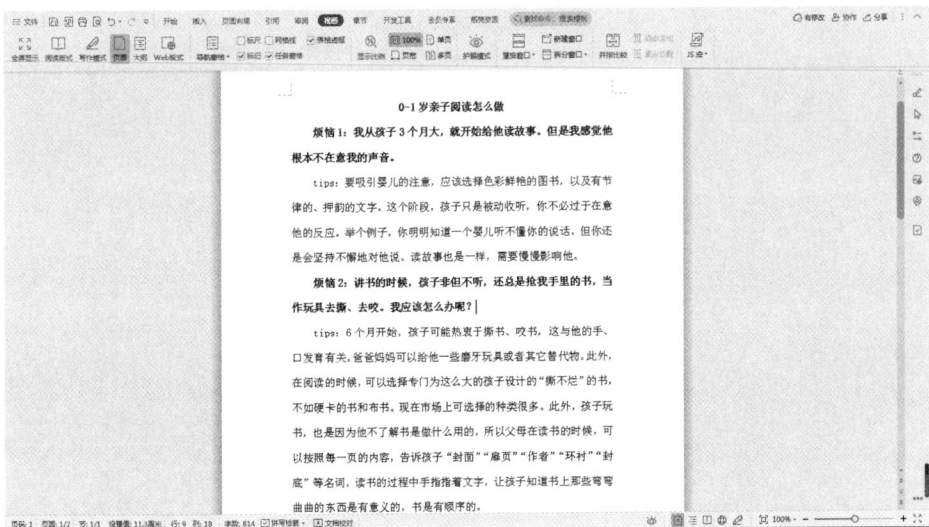

图 6-4-1

（2）把鼠标放在需要插入图片的位置，点击菜单栏中"插入—图片"选项，如图6-4-2所示。从本地文件夹中找到想要插入的图片，如图6-4-3所示。点击"打开"，图片就插到文档里了，如图6-4-4所示。

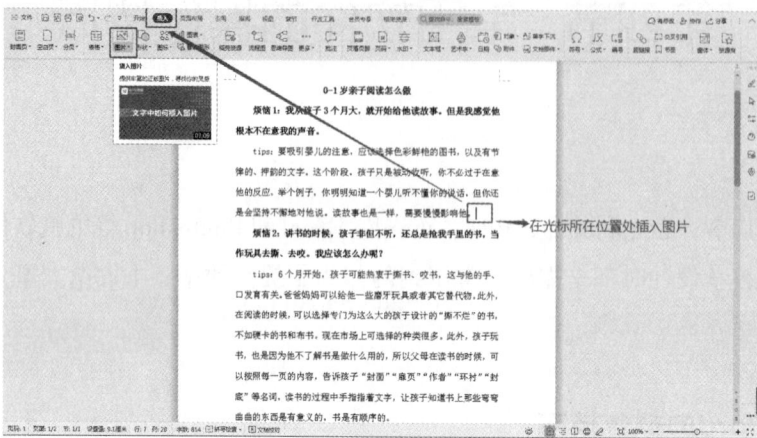

图 6-4-2

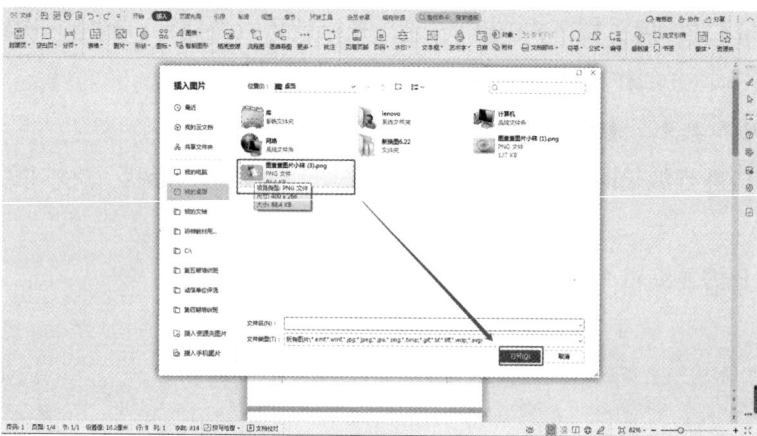

图 6-4-3

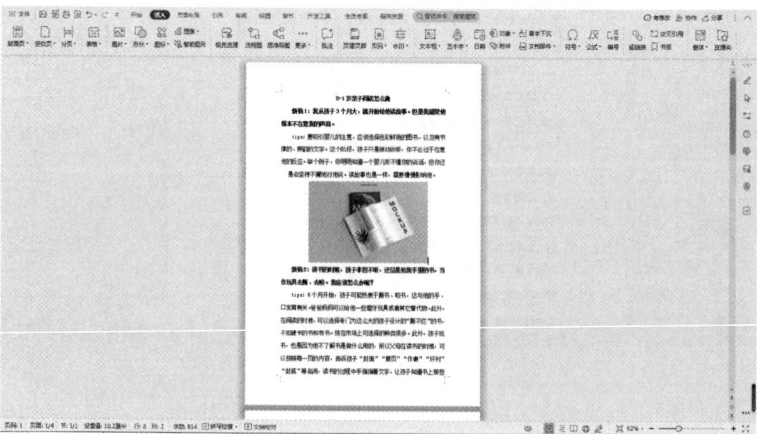

图 6-4-4

（3）点击该图片，可以看见图片周围出现调整大小的小圆形，拖动右下角的小圆形，改变图片大小，如图6-4-5所示。注意：按住 Shift 键，可等比例缩放（保持原图长宽比）。

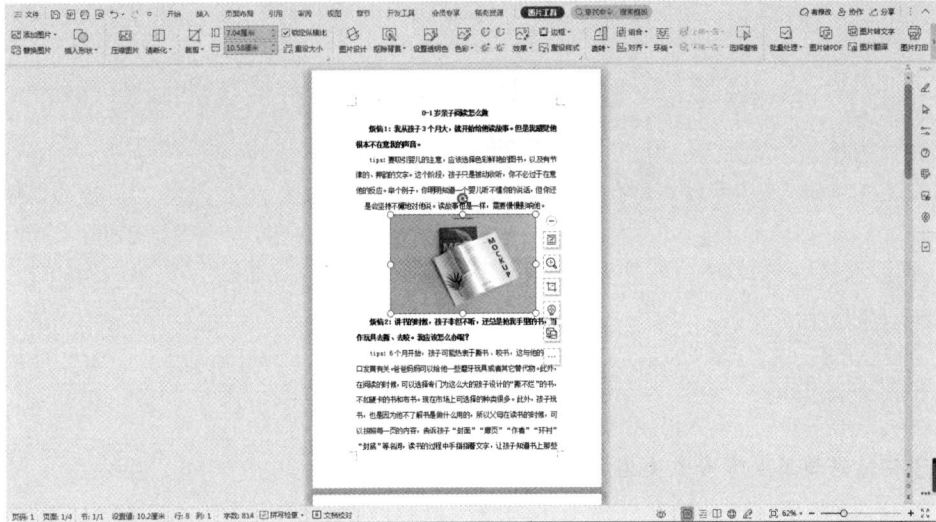

图 6-4-5

如需添加图片标题，点击需要添加标题的图片，右键选择"题注"，在对话框"标签"下拉中选"图"，如图6-4-6所示。点击"确定"，标题就被插入到图片下方了，如图6-4-7所示。

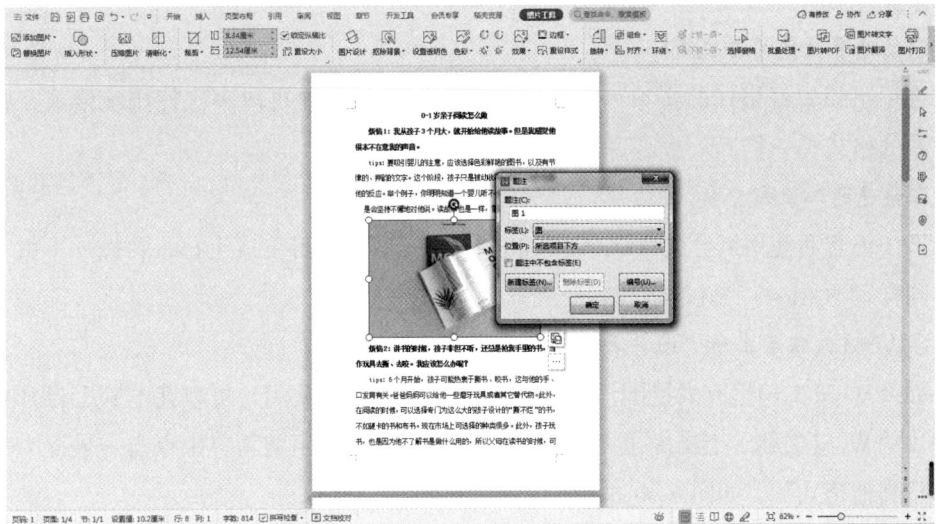

图 6-4-6

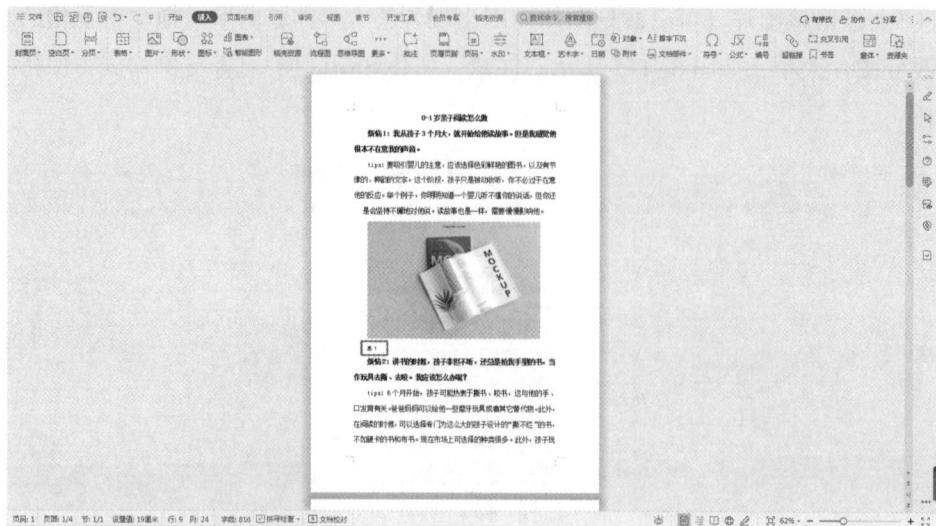

图 6-4-7

3.快速转换英文字母大小写

在 Word 中编辑文档需要转换大小写时，只要把光标定位到句子或单词的字母中，然后同时按下"Shift+F3"快捷键，此时如果原来的英文字母是小写的，就会先把句子或单词的第一个字母变为大写，再按一次快捷键，整个句子或单词的字母都变为大写了，再按一次就变回小写。每按一次快捷键，字母的变化依此类推。

注意：如果是 Win10 系统，按"Shift+F3"没反应的话，按"Shift+F3+Fn"就可以了。

4.快速多次使用格式刷

选中已设置好格式的文本，双击"格式刷"，然后就可以多次使用该格式，将其他文本的格式统一。

5.快速输入上标下标

选中内容后使用组合键"Ctrl + Shift + +"能够将内容变成上标，再按一下就能恢复。同样，"Ctrl + +"就是将内容变成下标。

6.Word 文档导出所有图片并保存

如果 Word 文档里有大量图片，想把图片导出来单独使用，可以在电脑上打开要保存图片的 Word 文档，点击左上角的"文件"菜单，在弹出的菜单中点击"另存为"，选择"其他格式"，如图 6-4-8 所示。

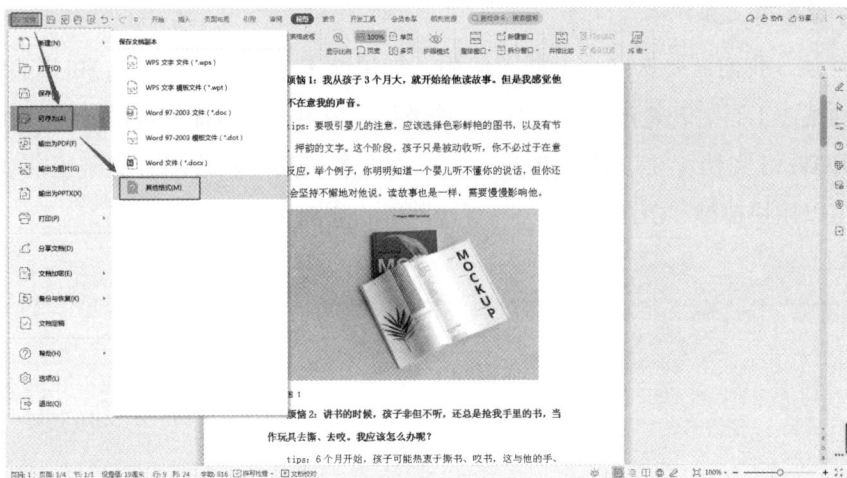

图 6-4-8

在"另存为"的弹出框内，选择好需要保存的位置，在文件类型里选择"网页文件"，然后点击"保存"，如图 6-4-9 所示。找到 Word 文档保存的位置，可以发现多了一个文件夹，如图 6-4-10 所示。打开文件夹，就能看到 Word 文档里面的图片已经被成功保存。

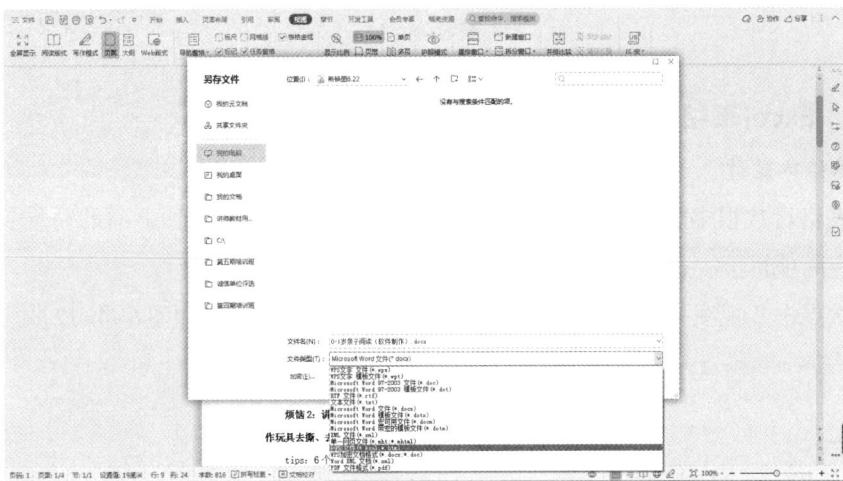

图 6-4-9

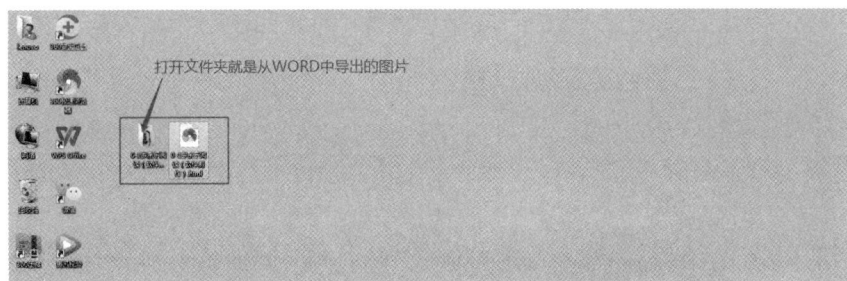

图 6-4-10

7.自带截图工具

有时候，我们需要从网页上截图使用，如果能上QQ、微信的话，可以直接用QQ或微信的截图工具。若是没有登录QQ或是微信，就可以用Word自带的截图功能。

打开Word文档，在工具栏点击"插入—更多—截屏—截屏时隐藏当前窗口"即可。也可以用快捷键"Ctrl+Alt+X"直接截屏，如图6-4-11所示。

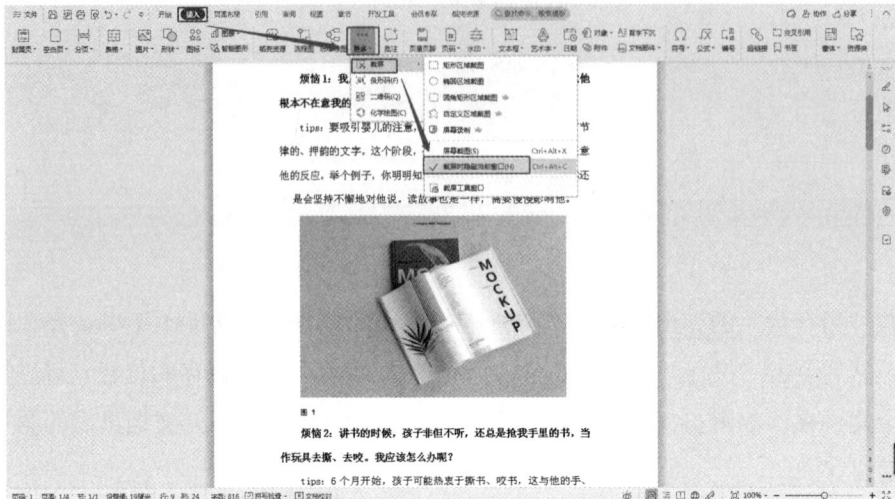

图 6-4-11

二、Excel表格的处理技巧

1.冻结标题行

在表格行数很多时，常常需要滑动来查看表格内容，而滑到下面的时候就不知道数字对应的项目了。这该如何是好呢？

依次点击"视图—冻结窗格"，选择"冻结首行"即可，如图6-4-12所示。

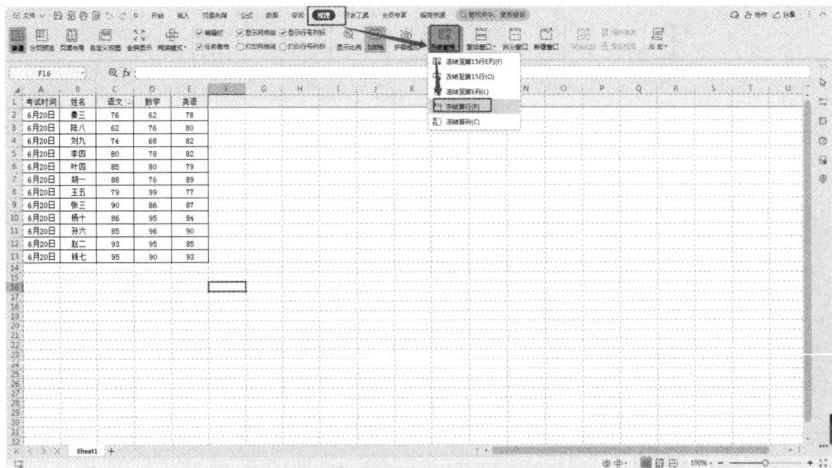

图 6-4-12

2.隐藏或显示Excel功能区

在使用Excel处理数据的过程中，当碰到屏幕较小的情况时，一般可以将功能区折叠起来（即隐藏）以增大工作界面窗口的显示。或者，当打开一份Excel表格时，发现界面没有功能区窗口怎么办？如何将它们调出来？按"Ctrl+F1"组合键即可。

3.Excel工作表的复制

在日常办公操作中，经常会遇到需要复制Excel工作表的情况，那么怎样复制Excel工作表呢？

（1）打开需要复制的Excel表格，如图6-4-13所示。

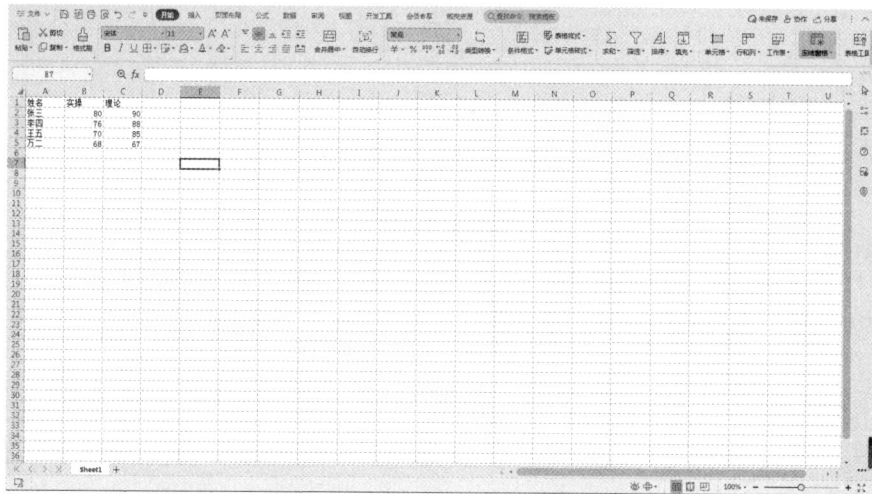

图 6-4-13

（2）选中要复制的Excel工作表的标签，单击鼠标右键，选择并点击"移动或复制工作表"选项，如图6-4-14所示。

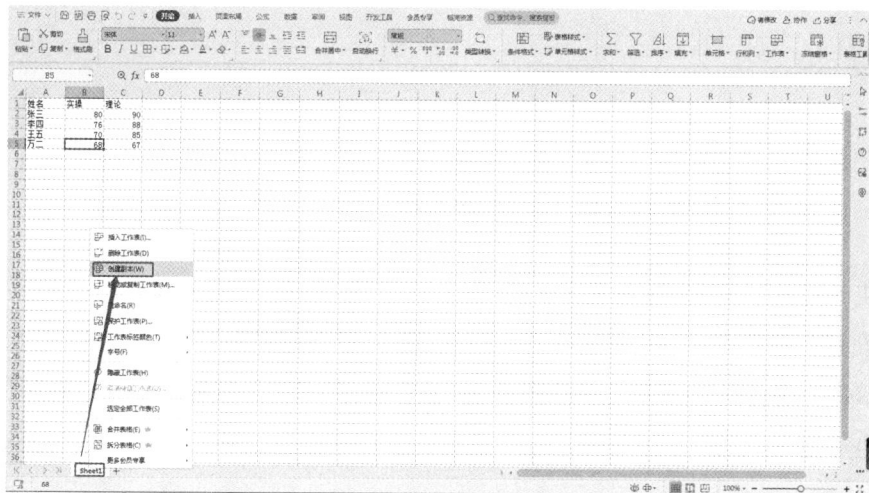

图 6-4-14

（3）选择"移至最后"和"建立复本"复选框，单击"确定"按钮，如图6-4-15
所示。

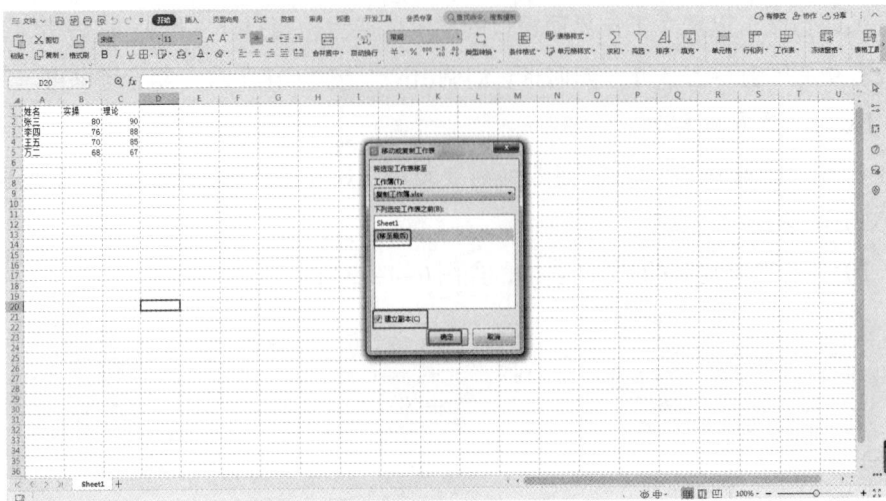

图 6-4-15

（4）复制的工作表在最后，除了表名，其他内容与原表相同，如图6-4-16所示。

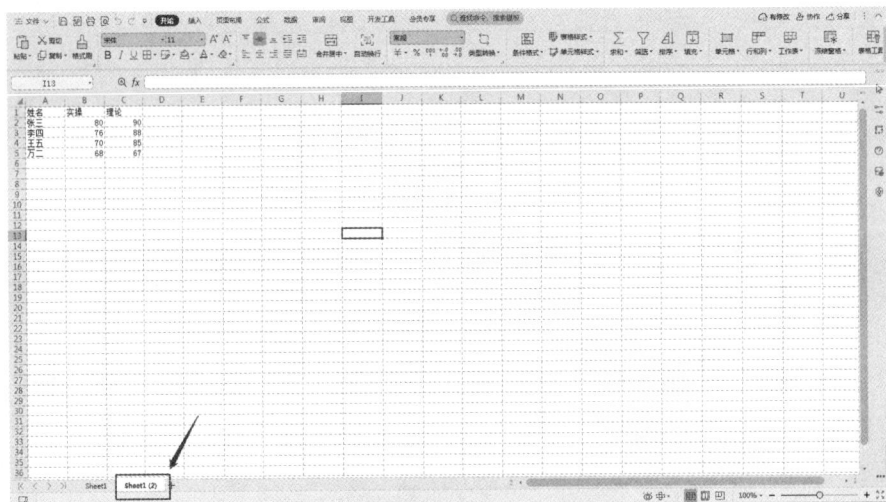

图 6-4-16

4.对数据批量添加前缀或单位

在日常工作中，经常会使用Excel表格输入一些数据或者文字，如果落掉了一些相
同的文字或者是某个单位，可能需要一个一个去添加，非常麻烦，而对数据批量添加
前缀或者单位就可以一次性解决了。

（1）选中目标区域，如图6-4-17所示。

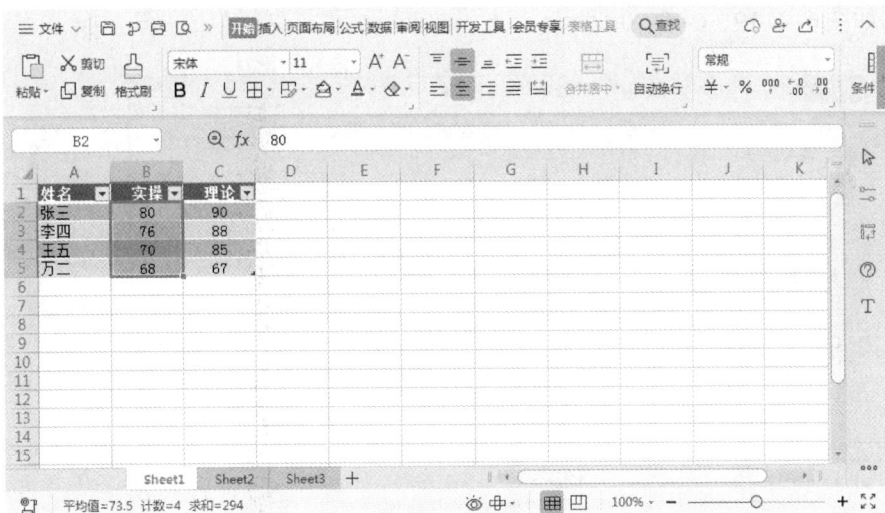

图 6-4-17

（2）按"Ctrl+1"组合键打开"设置单元格格式"对话框，如图6-4-18所示。

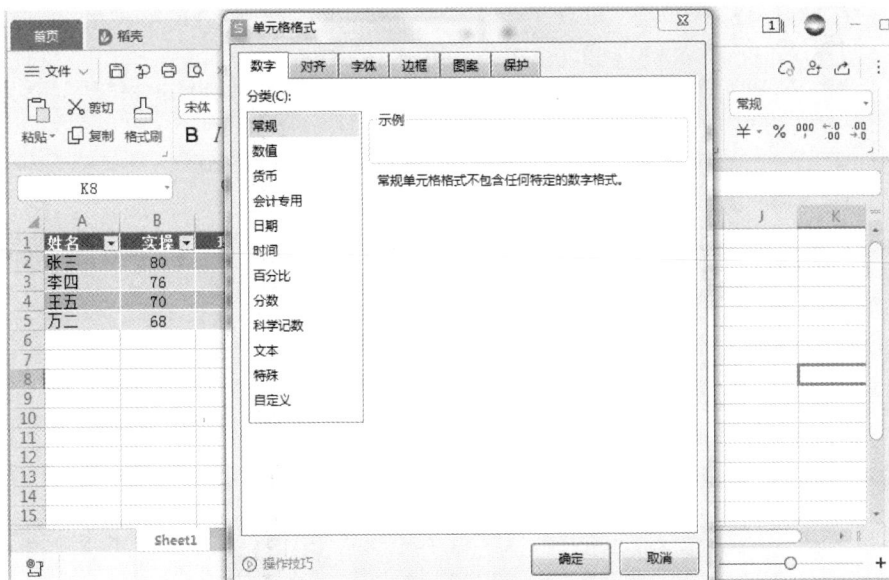

图 6-4-18

（3）点击"自定义"，在"G/通用格式"前加前缀"养老专业"，点击"确定"即可，如图6-4-19、6-4-20所示。

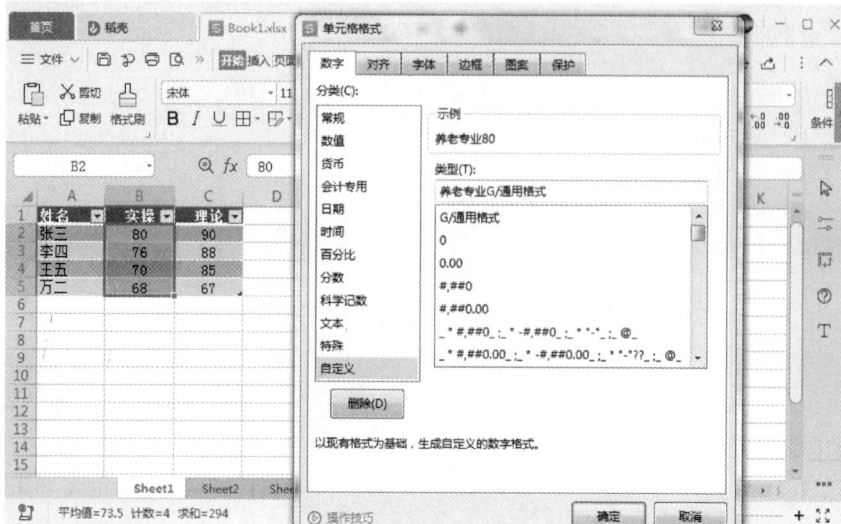

图 6-4-19

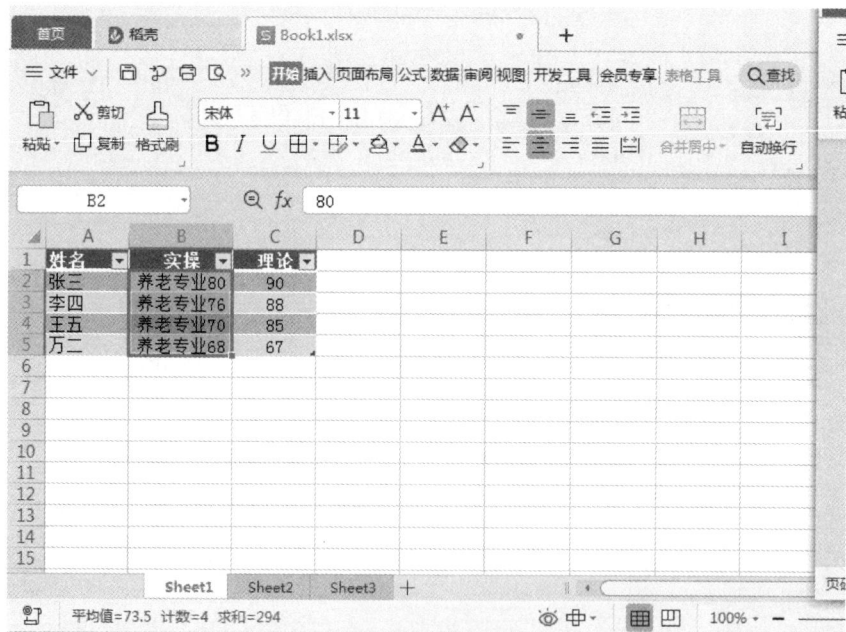

图 6-4-20

5.快速设置求和

（1）选中目标区域。

（2）按"Alt＋="组合键即可，如图6-4-21所示。

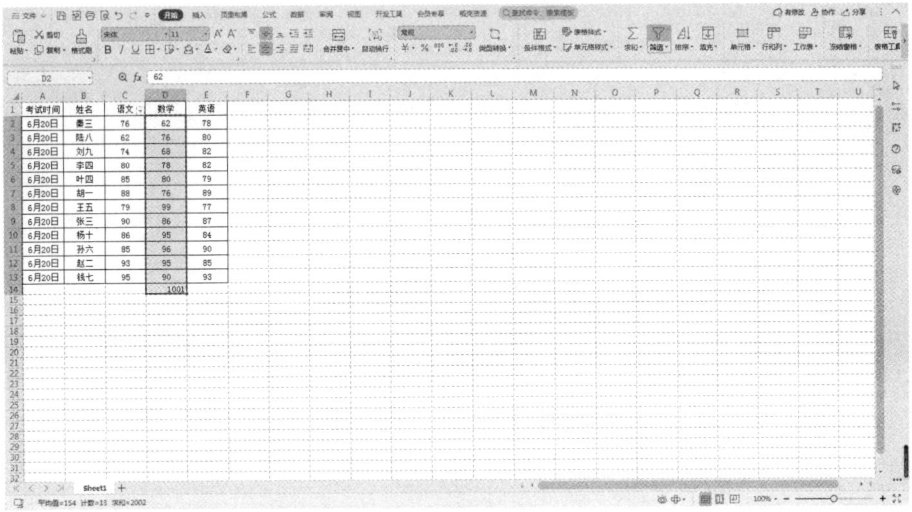

图 6-4-21

6.快速生成报表

教学过程中，有时需要讲师利用数据报表来展现某项数据。一般 Excel 表格的数据都很多，在课堂上直接呈现非常不方便，学员也不容易看清。此时，可以把表格里的上百个数据统一生成一张直观的图表，仅需半分钟就能做好，而且直观清晰，一目了然。

（1）表格全选，如图 6-4-22 所示。

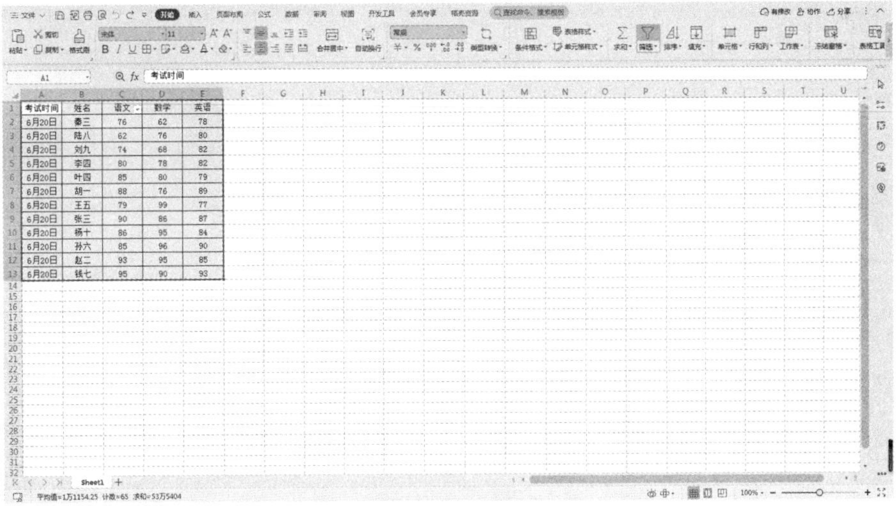

图 6-4-22

（2）按 ALT+F1 生成柱状图，如图 6-4-23 所示。可以点击上方的设计来调整图表的样式。

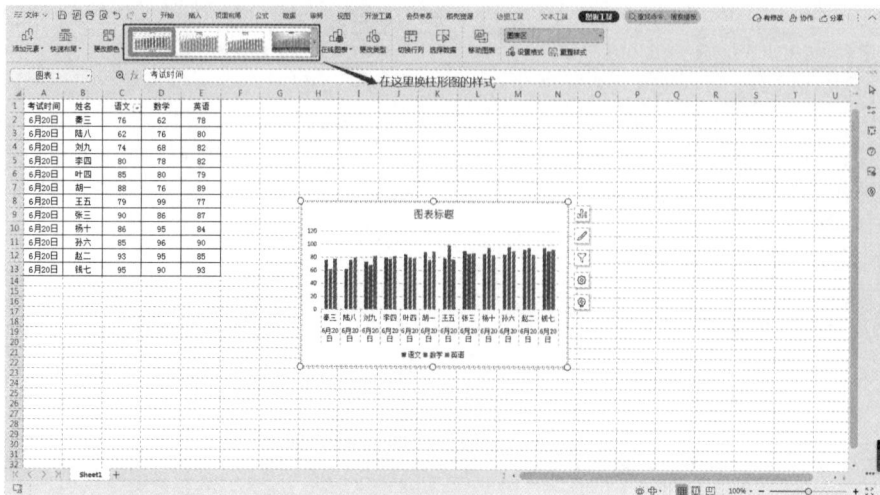

图 6-4-23

7.Word表格转换成Excel表格

由于Word文档中的表格不方便统计和分析，因此，需要将Word中的表格转换成Excel表格，以提高效率。

（1）打开一个带有表格的Word文档，将光标放在表格的任一单元格。这时在整个表格的左上角会出现一个带框的双向箭头的十字标志。把光标移到上面再单击，整个表格会被全部选中。如图6-4-24所示。

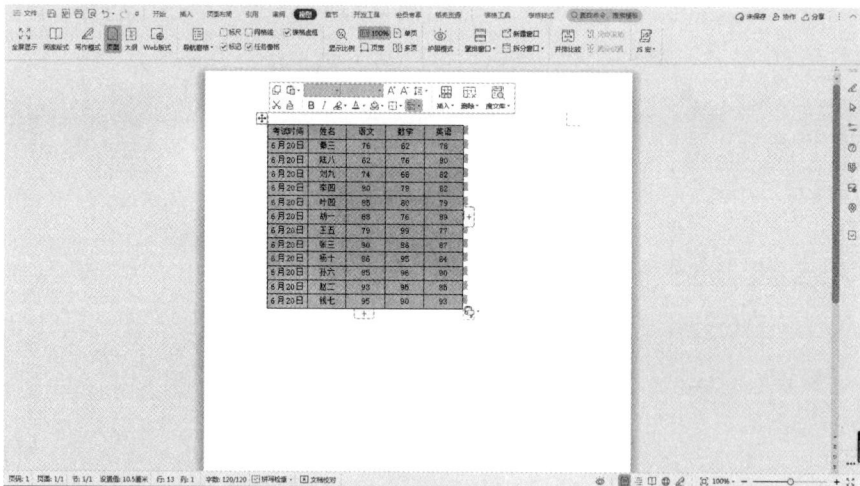

图 6-4-24

然后，单击右键，在出现的菜单中选择"复制"，如图6-4-25所示。

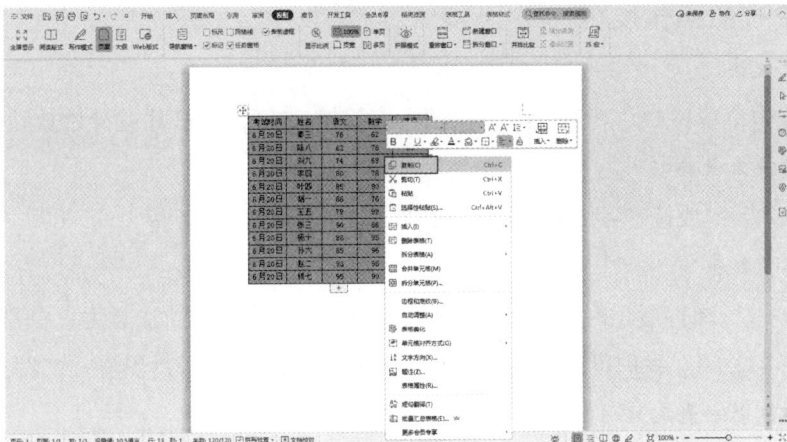

图 6-4-25

（2）打开Excel表格，在需要粘贴的地方单击右键，在出现的菜单中选择"粘贴"，如图6-4-26所示。这样，原来在Word文档中的表格就复制到Excel表格中了，方便了数据的汇总和整理，如图6-4-27所示。

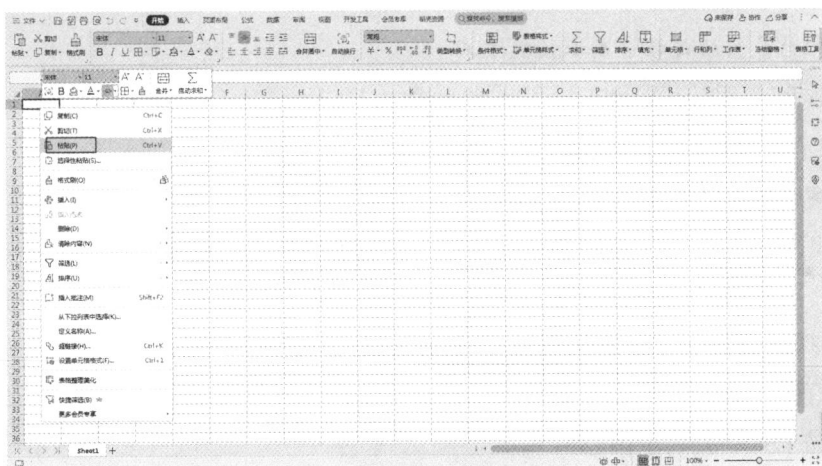

图 6-4-26

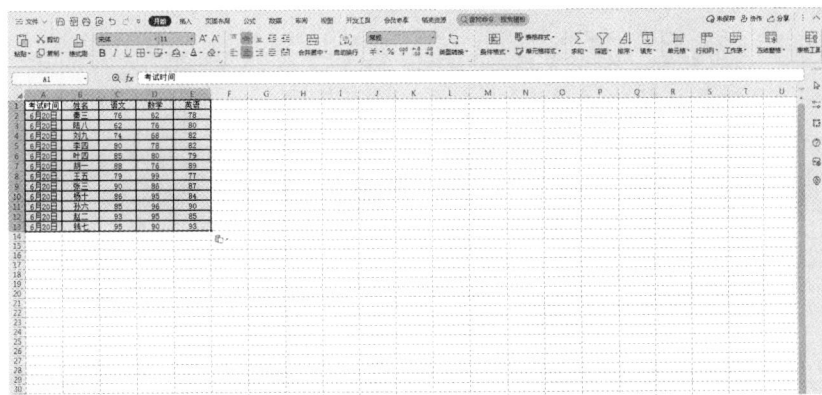

图 6-4-27

三、PPT的操作技巧

1.快速放映

无须点击菜单栏中"观看放映"选项，直接按F5键，幻灯片就开始放映。

2.快速停止放映

按"ESC"键或按"-"键，快速停止放映。

3.黑屏/白屏

用PPT进行课件展示时，为了在分组讨论时不分散学员的注意力，一般会选择将屏幕（投影）关闭。我们可以借助键盘快捷键直接关屏，"B"是黑屏，"W"是白屏。

4.返回到第一张幻灯片

只要同时按住鼠标的左右键2秒以上，就可以从任意放映页面快速返回到第一张幻灯片。

5.暂停或重新开始自动放映

对于自动放映的幻灯片，如果想暂停或者重新开始自动放映，此时只要按S或者"+"键就可以实现。

6.在幻灯片放映过程中显示快捷方式

在放映幻灯片时，如果忘记了快捷方式，只需按下F1（或Shift+?），就会出现一个帮助窗口，可参照其中的内容。

7.利用画笔来做标记

放映幻灯片时，为了让效果更直观，有时需要现场在幻灯片上做些标记，这时该怎么办呢？放映模式下，在打开的演示文稿中单击鼠标右键，选择"墨迹画笔"，根据需要选择"箭头""水彩笔"或"荧光笔"。在这里我们以"荧光笔"为例，点击"荧光笔"，就可以在需要做标记的地方画线标注，如图6-4-28、6-4-29所示。用完后，按ESC键便可退出。

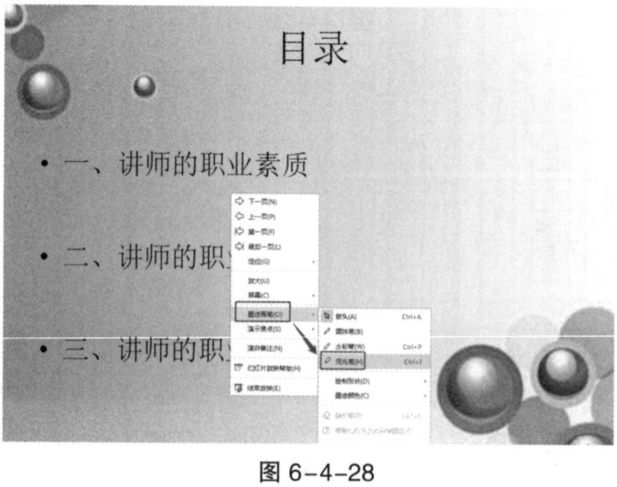

图 6-4-28

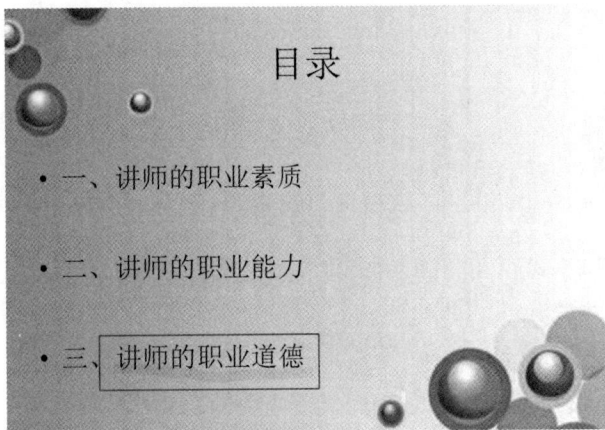

图 6-4-29

8.轻松隐藏部分幻灯片

对于制作好的幻灯片，如果希望其中部分幻灯片在放映时不被显示出来，可以将其隐藏。

打开 PPT，选择要隐藏的幻灯片（此处我们选的是第二张目录），在左侧缩略图上单击鼠标右键。单击之后会出现选项框，选择"隐藏幻灯片"，如图 6-4-30所示。

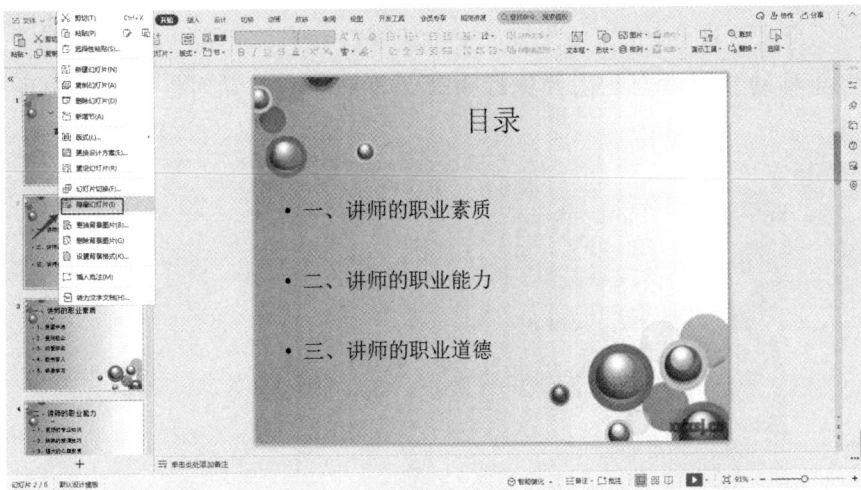

图 6-4-30

这时，我们会发现该幻灯片的左上角出现了一个遮挡标志，表示该幻灯片已隐藏，如图 6-4-31所示，放映时不会出现这张幻灯片了。

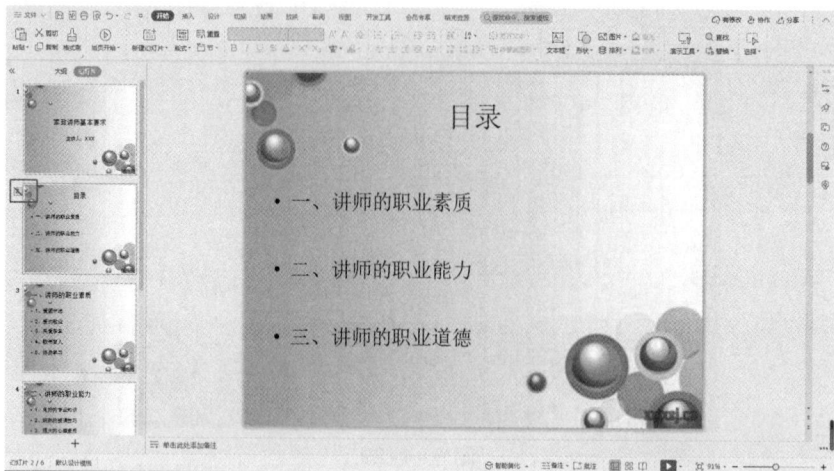

图 6-4-31

9.幻灯片放映时让鼠标不出现

在放映幻灯片时，有时需要对鼠标指针加以控制，让它一直隐藏。

方法1：放映时，按 Ctrl+H 就可以隐藏鼠标指针；按 Ctrl+A，隐藏的鼠标指针又会重现。

方法2：放映幻灯片时，单击右键，在弹出的快捷菜单中选择"指针选项—箭头选项"，然后单击"永远隐藏"，就可以让鼠标指针无影无踪了。如果需要"唤回"指针，则点击此项菜单中的"可见"命令。如果点击了"自动"（默认选项），则将在鼠标停止移动三秒后自动隐藏鼠标指针，直到再次移动时鼠标才会出现，如图6-4-32所示。

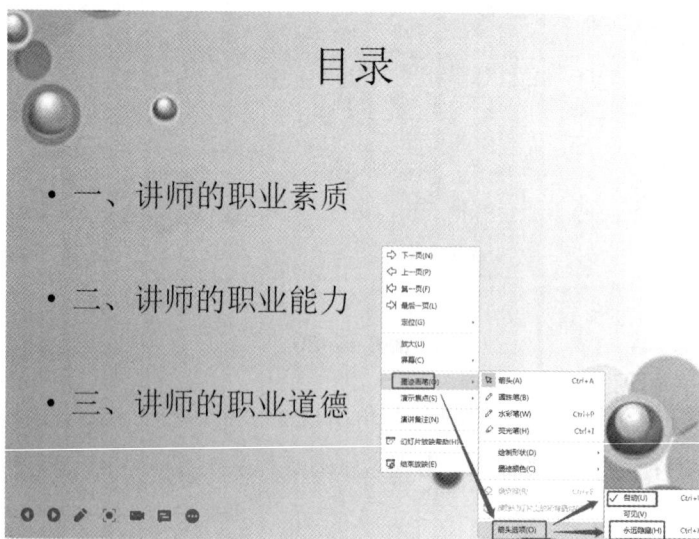

图 6-4-32

10.为 PPT 添加公司 logo

用PPT做课件时，最好在第一页就加上公司的logo，这样可以间接地为公司做免费广告。

第一步，新建一张幻灯片，执行"视图—幻灯片母版"命令，如图6-4-33、6-4-34所示。

图 6-4-33

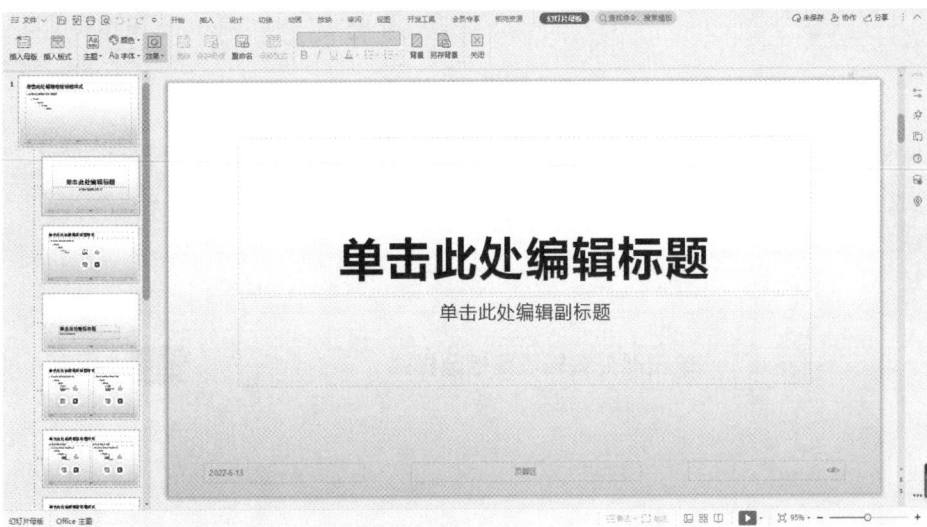

图 6-4-34

点击左侧的第一张幻灯片，运行"插入—图片"，这里以花儿的图片来进行演示，如图6-4-35、6-4-36所示。

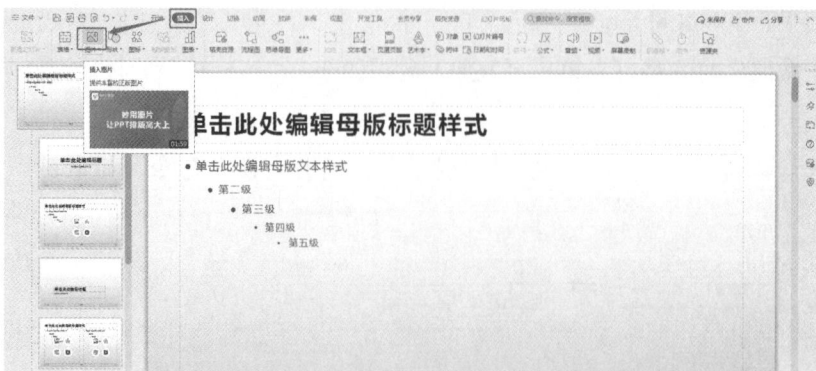

图 6-4-35

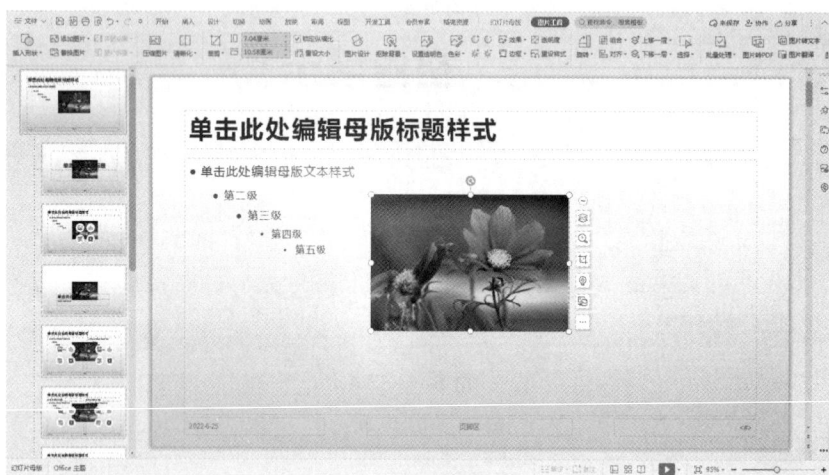

图 6-4-36

调整 logo 大小，并将其放在合适的位置上，关闭母版视图返回到普通视图后，就可以看到在每一页加上了 logo，如图 6-4-37 所示，这时在普通视图上也无法改动了。

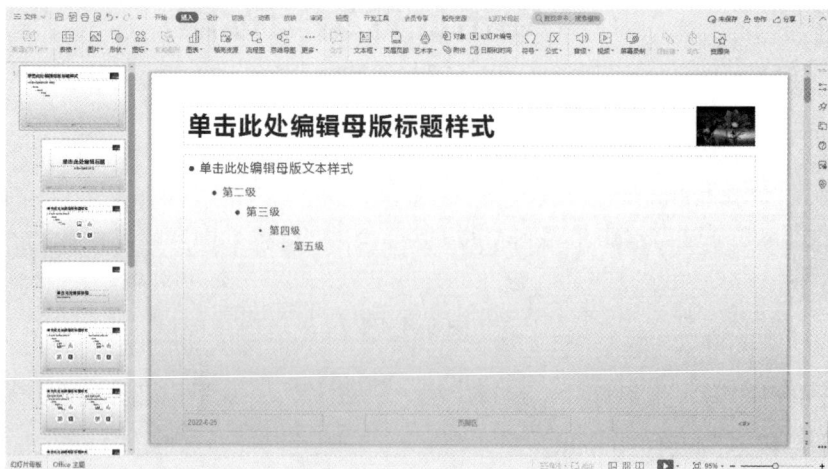

图 6-4-37

11.一键替换字体

在PPT制作完成以后，如果对现有的字体不是很满意，可以对所有指定字体进行一键更换。点击"设计—统一字体"，选择自己想要的字体效果点击即可，如图6-4-38、6-4-39所示。

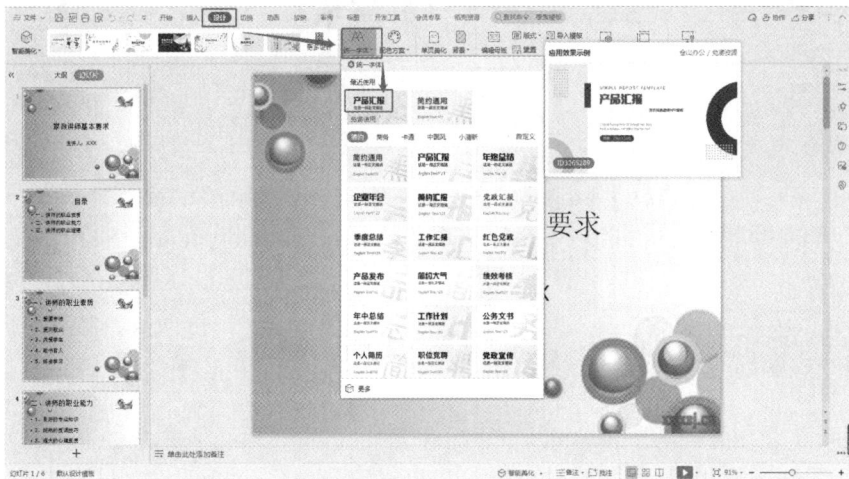

图 6-4-38

图 6-4-39

12.改变 PPT 的背景颜色

恰当合适的背景会为课件增色不少。在使用 PPT 制作课件时，为了使课件更加美观，需要更改背景颜色。

第一步，新建一个空白PPT，然后点击右键，选择"设置背景格式"，如图6-4-40、6-4-41所示。

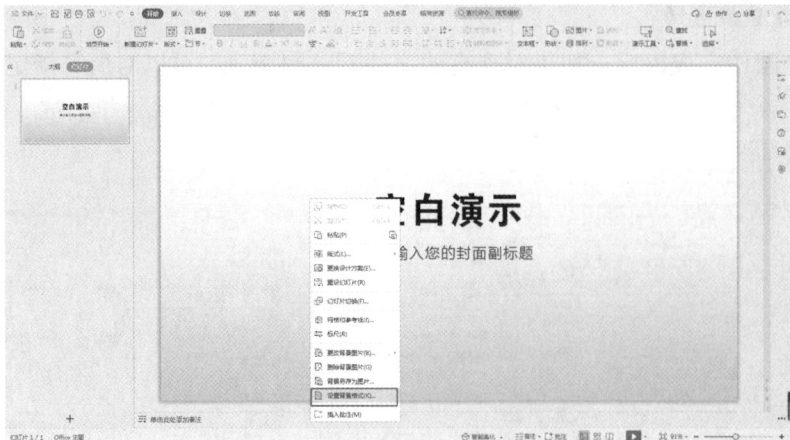

图 6-4-40

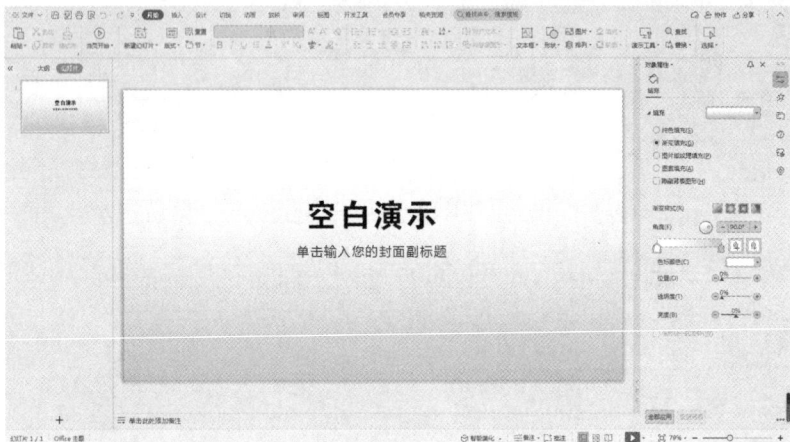

图 6-4-41

第二步，点击"纯色填充"，选择标准颜色或自定义颜色，如图6-4-42所示。这时，就能看到背景颜色的变化了，如图6-4-43所示。

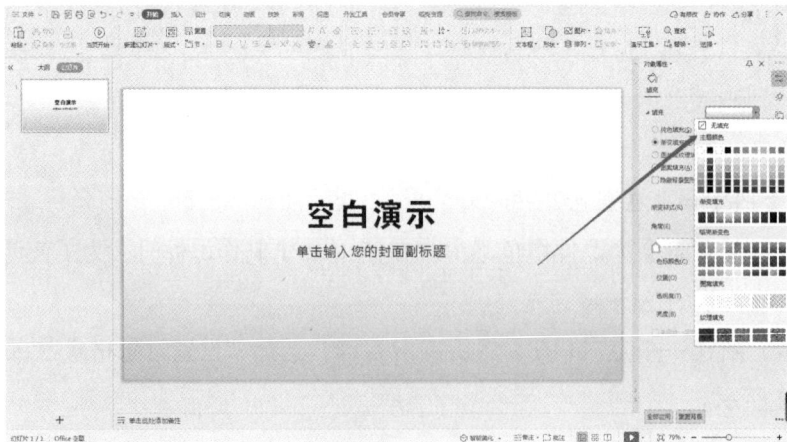

图 6-4-42

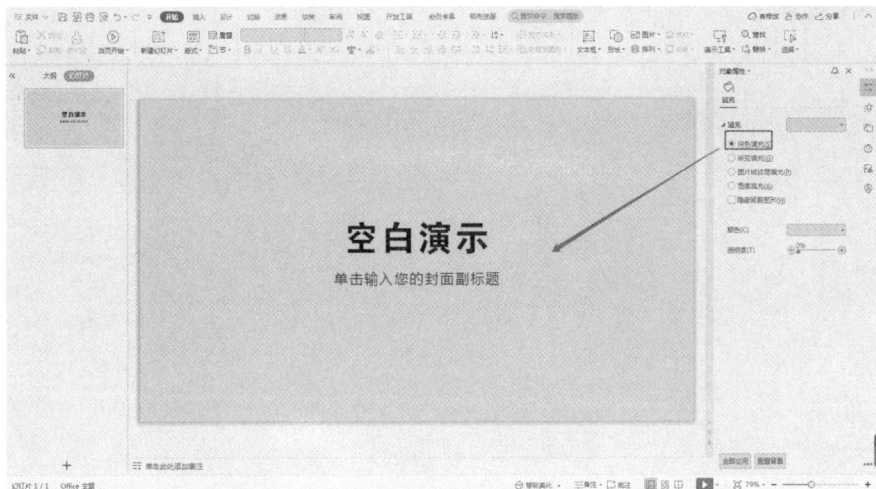

图 6-4-43

四、利用 Photoshop 进行图片处理的技巧

图片在设计和课件制作中起到了举足轻重的作用，无论是自己拍摄的照片，还是在免费的摄影网站上下载的照片，通过一些简单的设定、处理，运用一些小技巧，就可以收到非常好的效果。

1.裁剪工具的使用小技巧

在对数码照片或者图像进行处理时，经常会涉及裁剪图像，以删除多余的内容，使图像整体构图更加完美。在 Photoshop 中，用户可以根据需要，对图像素材进行裁剪。

（1）打开 Photoshop 软件，然后导入需要进行修改的图片。如图 6-4-44 所示。

图 6-4-44

（2）选择工具箱中的裁剪工具，如图 6-4-45 所示。

图 6-4-45

（3）自定义裁剪大小。选择裁剪工具后，在需要裁剪的位置按住鼠标左键拖动即可，可随意拖动，大小不受限制，如图 6-4-44 所示。

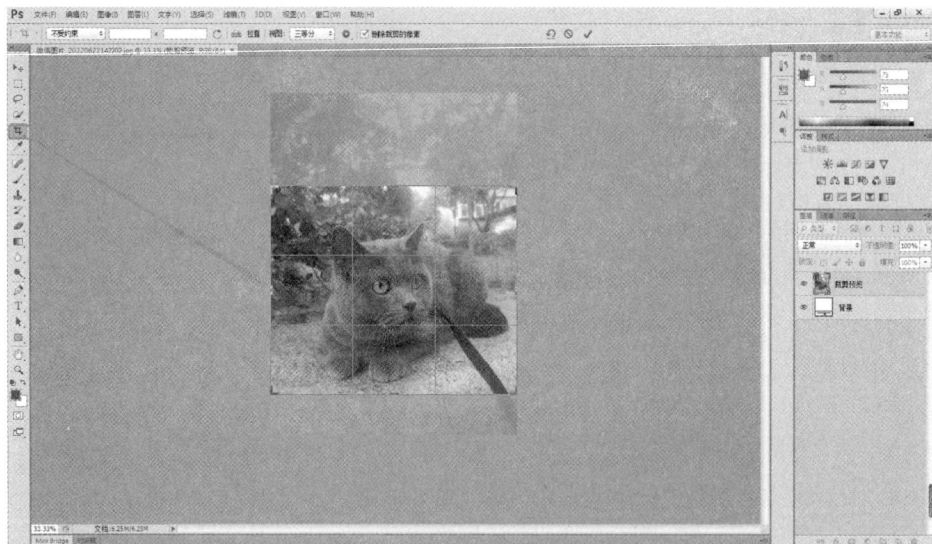

图 6-4-46

（4）裁剪菜单栏的使用——裁剪区域、裁剪参考线叠加。裁剪区域是选择裁剪之后未选择部分的保留方式，可以选择删除或是隐藏，裁剪参考线可以使用一些辅助线来辅助裁剪，如图 6-4-47 所示。

图 6-4-47

（5）提交当前裁剪操作，即完成图片裁剪，如图 6-4-48、6-4-49所示。

图 6-4-48

图 6-4-49

2.快速去除照片上的污点

（1）打开Photoshop软件，然后导入需要去除污点的图片，如图 6-4-50所示。

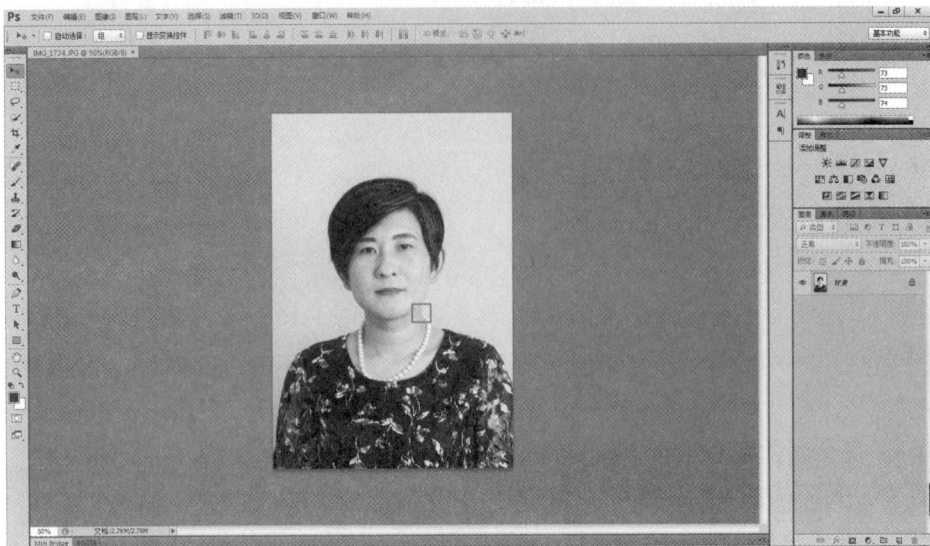

图 6-4-50

（2）在左边工具栏中用鼠标左键点击选择"污点修复画点工具"，如图 6-4-51所示。

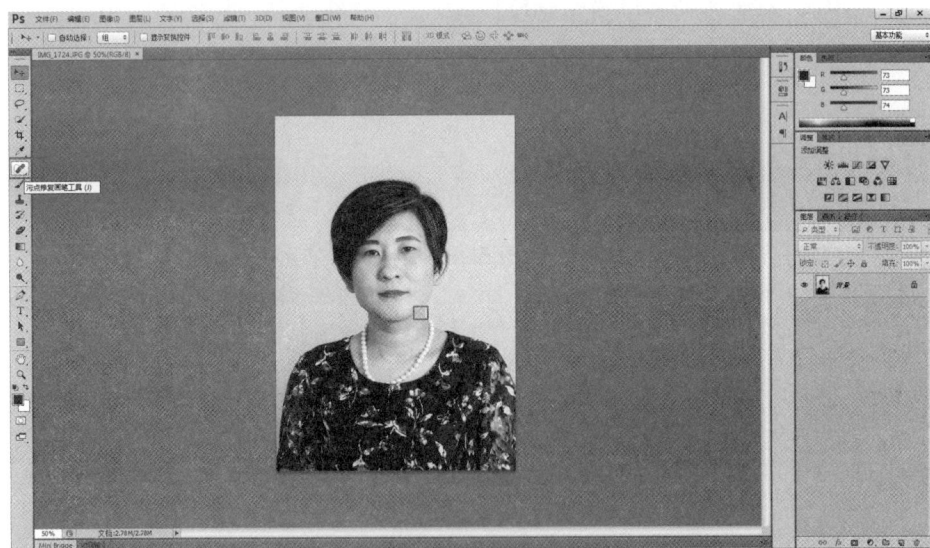

图 6-4-51

（3）用污点修复画点工具点击选择污点处，如图 6-4-52所示。

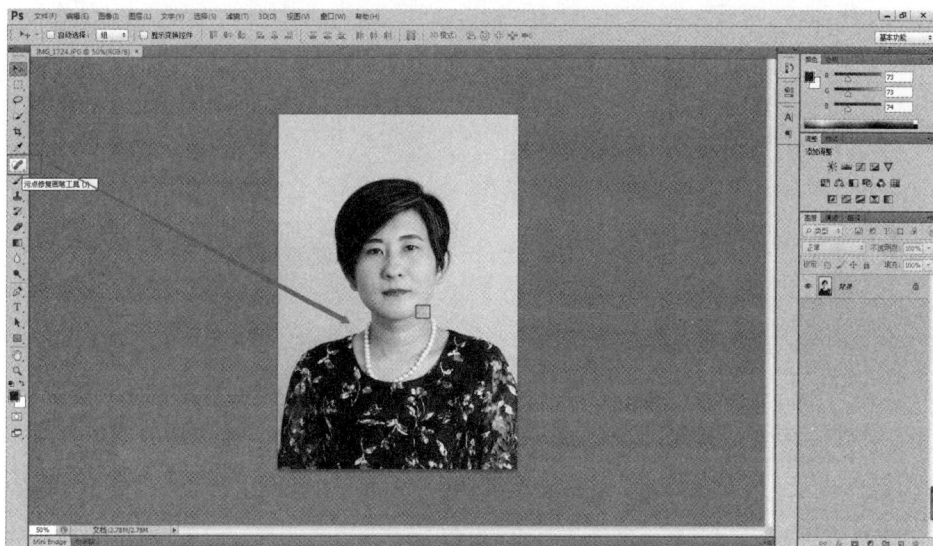

图 6-4-52

（4）点击之后，污点就被去除掉了，如图 6-4-53 所示。

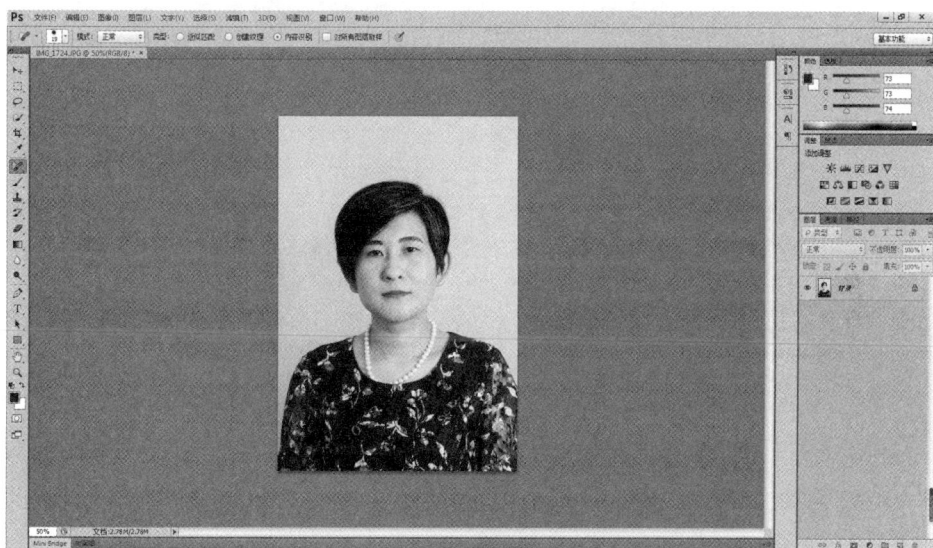

图 6-4-53

3.抠图

Photoshop 的抠图功能非常强大，在这里，我们只简单介绍一下适合新手的抠图方法。

（1）打开 Photoshop，把想要操作的图片置入界面里，如图 6-4-54 所示。

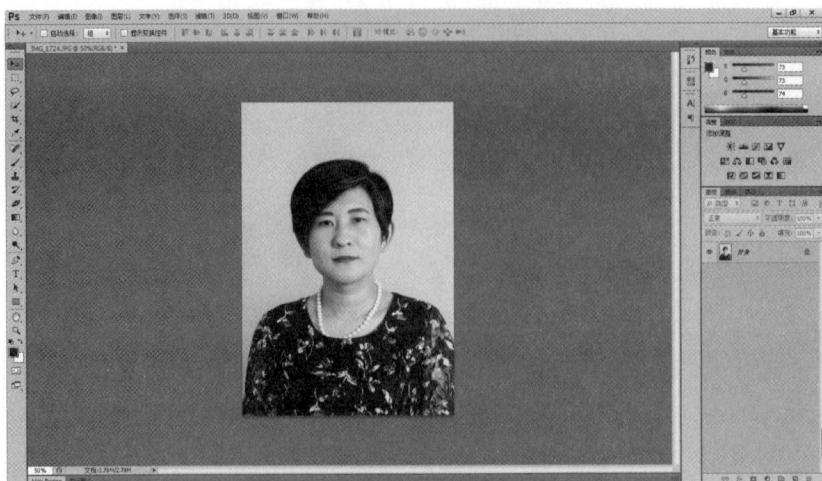

图 6-4-54

（2）点击使用"套索工具"后，再利用套索工具把人物的大致轮廓勾勒出来，如图 6-4-55、6-4-56 所示。

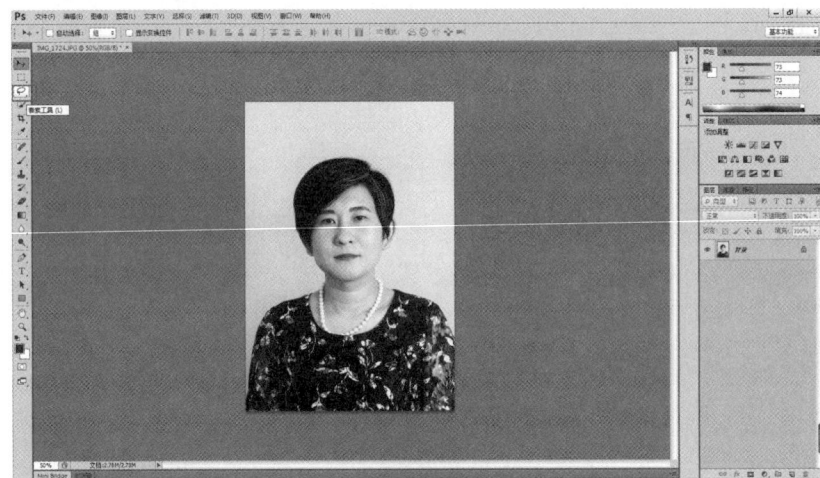

图 6-4-55

图 6-4-56

（3）点击功能栏里的"调整边缘"，弹出"调整边缘"窗口，如图6-4-57所示。

图 6-4-57

选择人物和视图背景颜色对比最明显的一个视图模式，目的是利用调整边缘的智能检测，把人物和背景智能分离，选择颜色相差最明显的是因为便于操作，能够做出最好的抠图效果。

（4）点选"智能半径"，调整画笔大小，硬度调大，在90~95之间都可以，效果如图6-4-58所示。

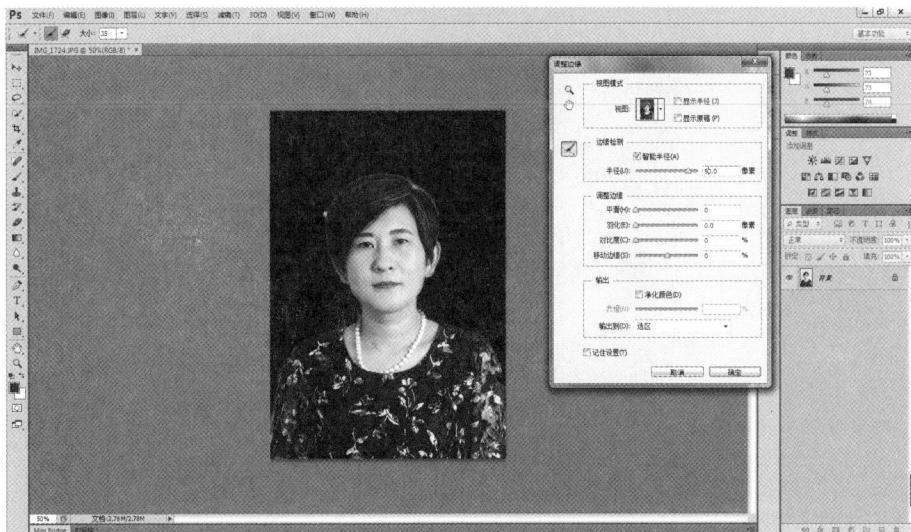

图 6-4-58

（5）依次点选"调整边缘"里的"移动边缘—平滑"，进行细节调整，使人物和背景智能分离，如图6-4-59所示。

图 6-4-59

（6）调整好之后，在"调整边缘"小窗口里的"输出"中，找到"输出到"选项，点击"选区"下拉按钮中的"新建图层"，如图 6-4-60 所示。点击"确定"之后，就可以看到，人物被完全抠出来了，如图 6-4-61 所示。

图 6-4-60

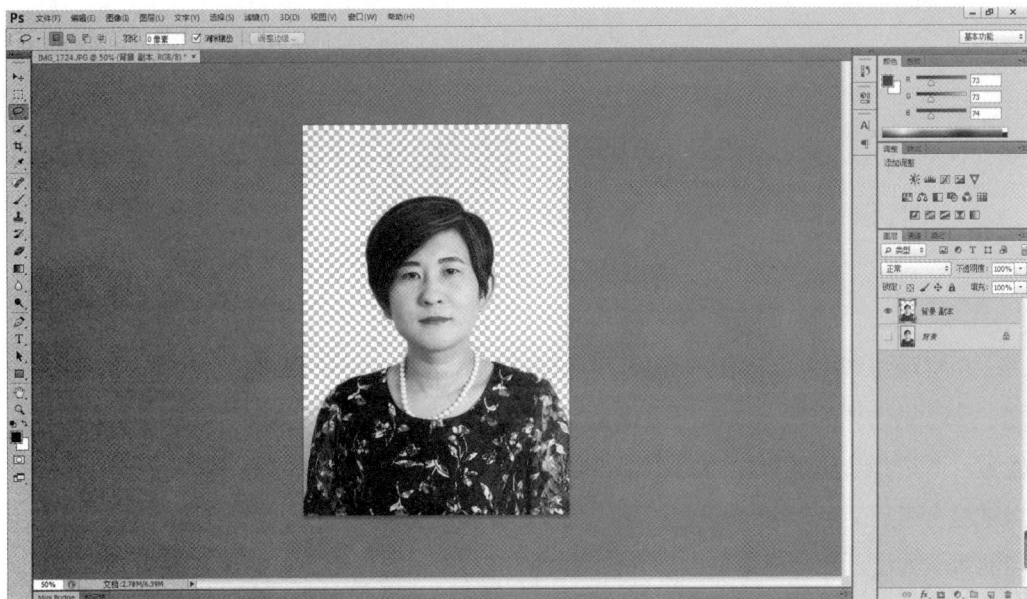

图 6-4-61

（7）根据需要，将图片保存为 PSD 或 JPG 格式就可以了，如图 6-4-62 所示。

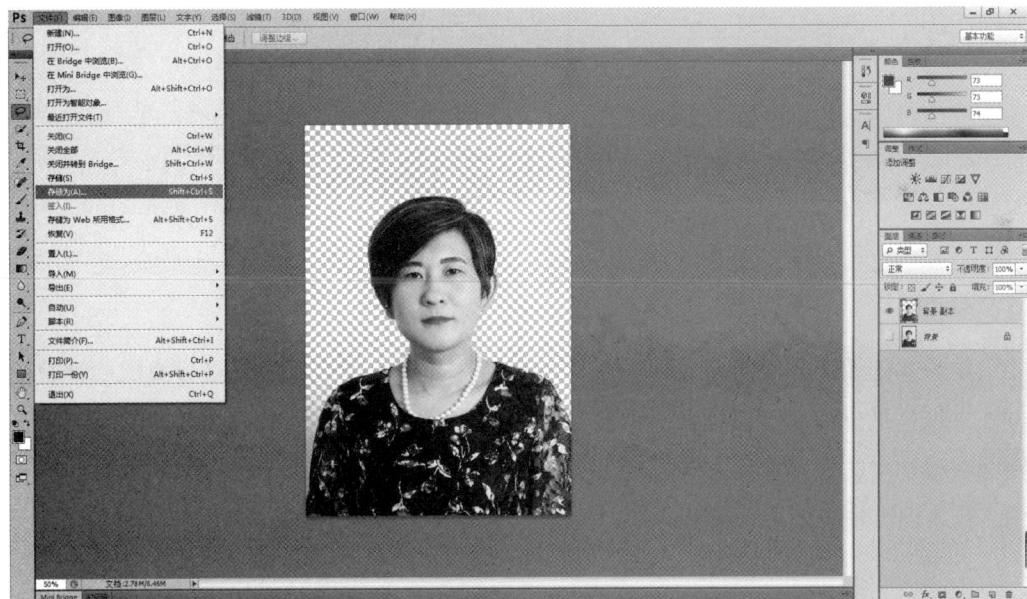

图 6-4-62

第七章 教学方法

在实际培训中，培训讲师能否正确地选择教学方法，是影响教学质量的关键问题之一。可供选择的教学方法有很多，不同的教学方法又具有不同特点，其自身也各有优劣。要选择合适的教学方式，则需要根据培训目标、教学内容、培训对象的自身特点来综合考虑。只有按照一定的科学依据，综合考虑各种与教学相关的因素，选择适当的教学方法，并合理地加以组合，各取所长，才能使教学效果达到最优化。

概括来说，教学方法主要有以下几种：课堂讲授法、案例教学法、情境教学法、角色扮演法、游戏活动法、演示教学法。无论哪一种教学方法的演绎，都离不开讲师高超的教学艺术和深厚的知识储备。

第一节 课堂讲授法

作为基础教学方法之一，课堂讲授法无疑是目前应用最广泛、最普遍的一种教学方法，也是最传统和最有生命力的教学方法。随着时代的发展和社会的进步，课堂讲授法在教学中的主导作用并未随时间的流逝而减弱，而是与时俱进，不断更新和完善的，是培训讲师应该重点掌握的基本授课方法。

一、教学模式

课堂讲授法是一种以说明、阐述、讲解、论述等口头语言方式表达教学内容的方法，讲师要把书面语转化为口语，以一种喜闻乐见、容易理解的方式讲述出来，既要让学员听得清，又要让学员听得懂，避免使用方言土语、冷僻语、难以理解的典故、修饰成分太多的长句等。

课堂讲授法有两种基本模式，一种是传统型的课堂讲授法，以单向输出为主，另一种是互动型的课堂讲授法，以互动为主。

（一）模式一：传统型课堂讲授法

1.概念

传统型课堂讲授法就是在教学过程中，讲师运用生动形象的语言，对教学内容进行系统的叙述或描述，向学员传达信息、传播思想、传授知识、提高其能力的授课方式。

2.具体实施

讲授过程中，讲师要对讲授的内容进行加工，把抽象的理论、概念具体化、形象化，变为学员易于接受的知识，通过打比方、举例子、列数字等方式呈现给学员，可以是口头讲述，也可以借助直观实物、教学用具、教学课件及音响设备等辅助工具。

3.优点

简单来说，就是"我讲，你听"，以单向输出为主，是一种快捷、经济的教学方式，在单位时间里传授的内容多，传授的知识系统全面，方便讲师控制教学进程，对培训环境要求不高，既有利于大量培训人才，又能节约培训成本。

4.缺点

缺少互动，学员始终处于被动学习状态。

（二）模式二：互动型课堂讲授法

1.概念

互动型课堂讲授法，是讲师在讲授课程的过程中，加入小组讨论或其他互动技巧，以维持学员注意力的教学方法。这是一种双向乃至多向互动的模式，即在讲师的指导下，学员以小组为单位，围绕教学内容的一个或几个主题进行交流讨论，相互启发，各抒己见，从而获得知识、巩固知识。

2.具体实施

互动式课堂讲授法是在传统课堂讲授法的基础上发展而来的。讲师先就教材的相关概念、定义、学科理论等进行系统讲述和透彻分析，当课程进行到一定阶段后，讲师再根据内容提出问题让大家一起讨论，一起参与，分享自己的意见和建议、观点和经验，在相互交流中加深记忆。

（1）提出问题。

讲师提出的问题要有吸引力，互动讨论前，讲师应该明确提出讨论问题和讨论的具体要求，指导学员收集、阅读相关资料或进行调查研究，认真写好发言提纲。

（2）讨论互动。

讨论时，要围绕提出的问题启发、引导学员自由发表意见，让每个学员都有机会发言。

（3）总结概括。

讨论结束时，讲师应及时总结、概括出问题的答案及解决问题的思路和方法，提炼、升华学员的发言要点，使学员获得正确的观点和系统的知识。

3.优点

（1）激发兴趣。

互动式课堂讲授法给学员提供了积极参与的机会，鼓励学员积极思考，主动提出问题，表达个人意见，有助于激发学员的学习兴趣。

（2）取长补短。

互动过程中，讲师与学员间、学员与学员间的信息可以多向传递，知识和经验可以相互交流、相互启发，这有利于学员发现自己的不足，开阔思路，加深对知识的理解，促进学员综合能力的提高。

4.缺点

该授课方式对讲师的要求较高，需要讲师有丰富的课堂掌控经验，在互动过程中，既能强调、突出主题，又不至于分散学员对学习材料本身的注意。

此外，互动课题选择得好坏和学员自身水平的高低也会影响培训效果。

二、注意事项

很多时候，这两种模式同时存在于一堂课中，很难分开，只是二者所占的比重可能有所不同。实际操作中，有的内容本来通过几句简洁的话就可以讲明白，讲师却要发动学员讨论探究一番，不但体现不了互动的优点，反倒会浪费宝贵的教学时间。

与之相反，讲师在课堂上讲得眉飞色舞，学员却听得昏昏欲睡，也是对课堂讲授法理论精髓的背离。所以，讲与不讲，讲多讲少，有无效果，不在于用哪种模式，而在于怎么讲授。

1.营造学习氛围

长篇累牍的理论讲述对于学员来说，无异于"催困剂"。加之学员的学习动机不强、学习兴趣不浓，很难达到讲师所希望的教学效果。因此，讲师除了要创建高效且富有激情的课堂外，还要着力于和学员建立和谐融洽、相互尊重的师生关系，既不高高在上，又不厚此薄彼。要关心、理解学员，从而打造交流学习、互动分享、彼此平等、相互尊重、积极向上、充满善意、相伴成长的学习氛围，让学员在培训中有所得、有所感、有所动、有所悟。

2.运用启发引导

要以学员为主体，根据教学内容找好各种难易程度的题目，引导每位学员思考问题、探索规律，让学员自己发现问题、提出问题、分析问题、解决问题。只有这样，才能使每位学员体验参与其中的乐趣，才能激起他们强烈的求知欲，才能激励他们积极参与、主动学习。

3.理清教学思路

讲师要根据教学目标，理清教学思路，不照本宣科，不"满堂灌"，给学员留白。遵循精讲多练的原则，讲要抓住本质，引人入胜；练要有的放矢，调动学员自己解决实际问题的积极性，让学员通过探索，不但知道相关学科领域的核心知识"是什么""为什么"，还要知道"做什么""怎么做"，培养学员勇于实践、乐于探索的精神和能力。

4.提高学习积极性

提高学习积极性的一个重要手段，就是对学员的每一点进步给予及时充分地表扬，尽可能如实评价每个学员的成绩。所以，讲师要尊重学员的想法，多表扬，少批评；多鼓励，不轻视。

在进行课堂提问或小组讨论时，帮助学员配对协作，积极促进学员分享各自的经验和专业知识，鼓励学员交流新知识和已有经验，对学员回答正确的部分予以充分肯定，对其错误之处不责怪、不训斥，而是适当指正。

三、教学案例

老年人五种常见病的经络保健

（一）授课内容：老年人五种常见病的经络保健

（二）教学目标：本课时旨在让学员掌握针对老年人的保健按摩手法及流程

（三）教学重点：针对老年人的按摩手法及步骤

（四）教学难点：不同的病症对应不同的按摩方法

（五）突破关键

1.按摩手法

2.穴位位置

（六）教学方法

1.讲师讲授

2.举例

3.集体质评

（七）教具准备：白板、白板笔、人体穴位挂图

（八）板书设计

老年人五种常见病

（一）保健法

感冒：冷水清洗鼻腔＋搓挤

冠心病：散步＋深呼吸＋按摩

耳鸣：按摩五个部位——六种按摩方法

智力衰退：按摩四个部位——三种按摩方法

缓解腰痛：搓腰＋悬腰＋上肢左右上下摆动

（二）作业

（九）教学过程及时间分配

1.讲述——预防感冒（10分钟）

问：感冒有什么症状？

答：打喷嚏、流鼻涕、发烧、浑身酸痛、体乏无力……

问：对，那如何用按摩的手法预防感冒？

教师讲解：早晚用自来水洗脸，洗时先洗鼻子，用手捧水供鼻吸入，以不吸入口内为好，边吸边用手搓挤18次（配合动作示范）。

2.讲述——缓解冠心病（5分钟）

问：同学们，你们知道冠心病是如何形成的吗？

教师讲解：冠心病的病变基础，是心脏的唯一营养动脉——冠状动脉发生了动脉粥样硬化，于是管腔狭窄，甚至闭塞，使心脏供血不足。

所以针对冠心病，家政服务员应坚持让老人早晚散步，同时进行深呼吸，鼻吸口呼。

鼻吸：舌顶上颚，步行五六步，吸一次。

口呼：步行六七步，呼一次，吸要吸足，呼要呼尽。

3.讲述——抑制耳鸣（5分钟）

（教师展出耳朵的放大挂图）

教师讲解：耳鸣是老年人的常见病，应对耳鸣，家政服务员应指导并帮助老年人用六种按摩法按摩耳朵五个部位。

五个部位即耳围、耳沿、耳垂、耳眼、耳根。

六种按摩法（配合动作示范）：

揉耳沿：用双手捂住耳朵，旋转揉搓耳沿36~45次（搓脸后趁掌心温热接着搓耳沿为好）。

揉耳围：双手拇指围绕耳朵周围转动36~45次

揉耳垂：用双手拇指和食指按住耳垂按摩36~45次。

掏耳眼：用双手食指堵住耳眼，用力转动按摩36~45次，然后边转动边抽拉30次左右。

按摩耳根：用双手拇指、中指、食指三指撮合按住耳根部，以食指用力为主，按摩45~63次。

鸣天鼓：双手掌用耳沿压住耳眼，五指对后脑边敲边抽动10~15次。

4.讲述——抑制远视散光，增强视力。（10分钟）

（教师展出眼睛的放大挂图）

教师讲解：眼睛按摩有三种方法，主要按摩部位：眉丛、太阳穴、眼球（分别在挂图和示范学员的眼睛部位指出）。

三种按摩法（配合动作示范）：

眉丛、太阳穴按摩：双手拇指按太阳穴、食指按眉丛按摩36~45次。

眼球按摩：用双手握拳的食指三节处按住双眼球，先顺时针后逆时针，各旋转36~45次，以出泪为好。

最后用双手掌揉眼球数次。

5.讲述——抑制腰痛（5分钟）

（教师展出腰部的放大挂图）

教师讲解：揉搓腰椎，双手在背后握拳，左手握住右手的食指，用两拳食指的骨节，按住腰脊椎的两侧，上下搓动81次，以有发热感为好，辅以晨练时腰、臂左右旋转和左右摆动，更为有效（配合动作示范）。

（十）教学后记

将授课过程中学员提出的问题进行记录整理。

第二节 案例教学法

案例教学法是学员在掌握了相关基本知识和分析方法的基础上，在讲师的精心策划和指导下，根据教学目标和教学内容的要求，从典型案例入手，理论联系实践，思考、分析、甄别、判断、处理、解决某一具体问题，从而达到内化知识、举一反三、融会贯通的教学目的。

案例教学法可以培养学员的创新精神和实际解决问题的能力，帮助学员理解教学中出现的复杂问题，大大缩短了教学情境与实际情境的差距。在今后的工作实践中，再出现类似情况，学员可以"拿来就用，一用就灵"。

一、一般步骤

（一）准备阶段

案例教学法要取得好的效果，课前准备是基础。

1.案例选择或编写要紧扣教学目标

讲师在选择或编写案例时必须紧扣教学目标的要求，案例内容与所学知识要密切相关，难易程度与学习知识的深浅程度要一致，篇幅大小与教学时间要相互适应。

2.设置讨论提纲，确定思考题或讨论题

根据教学目标要求和案例内容，设置讨论提纲，确定思考题或讨论题。题目要具有一定的启发性、引导性、可讨论性，能让学员在讨论、思辨中进一步深化对所学理论知识的理解，学以致用。

3.制定讨论进程，预防突发事件

讲师要反复研究案例，结合学员实际情况，看哪些地方需要提示，哪些地方需要提供相关的背景材料，哪些地方不能插手太多，但可提供信息渠道，引导学员自己去挖掘、思考。讲师在制定讨论进程的同时，还要判断哪些地方容易引发争执，然后提前做好突发事件的处理预案，以防课堂失控。

（二）实施阶段

实施阶段是案例教学法的中心环节。包括案例导入和课堂讨论两部分。

1.案例导入

借助行业新闻或学员感兴趣的话题，吸引学员注意，适时导入案例。

2.课堂讨论

讲师要根据案例内容和教学要求，引导学员就以下问题进行讨论：案例中的疑难问题是什么，哪些信息至关重要，解决问题的办法有哪些，提出解决办法的依据是什么，什么样的办法是最有效的，应该如何实施？

学员可以各自从不同的角度剖析存在的问题，阐述自己的看法，相互辩论、相互探讨。在这个过程中，讲师要退出讨论中心，引导学员理清思路，鼓励学员主动发言，把控讨论秩序，为学员营造一个自由讨论、各抒己见的课堂环境，让学员真正成为案例讨论的主角。讲师在此过程中需适时给学员以引导，以保证讨论能按预先设计的流程进行。

（三）总结阶段

讨论结束，讲师要和学员一起归纳总结。可以让学员自己总结，也可以由讲师总结。就学员讨论时发言是否积极、分析问题是否深入透彻等做出总结，明确哪些方案是可行的，其依据是什么；通过今天的讨论，受到哪些启发；讨论过程中还存在哪些问题有待今后改进等。总结既能让学员进一步了解自己的进步与不足，还能为以后的案例教学奠定基础，形成良性循环。

总之，总结点评要有目的地引导学员运用所学知识从不同角度去思考和解决问题，要从自己的岗位出发，理论联系实践，解决自身的实际问题；把学到的理论知识延伸、应用，进而内化到今后的具体行动中。

二、注意事项

1.案例选择要真实可信

所选案例要来源于实践，来源于生活，不能是讲师的主观臆测、虚构而成，尤其是对有一定工作经验的学员来说，如果案例没有说服力，讲师就无法取得他们的信任，也就失去了案例教学的意义。

2.案例要有代表性和普遍性

所用案例要与教学内容直接相关，具有代表性和普遍性，能举一反三、触类旁通，而且要结合学员的实际水平，由浅入深，由易到难，循序渐进，逐步提高学员的学习兴趣、理论水平和实践技能。

3.提前阅读案例资料

讲师要把案例资料提前发放到学员手中，给学员留出充裕的时间研读案例资料，明确案例所反映的问题和所涉及的课程内容，整理记录关键问题与重要事实，为课堂讨论做好准备。

4.案例讨论以学员为主体

讨论案例时，要以学员为主体，讲师只是讨论的引导者和促进者，应一步步引导学员去发现问题，寻找原因，帮助学员获得分析实际问题的能力。当学员意见不一致时，讲师不要急于发表自己的观点，而是通过问题的设计，启发学员想办法证明自己的观点，用道理说服别人。当讨论偏离主题时，讲师要适时巧妙地介入，让讨论按既定目标进行，切不可包办代替，违背案例教学的宗旨。

5.案例点评以鼓励为主

案例讨论结束时，讲师在对学员发言进行点评时，重点应放在学员是否重视、资料准备是否扎实、发言是否积极、分析是否有深度上，而不是放在答案是否准确上。应以正面鼓励为主，多给出指导性建议，以激励学员再次参与高质量的讨论；对学员讨论中暴露出来的问题有针对性地进行点拨，引导学员有效地运用所学的知识来解决实际问题。

三、教学案例

糖尿病老人的居家护理

1.案例导入

案例内容——糖尿病老人的居家护理

糖尿病是一种慢性、终身性疾病，患病率随着年龄增高而上升。随着我国社会人口老龄化不断加剧，老年糖尿病患者数量日益增加。而家庭是我国老年人的主要养老场所，因此，如何将糖尿病老人的血糖控制在合理范围，做好糖尿病老人的护理，提高糖尿病老人的生活质量，减轻家庭和社会负担，就成为当今人们面临的一大社会问题和难题。

我们今天通过这个案例来讨论分析并学会糖尿病老人的居家护理。

在引入案例时，讲师将以下内容详细讲解一下：

（1）糖尿病的分类、致病原因、症状、体征等。

（2）正确的用药知识：服药时间、何时服、如何服，各类降糖药的服用方法。

（3）胰岛素的治疗：讲解胰岛素的药理作用、注射部位、时间、方法、储存、注射前后注意事项、无细菌操作规程。

2.指定自学内容，提供学习资料

指定的自学内容都是与糖尿病老人的居家护理有关的知识，应鼓励学员充分利用图书馆或网络等资源，为学员提供有关参考文献，让学员带着问题去学习。

学员要根据指定内容进行自学，小组成员分头准备，查阅有关资料，自学相关知识，提出饮食指导、运动指导、心理调适、常规护理等护理计划。以上内容要求学员利用课余时间完成。

自学过程中，有疑问可以记录下来，小组讨论时可以拿出来一起讨论。

3.小组讨论

学习小组以6~8人为单位，教师要有意识、有目的地引导学员围绕主题发表自己的看法和观点，鼓励他们大胆质疑，提出推理和设想。

讨论中，要求小组中每个成员都要简单地说出自己所做的分析及对问题的看法，供大家讨论、指正、切磋、补充，通过所学知识，结合糖尿病老人的实际情况，发表个人见解，也可以争辩或质疑他人的观点。

可先让一名同学做主要发言，从糖尿病的病因、临床表现、护理目标、护理措施及健康教育等几个方面来谈，重点是如何正确及时地控制血糖水平，做好日常预防以及制定相应的饮食、运动、心理调适等护理计划，小组其他成员进行补充或纠正，不同观点可以争论，这样能增强探究意识，引发多角度思考。

时间：一节课。

讨论的方法应不拘一格，可按案例问题及讨论问题的顺序逐一发表各自的意见，一个问题结束后，再进行下一个问题的讨论；也可将几个相关的问题合起来系统地发表自己的独到见解，供大家讨论；还可将自己分析案例过程中遇到的难题提出来，集思广益，共同解决。

在分析讨论过程中，要求学员做一些简单的笔记，把讨论中出现的不同见解、合理建议都记录下来，并提交到下一阶段进行讨论。

4.归纳总结

讲师可根据讨论情况进行评述，指出各组的优点及不足或讲授遗漏之处，完整准确地归纳、概括知识要点，使学员所写的护理计划更加完整确切。

要求每位学员写一份案例学习报告，对自己在案例分析、讨论中取得了哪些收获，解决了哪些问题，还有哪些问题尚待释疑等做一下总结，并通过反思进一步加深对案例的认识。

教师最后做全面总结。

时间：一节课。

第三节　情境教学法

情境教学法是一种创新的教学方法，该方法采用启发式教学模式，能有效调动学员在课堂内外学习的主动性和创造性，唤起他们的求知欲，培养审美能力。

一、基本知识

1.概念

情境教学法是在讲师人为创设的典型场景中所进行的教学，运用多学科、多领域的知识和信息，与相应的教学手段相结合，把学员带入情境，并在连续的情境中不断强化学习动机，让学员身临其境地体验不同情境，从而产生情感体验，达到传授知识、培养能力、提高认识的一种教学方法。

情境教学法的核心在于激发学员的情感，以创设的情境和多种多样的活动为载体，强调学员的参与过程和情感体验，突出学员的问题意识、主体意识和探究意识。

2.理论基础

情境教学法的最大特点是以情为纽带，以境为依托，实现情与境的有机整合，其理论支撑来源于马克思主义认识论、建构主义学习理论、情境认知理论、班杜拉社会学习理论和杜威"从做中学"教学原则。

（1）马克思主义认识论。

马克思主义认识论是能动的反映论，认为认识的内容来源于客观世界，认识是人脑对客观世界的反映。可以说，学习过程也是一种认识活动。认识是由感性到理性，由具体到抽象。情境教学法就是根据客观存在对学员主观认识的作用而进行的。当教育者有意创设和优化特定情境时，这些情境不仅能够促进学员认知心理的发展，而且能够激发他们的情感活动，主动参与学习，从而激发学员的学习热情和学习兴趣，充分发挥其主观能动性，使学习成为学员主动自觉的活动。

（2）心理学理论依据。

建构主义学习理论、情境认知理论和班杜拉社会学习理论是情境教学法的心理学理论依据。

建构主义学习理论：建构主义的创始人、著名心理学家皮亚杰认为，知识不是通过教师传授得到，而是学习者在一定的情境即社会文化背景下，借助教师和学习伙伴的帮助，利用必要的学习资料，通过意义建构的方式而获得。这一理论认为"情境""协作""会话"和"意义建构"是学习环境中的四大要素。

情境认知理论：与建构主义大约同时出现的情境认知理论认为，实践不是独立于学习的，知识是个体与环境交互作用过程中建构的一种交互状态，是人类协调一系列行为、去适应动态变化发展的环境的能力。知与行是交互的，知识是情境化的，通过活动不断向前发展的，所以，参与实践就会促进学习和理解。

社会学习理论：美国心理学家班杜拉创立的社会学习理论认为，人的学习活动，主要有体验学习、发现学习、接受学习三种形式。体验学习是人最基本的学习形式，是指人在实践活动过程中，通过反复观察、实践、练习，对情感、行为、事物的内省体察，最终认识到某些可以言说却未必能够言说的知识，掌握某种情感、态度、观念的过程。

班杜拉社会学习理论启示我们，在教育的过程中就应该为受教育者创设种种有利于体验学习的环境，帮助学习者深化学习成果。情境教学就是一种把体验式学习进一步发展为发现式学习、提高学员探究意识的教学方式。

（3）教育学理论依据。

杜威"从做中学"的教学原则是情境教学法的教育学理论依据，主张教学过程就是"做"的过程。所以，杜威的教学过程就是创设情境、引起动机、确定目的、制定计划、实施计划和评价成果。情境教学法正是对"从做中学"的教育思想的系统反映。

二、基本途径

1.生活展现情境

实现情境教学法的根本方式是回归生活化教学，只有在生活化的场景中，学员才能放松，才能够愉悦高效地学习。所以，从实际生活出发，从生活中选取某一典型场景，作为学员观察的客体，通过讲师语言的描绘，将其鲜明地展现在学员眼前。

2.实物演示情境

即以实物为中心，搭建必要的背景，构成一个整体，以再现某一特定情境。实物演示情境时，应考虑到特定背景，如在讲授居家护理时出示的血压计、血糖仪等，就是通过一定的背景，引导学员解决具体的问题。

3.图画再现情境

图画是展示形象的主要手段，用图画再现生活情境，实际上就是把生活内容形象化。与教学内容相关的挂图、图片、剪贴画、简笔画等都可以用来再现生活情境。

4.表演体会情境

情境教学中的表演有两种，一是进入角色，二是扮演角色。比如，以高血压老人护理为例，"进入角色"即"假如我是一位高血压老人"；扮演角色则是对情境中的护理员这一角色进行表演。由学员自己扮演角色，案例中的角色就不再是书本上的虚拟形象，而是自己或身边真实可见、有温度、有情感的同学，从而产生亲切感，自然地加深了内心体验。

5.语言描述情境

在情境教学法中，讲师的语言也是情境创设中的重要部分。任何一种情境的创设，都需要讲师用语言进行描绘，这对学员的认知活动起到一定的导向作用。语言描绘影响了感知活动，情境会更加鲜活，并且带着感情色彩作用于学员的感官。学员因感官的兴奋、主观感受得到强化，从而激发情感，促使自己进入特定的情境之中。

三、优点

1.使教学内容直观化

捷克教育家夸美纽斯在《大教学论》中写道，"一切知识都是从感官开始的"，说的就是直观感受可以使抽象的知识具体化、形象化。

情境教学法中，讲师所创设的实物实景训练情境、问题情境和社会实践情境等，可以使学习对象或学习任务可听、可看、可触摸，多方调动学员的感官，使其主动参与到教学过程中，同时给学员提供了主动思考、分析问题、解决问题的机会。

2.培养学员的适应能力和实践能力

情境教学法所展示的情境贴近学员的思想、情感和实际生活，为学员提供了更多的实践机会，在优化的特定教学情境中，学员既是情境的感受者，又是情境的参与者和创造者，亲身经历了动手设置、场景布置、亲手操作的教学过程，从而成为课堂教学的主体，进一步提高了学员的动手、动脑能力。

3.提高问题的解决效率

教学过程中，讲师创设的教学情境都是生活中极其熟悉的生活场景或具体事件，学员置身其中，更能切身体会和感悟教学内容，充分发挥主观能动性，自主分析问题、解决问题，增强了实际操作能力。

第四节　角色扮演教学法

角色扮演教学法是在一个模拟的工作环境中，组织学员扮演指定的角色，借助角色演练来理解角色内容，模拟性地处理工作事务，并对其行为表现进行反馈、评定和指导，以此来帮助学员提高行为技能的教学方法，现已广泛应用于各教学领域。

角色扮演教学法以学员为中心，让学员在接近真实的模拟情景中，体验某种行为的具体做法，尤其适合于实操技能的培训。

一、优点

1.调动学员积极性

在教学过程中，学员扮演特定角色进行即兴表演，学员亲自参与，并共同决定着"剧情"的发展，因此，学员有极大的兴趣投入其中，并主动从中获取知识。在这个过程中，学员可以根据自己的理解和感受，尝试不同的应对和处理方式，给参与者和旁观者提供了观察和感受以不同方式处理问题的机会。对于参与者来说，这种切身体会比单纯的听课更有效；对处于旁观者地位的其他学员来说，现场的模拟表演比讲课更生动有趣，也更容易加深对学习内容的记忆。

2.模拟环境的安全性和真实性

由于模拟环境与实际工作环境、真实生活很接近，学员可以在角色扮演中提前感知未来工作环境中可能遇到的问题，提前演练，在以后的实际工作中，再遇到类似问题就能轻松应对。模拟环境越真实，学员所掌握的知识就越实用。

同时，由于模拟现场都是自己熟悉的老师和同学，学员精神上也会比较放松，对自己在模拟工作中表现出来的失误或缺点能坦然面对，不会过分紧张。所以，可以大胆练习，勇敢试错，在模拟练习中提高自己的实际操作水平。

3.有利于规范职业言行

任何一种职业都有规范、标准的职业言行、职业操守，在角色扮演中，表演者在表演前要熟记专业用语，这些专业用语都是讲师讲授并要求学员熟记的，对于从业者来说是规范的语言要求。只要学员熟记并应用于角色扮演中，就是对这些规范言语的强化和再现。通过结合情景的模拟训练来强化对这些规范言语的应用，比单纯的死记硬背效果更好。

4.有效利用有限的资源

相较于其他教学法，角色扮演法所耗费的财力、物力极少，几乎不需要什么物质成本，但教学效果却非常好，可以根据教学内容有针对性地使用此种方法。

二、在家政培训中的应用

角色扮演教学法在家政类技能培训中的作用巨大。无论是母婴护理、婴幼儿早教，还是居家养老、病患护理，角色扮演都可以让学员在具体的角色表演中内化知识，并外化于行为。

1.与客户交流

角色扮演过程中，需要角色之间相互配合、交流和沟通，可以训练学员体察他人情绪的敏感度，锻炼学员的自我表达、相互认知、情绪控制等人际交往能力。

学员亲自扮演角色，对角色的处境、困难、顾虑和思路都有了切身体会，在今后与客户的交流过程中，能够共情客户，推己及人，顺利解决问题。

2.实际操作技能

角色扮演模拟现实的工作生活，参与者可以获得实际的工作经验，相互学习对方的优点，弥补自身能力的不足。今后踏上工作岗位，可以"拿来就用"。

以病患护理为例，在讲师设置的护理服务情境中，学员分别扮演护理人员、患者等角色，通过表演，运用已学的护理知识和操作技能，获得角色的真实体验；再根据讲师的总结点评，找到自己扮演的角色和社会对该角色的要求之间的差距，最后通过有针对性地强化训练，消除这种差距，从而更顺利地实现角色的社会化。

三、讲师的作用

成功的角色扮演离不开讲师的精心策划与组织。讲师在角色扮演中是指导者、引领者。

1.明确学习目标

在实施角色扮演之前，讲师要根据教学目标，选择合适的教学内容，设置具体的情境，准备道具，做好内容设计。比如，都有什么角色，各讲什么话、做什么事，怎么讲才是规范的职业用语等。要为角色扮演者拟定好一个情节，写清问题的背景，扮演中可能遇到的问题和潜在的冲突等，所有设计都要规范化，并编制好评价标准。评价标准主要看学员临场发挥的心理素质和实际能力，而不是过多地关注他演得像不像，是否具有演戏的能力。

2.对参与者的要求

参与者包括角色扮演者和观众两类。

讲师先向学员描述设计好的剧本，鼓励学员在自觉自愿的基础上积极参与表演，不要硬性分配角色。角色选定以后，对其说明角色扮演中要遵守的规则，期望角色扮演者完成的目标或任务，角色扮演时的关键要点、注意事项和时间安排。

对于不参加表演的观众来说，也要积极思考，代入表演情境，注意观察角色扮演者的仪表、举止、语言等是否符合职业规范，运用的知识和技能是否准确得当，表演中的成功和失误在哪里等。引导学员更多地关注角色扮演过程中表现出的不恰当行为，探讨其产生的原因，让学员们带着问题观看，确保角色扮演取得良好效果。

3.总结指导

表演结束后，讲师要和全体学员一起对整个教学过程进行全面评价和总结，从表演的准备、实施直至讨论阶段，从角色扮演者的表现、观众的参与到教学内容的完成情况，都要进行探究分析，找出优势和不足，为今后的教学活动积累有益的经验。

条件允许的话，可以把学员对同一情境的不同理解一一演绎出来，最后一起比较、归纳、分析，确立最佳的角色行为和解决问题的策略。

第五节　游戏活动法

美国心理学家布鲁纳说过："最好的学习动力，莫过于学员对所学知识有内在兴趣，而最能激发学员这种内在兴趣的，莫过于游戏了。"游戏活动法就是对这项教育准则的最好解读。

一、概念

游戏活动法就是把游戏和教学结合在一起的教学方法，即结合课程内容，运用游戏的手段，将要学习的目标知识与游戏活动相结合，在游戏过程中引导学员掌握知识和技能。

二、优点

较之传统教学法，游戏活动法寓教于乐，其所营造出的无拘无束的学习氛围，能激发学员的学习动力，加深学员投入、参与的程度，大幅度提高教学效果，真正实现"教学相长"。

由于游戏活动法参与性较强，易于营造轻松愉快的现场气氛，近年来被广泛应用于企业培训之中。尤其对于学员水平良莠不齐的家政培训来说，更是有益、有效的教学方法。

三、教学流程

1.设定教学目标

开展游戏教学首先是为了帮学员提高学习效率，理解重点难点，巩固所学知识、技能，然后才是活跃课堂气氛。所以，在实施游戏活动法之前，讲师要结合教学内容，明确需要引入的知识点，引导学员通过游戏体验、思考相关知识点。为此，讲师要尽量选用一些富有创造性、挑战性的游戏，让学员在玩中受益。

2.制定游戏活动规则

无以规矩，不成方圆。教学目标设定好后，讲师要围绕将要开展的游戏活动的主题，科学地制定游戏规则，明确规定怎样做是合理的，怎样做是犯规的，尽量细化量化。

游戏开始前，要把定好的规则详细地告知学员，确认每一位参与活动的学员都知晓、了解游戏规则。活动开始以后，讲师要监督学员，认真掌握进度，确保规则的严格执行。

3.教学实施方式

游戏是课堂的教学环节之一，但不是课堂的全部。在实施过程中，讲师要把握好方向，何时"转向"，何时"刹车"，何时"重启"……可以说，游戏的全过程都应该在讲师的掌控中，讲师的主导作用十分关键，既要培养学员的兴趣和创造性思维，又要因势利导，将学员的感性游戏引导到理性高度。

4.教学评价

游戏活动结束后的总结点评是整个游戏活动的重中之重，一个没有点评，或点评不深入的游戏，同样是不成功的游戏。

为确保游戏活动法的实施效果，游戏结束后，应安排学员集体讨论或分组讨论，总结归纳自己的感受和体验，再由讲师进一步点评和阐述。

需要注意的是，游戏的结局、胜负，不是使用游戏教学法的最终目的。组织学员分析游戏的过程及结果，透过对游戏中学员的所作、所为、所思、所想做出的剖析，让学员对培训内容有更深刻的认识，才是我们所要的结果。

四、注意事项

游戏活动法并非只是简单地在课堂中加入游戏，而是要结合教学目标、教学内容来精心设计。

1.提前制定活动规则

游戏活动法既然是一种教学方法，就应该与其他教学方法一样规范、严肃，而不是随心所欲，没有章法。游戏是生动活泼的，这个毋庸置疑，但也要有规则，绝不是无视规则地疯玩、瞎玩。

游戏活动法的最大特点就是寓教于乐，所以，教和乐是有严格界定的：教，必须是教学设计中规定的内容，尤其其中的重点、难点内容；乐，必须有极大的趣味性，有比较成熟的游戏规则，有很强的竞赛性，有明确的输和赢。在一定的活动规则的前提下，让参与者尽可能地发挥主观能动性，教乐结合，在玩中学，在学中玩。在这个过程中，玩只是手段，学才是最终目的。任何不以学习为目的的游戏活动法，都是失败的。

2.要有明确的目的

游戏是为教学服务的，必须与教学内容密切相关。讲师在设计游戏时，要充分考虑这节课的教学重点、教学难点和其他教学要求，围绕课程目标来设计游戏，将游戏融入课堂教学中，成为引导、说明、解释课程内容的有效手段与方法；而不是本末倒置，单纯为了游戏而游戏或是为了调节气氛、讨好学员而设置游戏。如果游戏不是为了教学目的服务，那就不能称之为游戏教学法了。

3.加强学员的组织纪律性

游戏过程中，讲师要高度关注现场，尽量记录清楚学员在游戏活动中的具体表现，尤其是一些行为细节。与此同时，还要注意现场可能出现的异动情形，并及时进行处理，避免游戏活动偏离预定轨道，如有必要，甚至可以临时中断游戏。

4.处理好个别活动与集体教学的关系

集体教学注重体现讲师的预设，是讲师按照一定的教学目标，选择教学内容，设计教学过程，面向全体学员实施教学过程的活动。

个别活动是从学员出发，根据学员的兴趣、需要和能力，因材施教，让每个水平不一的学员都获得发展和进步。

二者并不是非此即彼的关系，可以有机结合，各取所长，让每位学员都能通过主动练习、实际操作，巩固已有的知识，在原有经验基础上学习新知识，获得公平发展的机会。

教无定式，贵在得法。在课堂教学中适时地开展游戏活动法，可以让教学变得生动有趣，提升学员学习的主动性，最大限度地挖掘学员的潜能。然而，游戏活动法虽然看起来很好，实则对讲师的综合能力要求极高，比如，讲师要具备现场掌控、洞察判断、总结提炼、点评剖析等多方面的能力。很显然，这些能力的培养与提升，绝非一朝一夕、一蹴而就，而是需要持续不断地学习、深入细致地思考、反复执着地实践。

第六节　演示教学法

演示教学法发端于课堂讲授法，就是借助一定的实物和道具，模拟演示课本上一些深奥难懂的原理、概念、操作流程等，将其转化为看得到、听得懂的知识，让学员学得会、记得住、用得灵。演示教学法是一种常见的教学方法，因其具有直观和易于理解的特点，得到了大多数学员的认可，并被广泛应用。

一、基本知识

1.概念

演示教学法是指讲师以教科书或讲义为主要教学材料，借助实物、模型、道具、多媒体等教学手段，向学员传授知识、传递观点、指导学员学习操作技能的教学方法。是提高学员思维能力和操作技能的有效途径。

根据演示材料的不同，可分为实物、标本、模型的演示；图片、照片、图画、图表的演示；实验演示；幻灯片、录像、录音、教学电影的演示等。

2.价值

演示教学法通过不同条件限制下对不同场景的演示，可以启发、引导学员根据所观察到的过程及结果进行思考，并形成一定的理论认知或提炼出某一观点。如果能灵活运用，它将是一种非常有效的教学方法。

（1）使学员获得感性认知，形成正确概念。

讲师在讲述一些深奥难懂的原理或知识点时，配以生动、具体、形象的实物、模型、挂图等教具以及实验、动画、视频等，既可以活跃课堂气氛，又能让看不见摸不着、难以理解和记忆的教学内容变得清晰可见且容易理解，从而使学员加深印象，获得感性认知，缩短从理论到实践的距离。

（2）唤起学员的学习动机，提高学习兴趣。

教学演示过程中，借助图像、模型、声音等，能吸引学员的注意力，激发学员的好奇心，调动学员的视觉、听觉、触觉等感觉器官，积极思考，主动认知，提高学员学习的主动性，保持学习兴趣。

（3）锻炼学员的观察力和思考力。

讲师在演示直观教具或进行示范操作时，需要学员集中注意力跟随讲师的思路，聆听讲师的讲述，对讲师的演示操作进行细致观察，并思考讲师提出的问题，这对学员的观察力和思考力是一种很好的锻炼。

二、实施步骤

1.提出主题

在家政培训教学中，采用演示教学法，要根据具体教学内容和教学对象来精心设计，确定课程安排。在进行这一环节时，讲师要注意营造一定的氛围，引发学员的学习兴趣，同时提出演示的主题，向学员介绍所演示主题的重要性，让学员进入参与演示教学的状态。

2.说明目标

在这个环节，讲师需说明演示要达到的目标，讲解演示中涉及的相关问题，指出在观察演示时的注意事项，确保学员在观察演示前对演示目标有一个基本认识，能带着问题去观察，把握重点。

3.进行演示

在了解了演示要达到的目标后，就可以进入操作演示阶段了。

演示教学时，除了讲师的正确演示外，也可以请学员演示，尤其是一些易错操作，可以通过学员的错误示范以及更正的过程，引起学员关注和共鸣，激发学员的学习动力。

对于教学内容相对复杂、操作步骤较多的演示内容，可以分解成多个组成部分，逐一详细演示。演示一次不行，还可以多次重复演示，直到学员能熟练掌握为止。

4.练习强化

在这个环节，讲师可以提出问题，让学员围绕演示主题做进一步的思考，也可以让学员动手操作，按照讲师演示的步骤练习，强化演示效果。演示教学是为了解决具体的教学问题，学员在观看演示后，应该进行相应的思考，把演示中看到的现象进行归纳总结。必要时，可以让学员自己进行演示，强化对演示内容或操作规程的理解与掌握。

三、注意事项

1.根据教学内容运用演示教学法

演示重在内容，要详略得当，重点突出。讲师在备课时，要根据教学需要和学员实际情况，有针对性地选择演示内容，可以示范正确的操作，也可以针对多数学员普遍存在的问题或错误操作引起的后果给予集中解疑释惑。讲师应仔细分析，确定哪些内容节点可以用演示教学法，哪些内容节点不适合用，根据教学内容来选择合适的教学用具和演示形式。

2.控制演示时间

讲师在进行教学设计时，就应预估演示时间，确定演示时长。演示过程中要把握好节奏，对于教学重点和难点，要适当放慢节奏，以保证现场的所有学员都能清晰地观察到演示的每一个步骤、每一个环节。

当演示的条件或背景发生变化时，讲师需要特别提醒学员注意观察哪些变化，以及可能带来的不同结果。

3.演示内容应贴近实际操作需求

对于一些操作性强的课程，讲师在准备演示内容时，要尽可能与实际操作环境相近或相似，让学员身临其境地感受和思考，感悟学习的难点并找到关键的应用要点。

演示的作用就是给学员提供一个正确的操作范例，这就要求讲师在演示过程中姿势正确、动作规范、流程合理，以方便学员模仿学习、借鉴引用和反复练习。同时，讲师还要给学员们讲清为什么要这么做，做的时候要注意什么问题。当学员进入正式工作岗位动手操作时，可以"拿来就用"。

第七节　反转教学法

一、基本知识

1.概念

反转教学法是一种创新的教与学的模式，是变传统教学模式中的"先教后学，以教定学"为"先学后教，以学定教"，这样既可以提高学员的自主学习能力，又可以促进学员的个性化学习，从而提高教学质量和教学效果。

具体来说，就是把"讲师在课堂上授课，学员在课堂外做作业，以讲师所教内容来确定学员复习内容"的教学结构反转过来,构建"学员在课堂外学习新知识,自学过程中不明白的提交给讲师,讲师在课堂上答疑解惑,根据学员提交的问题来确定教学难点,促进学员吸收与掌握知识的内化过程"的新型课堂教学模式。

2.基本流程

讲师发布学习指导,提供学习资源,学员自主学习;讲师提供在线辅导,监控学习进程;学员反馈学习效果,实施课程检测。据此,讲师在课堂上答疑解惑,组织讨论,引导提升,并根据学习效果调整教学策略。

二、教学方式

与传统教学方式相比,反转教学方式有两种反转:一是教学思维的反转,二是角色定位的反转。

(一)教学思维反转

1.思维方式过程反转

反转教学法符合辩证唯物论的认识论,即实践是认识的基础,实践可以加深对理论知识的理解。

从思维方式过程上反转指的是先实践后理论,通过实践活动解决学员对理论知识的认知难点、重点和误区的掌握,以便更好更快地去学习理论知识。比如,从解答问题入手,在解答的过程中掌握理论学习的方式、方法,从而找出并理解理论阐述的规律性,从感性认识到理性认识,实现学习目标。

2.实践与理论教学反转

传统教学模式中,知识传授主要是通过课堂教学来完成,知识内化则需要学员在课后通过作业练习或者实践来完成,流程通常是:理论介绍——案例引导——知识分析——行为训练。

反转教学模式对这种形式进行了彻底的颠覆,知识传授通过网络在课堂外完成,知识内化则在课堂内经老师和同学的协助完成,课堂的大部分时间是师生之间、生生之间进行答疑、讨论、探究和解决问题,流程通常是:以理论为主导的行为训练——知识要点分析——化解理论内容理解难的问题——正确理解知识的形成过程、知识点的内涵及应用。

3.与传统教学模式的不同

反转教学通过将知识传授环节提前至讲师课堂授课之前,在讲师提供的学习框架内,学员自行安排学习进程,自主学习完成学习目标,将传统教学过程中作业、练习、问题解决等知识的深加工阶段放置于课堂内进行,促使学员积极主动参与课堂教学,讲师与学员共同协作探究解决问题、交流学习成果。

（二）角色定位反转

1.讲师角色发生反转

反转教学法中，讲师角色发生了颠覆性的变化，由知识的传授者和课堂的主导者变成了学员学习的引导者和推动者，这让讲师有时间与学员交谈，回答学员的问题，参与学习小组，对每位学员的学习进行个性指导。

2.学员是课堂的主导

在学员完成作业后，讲师可以就学员遇到的共性问题，组织成立辅导小组，对他们进行专门指导。当讲师成为学习的指导者而非知识的传递者时，就有机会观察到学员之间的互动，让学员发展起他们自发成立的学习小组，让他们彼此帮助、相互学习和借鉴，而不是将教师作为知识的唯一传播者。学员真正成了学习的中心和课堂的主导。

3.与传统教学模式的不同

传统教学模式往往是讲师掌握主动权，选择传授给学员的知识，学员是被动地接受老师选择的知识。反转课堂则是把更多的时间留给学员，让学员不管在课上还是课下都可以充分发挥自己主动学习的能力，这给学员提供了更多团队合作交流的机会，增强了学员的能动性，弥补了传统教学模式的缺陷。

三、在家政培训中的应用

家政培训行业具有特殊性，以培养和强化学员动手操作和模拟实习的技能训练为主。很多学员在实际工作岗位中积累了丰富的实战经验，却缺少系统的理论知识，需要在理论知识上进行梳理和提炼。反转教学法可以让二者有机结合起来，实践联系理论，理论服务实践。

1.先实践操作后理论培训

如果讲师直接解释相关的理论概念，学员是很难理解的，所以，讲师可以利用形式灵活的反转教学法来加深理解，提高认识。

（1）自主学习：从实践操作入手，把相关操作规程的视频、课件、讲义发给学员，让学员在课下提前观看，自主学习，熟悉操作规程，完成课前准备。

（2）先提问后操作：课堂上，讲师可以随机挑选学员，以提问的方式，就操作过程、注意事项等进行提问答疑，然后再让学员以小组形式练习操作。

（3）因材施教：具体操作过程中，讲师根据学员表现进行个性化指导，对于学员比较集中的出错点进行教学示范。

（4）互相点评：根据讲师的教学示范，每组选出一名学员进行操作示范，其他学员参与点评。

实践出真知，将实际操作谙熟于心后，再进行理论知识讲授，学员就更容易理解和接受了。

2.实践与理论同步进行

反转式教学法可以在课前就将课程基本信息和理论通过教学视频或者课件的形式让学员自主学习，这样，在课堂上就可以由讲师指导进行知识内化及实操训练，讲师的讲解和学员实际操作是同步进行的。

与传统教学法相比，反转教学法通过课前预习，使学员带着问题听课，反复记忆知识，提高课堂学习效率。课前通过观看视频熟悉操作规程，在课堂上练习操作时陌生感就会降低，这会增加学员的练习兴趣和自信心。课堂上，讲师针对学员提出的问题答疑，加强教学过程中的沟通反馈，提高练习效果；通过组内评价，提高学员的自我要求和练习意识，进而有效提高理论记忆能力和实践操作能力。

3.一人"饰"两角

在反转教学法中，有丰富实战经验的学员可以利用讲师提供的理论资料进行系统学习，强化自己的理论水平。同时，又可以凭借自身熟练的实操技能拍摄制作规范科学的教学视频，提交上传，让其他缺少实操训练的学员提前观摩学习；也可以由先期学员作为后期学员的线下指导老师，通过"教"的过程验证"学"的效果，学员既是学员，又是老师，取长补短，通过"传、帮、带"实现真正的"教学相长"，让自己成长为理论水平高、操作技能强的"双师型"人才。

第八节 行动学习法

行动学习法就是在"干中学"，在"学中练"，在"练中反思"，通过行动、实践来学习。由英国管理思想家雷格·瑞文斯提出，是一种理论与实践密切结合的学习法，也是目前成人教育和培训中比较先进的培训方法之一。

一、基本知识

1.概念

行动学习法就是紧密围绕具体的学习活动，组建学习小组，小组成员一起相互协作，共同反思，解决一些实际问题，提高学习者解决问题的能力、合作能力及管理能力等。行动学习法是建立在反思与行动相互联系基础上的，它包括了计划、实施、总结、反思、制订下一步行动计划等一系列循环工作的学习过程。

行动学习法的核心就是把实际问题作为学习的主题，强调在行动中学习，在学习中行动，学用结合，知行合一。

2.特征

（1）反思性。

行动学习法要求小组成员在行动的过程中持续不断地反思行动中遇到的问题，进而做出适当的应对行为，以完成预定的工作目标，因此，反思性是行动学习法的首要特点。

行动学习团队在"实践，反思，实践"的循环过程中，通过沟通、讨论、发现等反思活动提高能力，使大家有清晰的自我认识。

（2）合作性。

行动学习法的实施过程是一个团队合作的过程，在这个过程中，小组成员共同分析问题，彼此合作，通过行动实践进行学习。缺少同伴支持，将无法开展行动学习法，因此，合作性是该学习法的第二个特点。

（3）主体性。

行动学习法主张学习者是一个个独立的个体，要充分发挥其学习的主动性。学习者在研究解决某一个重要问题时，要能与其他伙伴互相交流经验，从中得到启发，加深对问题的理解。团队各成员间的经验和智慧的发散、碰撞、整合，本身就是一个主动的创造过程。所以，注重挖掘小组成员的潜能，充分调动参与者的内在热情，是行动学习法得以顺利实施的重要因素。每个成员都是为了学习而进入学习小组的，其主体性的发挥是行动学习法的内在驱动力。

（4）真实性。

行动学习法不是简单的知识与技能的单向传递，而是对人力资源进行开发的创造性活动，既不同于传统的讲授法，也不同于人们熟知的个案研究法，其最突出的特点就是带着学习的目的去面对现实问题，而不是模拟已经发生过的情形。

3.与传统培训的区别

（1）学习的目标不同。

传统培训以获取知识、提高技能为目的，过程中没有解决实际问题；而行动学习法是在解决问题的过程中，分享经验，反思碰撞，既提升了知识和技能水平，解决了问题，又培养了关注问题、深入研究问题和处理人际关系的能力。

（2）学习的速度不同。

传统培训学习时间短，学习速度相对固定；而行动学习法学习时间长，不固定，可能是两三个月，也可能是一年甚至更久。

（3）学习的方式不同。

传统培训以集中授课为主，老师讲，学员听；而行动学习法则是学习知识，分享经验，创造性地研究解决问题，展开"四位一体"的循环学习，即在"干中学，学中练，在反思中学，在试做中学"。

（4）学习的效果不同。

传统培训中，受训者是"听听激动，想想感动，回去一动不动"；而行动学习法中，学员亲自动手"做到"，积极开动大脑"悟到"，能迅速将知识转化为能力，效果好且持久。

二、实施步骤

1.提出问题

根据教学内容、教学目标的要求，讲师将目前学员最难掌握、最不好理解的知识点或是操作技能提出来，作为行动学习的目标。这个目标（或问题）应是当前最重要、最急迫、最有现实意义的难题，并且没有现成的答案，需要一定的时间去探索，这能给学员提供学习机会，有举一反三的作用。

2.成立小组

根据提出的问题组成学习小组，小组一般5~10人，可分为多个小组，分头进行学习。小组成员应该各有所长，互相之间能取长补短，根据各自的能力和特长进行分工，每个人尽量发挥最大作用。同时，团队分工要保证每个成员都能够全程参与到整个问题解决的过程中。

3.分析问题

小组成员开会对问题进行分析，搜集与问题相关的信息、数据，同时提出问题：为什么要提出这个难题？解决这个难题的关键在哪里？

4.说明问题

针对提出的问题，问题提供者向小组成员解释、说明提出问题的原因，需要解决的是哪些方面的问题？问题提供者可以留下来参加小组学习，也可以退出小组，等待小组给出具体建议。

5.问题重组

小组成员通过头脑风暴，深入挖掘，就难题的症结和原因提出自己的看法，各抒己见：我是怎么看待这个问题的？情况一定是这样的吗？是否还有其他的可能性？听了大家的分享后，我是否有什么新的想法？

6.确立目标

在讲师的指导下，就亟待解决的关键问题、核心问题达成共识，并据此确定目标。目标要立足长远，从提升个人技能、发展团队协作能力、促进教学目标实现三个方面出发。

7.制定战略

目标确定后，小组就需要集中精力和时间来围绕问题制订措施和解决方案。小组成员交流学习的时间、次数，由组长和讲师灵活掌握。过程中如遇到问题，包括后面的执行中遇到难题，都可以请专家有针对性地授课，并答疑解惑。

8.采取行动

小组成员可分工合作，收集各种信息、利用各种资源、采取多种途径，把小组议定的行动方案付诸实施。

9.反复攻关

小组需对行动方案进行反复学习、研讨、论证、行动，直到解决方案被认定，或者又有新的、更好的方案出现，如此循环往复，直到方案趋于完善。

10.指导协助

在小组活动期间，讲师可以在合适的情况下提出问题，借以帮助小组成员理清思路，启发思维。

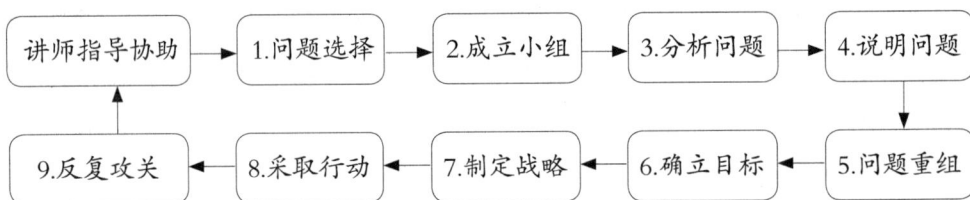

图7-8-1　行动学习流程图

三、讲师的作用

在行动学习法中，讲师是行动学习的设计者、行动过程的把控者。

1.说明行动内容

讲师对行动学习法的基本理论、实施过程和方法向学员进行必要的介绍，特别是对行动学习过程中经常用到的一些思考工具，比如头脑风暴、动态思维导图等做必要的介绍，制订学习规则，方便后续教学活动的执行和实施。

2.介绍面临的问题

讲师按教学大纲的需要以及学员在今后工作岗位上应该掌握的相关技能的基础上，广泛征求学员意见，了解学员对哪些问题感兴趣，然后将征集来的问题进行筛选、分类、整理、设计，找出最需要解决的问题，向学员进行清楚的讲解。然后学员在讲师的引导下，确定课题，明确重点，梳理思路，改进方法。

3.提供教练式帮助

在行动学习法的实施过程中，讲师主要以促进者身份来参与，不提供问题的建议或答案，相信答案来自参与者。讲师靠激发学员的潜能、智慧和创造力，使解决方法自然而然地产生。讲师应保持中立，注意倾听，确保每个人的意见都得到重视，在小组内进行反馈，使他们能够客观地评价自己的进展并适时进行调整。讲师还应促进小组成员之间的沟通，帮助小组成员获得内外部的资源支持，及时发现并有效处理冲突，创造积极的氛围以促使成员高效地工作。

无论何种教学形式，学习最终是由学员自己完成的。在行动学习法中，讲师通过对培训课程的精心设计，促进和辅助学员进行内部学习，使每一个学员都能完成有效学习，这是一项非常精细的工作。相应的，这对讲师也提出了更高的要求。讲师不只是站在讲台上传道授业解惑，还要创设和实现良好的学习气氛和环境，机动灵活地引导学员综合分析和解决问题。

第九节　教学方法选择

著名教育家叶圣陶先生说过，教学有法，教无定法，贵在得法。其意思是，不同学科的教学有一定规律可循，但在具体的教学中并不存在"放之四海而皆准"的万能方法。选择什么样的教学方法，如何推进教学进程，要结合具体的教学内容、学员的知识水平和个性差异、讲师自身的素质与能力等多方面的因素综合考虑。讲师只有遵循科学依据，综合考虑各种相关因素，选取适当的方法，并能合理地组合利用，才能使教学效果达到最优化。

一、分析教学内容特点

教学内容大致可以分为知识类内容、技能类内容和态度类内容三部分，不同的教学内容应该采用不同的教学方法。对于知识类内容，一般采用讲授法、演示法等方法；对于技能类内容，一般采用讲授法、角色扮演法、情境教育法、案例教学法等方法；对于态度类内容，一般采用讲授法、角色扮演法、游戏活动法等。

二、选择单一教学方法

任何一种教学方法，只有与课程内容相适应，并能为讲师充分理解和把握，才有可能在实际教学活动中发挥其功能和作用。所以，有的讲师囿于个人知识素养和习惯，常常只采用自己最拿手的教学方式。对讲师来说，可能驾轻就熟，但对学员来说，单一的教学方法，只会引起学员的审美疲劳，扼杀学员的主动性、积极性和创造性，不利于教学目标的达成。要知道，课上得好不好，不仅仅是看讲师讲得好不好，而是看学员是否学有所获，是否能够学以致用。

三、选择复合式教学方法

在具体教学过程中，教学方法的选择并不是非此即彼的两难选择，而是结合具体教学内容和学员实际情况，灵活运用案例法、演示法、角色扮演法等多种教学形式，给学员提供动眼、动脑、动口、动手的机会，让学员积极主动地参与教学过程，实现教学效果的最大化。

过于追求某种模式，课堂教学必然会走向死板、僵化，缺乏生机与活力。而真正有创新意识的课堂是不受任何一种模式限制的，既有自主学习的影子，也有合作学习的内涵；既有多学科知识的整合，也有知识建构的过程；有情感态度的自然渗透，也有学习方法的培养；有学员个性的展示，有讲师的讲解，还有师生互动的快乐。只有这样，才是真正有效的课堂教学。

总而言之，不管采用何种教学方式，一堂好课永远离不开讲师高超的教学艺术和深厚的知识素养。与其纠结于选择何种教学方式，不如从自身出发，保持终身学习的能力，不断地学习，实践，再学习，再实践，如此循环往复，最终实现螺旋式上升，提高自己的职业素养和知识水平。

第八章　网络教学

第一节　网络教学基本知识

近年来，随着网络技术和多媒体技术的不断发展和教学改革的不断深入，网络教学作为一种新的教学模式，正在教育和培训领域中得到日益广泛的应用，成为课堂教学的有益补充，而网络教学的时间灵活、内容多样、讲师资源共享、有效控制成本等优势也逐渐被人们所熟悉和认可。

一、网络教学的概念及优势

（一）概念

网络教学是讲师提供精心设计的、适合自主学习的、丰富多彩的课程学习资源，通过引导、促进、支持、协调、管理和评价，鼓励学员进行合作学习和自主学习的教学方式。网络教学既要囊括教学课程的重点、难点，又要鼓励学员利用发达的网络收集整理相关资料，经过发现问题、寻求答案、最终得出解决方案的过程，建立属于自己的知识能力体系。

简单地说，网络教学就是借助网络和数字通信技术，将教学内容进行传递的教学方式。

（二）优势

1.打破了传统教学在时空上的局限

传统教学中，学校、教室是上课、学习的主要场所，教学时间、教学地点以及教学内容都是提前计划好的，基本上没法更改，学员无法到场就不能获取课堂教学内容，容易错过课程。而网络教学的学习地点可以不固定，只要有网络，任何地方都能成为学习的场所；而且学习时间灵活机动，由学员自行安排，可以随时听，反复看。

2.易于拓宽学员知识面

网络教学除了讲师提供的课件资料和学习内容外，还有大量与课程有关的资源供学员选择使用，比如专题网络教学、教育专家个人主页、学术论坛、电子书籍等，这些资源都是对授课内容的补充和拓展。

3.学业评价更加公开、公平、公正

学员根据个人情况学完课程后，可以通过网上提供的在线考试、在线评阅、学员测试、作业点评、作业评分系统、学员综合成绩评估等进行测评，测评结果由网络自动给出，并记录在学员档案中，再通知学员。这种评价方式公开透明、公平公正，而且由于评价结果是即时给出，还节省了时间，提高了效率。

4.有利于推广研究性学习

网络教学中，学员通过自主调查、访谈、实验、制作、评估等过程，亲自参与问题的解决，获取知识，得出结论，形成新的认知，这个过程是知识的自主建构，是一种研究性学习。只有通过亲自实践习得的知识、方法和能力才是学员真正理解、掌握并能学以致用的知识，对于学员学会学习、终身学习意义重大。

二、网络教学的原则

1.以讲师为主导，以学员为主体

网络教学强调学员的主体性，实现了以"教"为中心向以"学"为中心的转变。学员不再是知识的被动接受者和知识的灌输对象，而成为学习的主体和知识的主动建构者，讲师不再是知识的灌输者和控制者，而成为学员学习的引导者、帮助者和促进者，为学员学习提供必要的环境和条件。其最终目的是使学员的学习更主动、更扎实和更有创造性。

2.具有个性化的特点

传统的课堂教学活动中，由于教学时间有限，讲师没有精力也不可能根据每个学员的兴趣爱好、个性特点和知识储备等情况制定不同的教学内容，很多学员缺少学习兴趣，学习主动性不强。而在网络教学模式下，学员可以根据自己的兴趣爱好、知识储备等自主选择适合自己的学习内容，基础差的可以多学几次，基础好的可以加快进度。

讲师也可以通过网络及时了解学员的学习情况，并据此调整教学进度，学员在学习过程中有什么疑问可随时向讲师请教，以更好地实现教学目的。

3.以问题为中心，用任务来驱动

在教学设计时，基于对教学内容和学员实际情况的充分了解，一般由讲师提出问题；或者学员在自主学习过程中遇到有共性的典型问题，在小组内进行分析讨论，利用网上的学习资源，自行查找资料，围绕整个问题进行自主探索和互动协作。一个小问题的解决就是一个小任务的完成，同时产生下一个小问题或小任务，讲师只做必要的引导，学员完全按照自己的内在需要去探究和学习，这样能很好地培养学员的自主

学习能力和分析问题、解决问题的能力。

4.协商合作，共同建构

网络教学的理论来源于建构主义学习理论。建构主义认为，知识不是通过讲师传授得到，而是学习者在一定的情境，即社会文化背景下，借助其他人（包括讲师和学习伙伴）的帮助，利用必要的学习资料，通过意义建构的方式而获得。网络教学就是这样一个相互协作、共同建构的过程。

通过相互协作，学员对学习资料进行搜集与分析，提出假设并验证，学习小组成员通过会话，商讨如何完成规定的学习任务。在此过程中，每个学员的思维成果为整个学习群体所共享，最终在讲师的帮助下，实现学员对当前学习内容所反映的事物性质、规律以及该事物与其他事物之间内在联系的深刻理解。

5.具有创造性和生产性

教学不能无视学员已有的知识经验，简单强硬地从外部对学员实施知识的"填灌"，而是应当把学员原有的知识经验作为新知识的生长点，引导学员从原来的知识经验中，生长出新的知识。教学不是知识的传递，而是知识的处理和转换。讲师不单是知识的呈现者，更应该重视学员自己对各种现象的理解，倾听他们自己的看法，思考他们这些想法的由来，并以此为据，引导学员丰富或调整自己的认识。

第二节　网络教学模式

网络教学模式是以网络为教学支撑环境，形成讲师与学员之间的稳定关系和活动进程的结构形式，网络教学模式突出网络在师生教学活动中的重要地位和作用，结构合理的网络教学模式不仅可以充分利用网络的优势，还可以有效提高学员的学习效果。

一、网络教学模式的分类

1.传统远程课堂教学

传统远程教育包括函授教育和广播电视教育，讲师通过书籍、信件等形式把教学资料和信息（纸质教材、录音带、录像带）传送给学员，学员利用业余时间自学，完成作业，利用寒暑假或双休日集中到学校或函授站、教学点参加现场课堂教学；面授结束后在学校进行集中考核，统一进行学业评价，比如函授大学、职工大学、夜大等。

2.新媒体互动教学

新媒体互动教学是学员与讲师、学员与教育组织之间基于网络，以计算机、多媒体、现代通信等信息技术为主要手段，进行系统教学和通信联系的新型教育形式，是信息技术和现代教育思想的有机结合，核心是互动。其包括学员与界面的互动、学员与讲师的互动、学员与学员的互动、学员与学习内容的互动、学员与学习目标的互动、学员与多媒体资源的互动以及学员与时间管理之间的互动。

3.平台录播教学

平台录播教学是将教学现场的音视频信号、VGA信号以及预设音视频文件进行同步整合的一体化系统平台，录制生成标准化的流媒体或广播级视频文件，用来同步直播、存储和后期编辑。终端通过IE浏览器或登录系统服务器收看现场直播，也可以后期点播视频收看。其特别适用于各类讲座、公开课、优质课的现场直播和远程教学，使每个学员都有亲临课堂的感觉。

二、网络教学的实现方式

（一）传统远程课堂教学

1.教学所需设备及技术

录音机、录像机、广播电视。

2.授课时空及特点

传统远程课堂教学有学时要求，需要在规定的时间内修完所学的课程，学员只能利用业余时间自学，面授时须在教室或现场。网络教学的互动不及时，有问题只能在面授时向讲师提出，影响讲师与学员、学员与学员间的交流。

3.教学方式

以教师和"教"为主，是教学信息的单向传播，即使有反馈也是周期长、效率低。其主要通过讲授法对教学内容进行讲解。

（二）新媒体互动教学

1.教学所需设备及技术

电脑、智能手机、网络、平板电脑。

2.授课时空及特点

新媒体互动教学可以跨学校、跨地区实施网上教学，不受时间和地点的限制，只要有网络、有电脑或是手机，就可以随时随地上课。

新媒体互动教学的特点是学员与教师分离，采用特定的传输系统和传播媒体进行教学；信息的传输方式多种多样，学习的场所和形式灵活多变；资源共享，学习行为自主化、学习形式交互化、教学形式个性化。

3.课堂互动及问题解答

以学员为主体，讲师为主导，教学形式由原来的以"教"为主变为以"学"为主。学员自主学习，可利用即时通信工具，如QQ、微信、可视电话等随时保持与讲师、同学之间的沟通和交流。也可以就所提出的问题在网上请教相关专业或行业的一流专家、学者或教授。

4.新媒体互动教学优势

这种方式突破了时空限制，给学员提供了更多的学习机会，扩大了教学规模，降低了教学成本。学员可以根据个人需要选择丰富的教学资源。讲师也可根据学员的学习情况、测评结果有针对性地进行学习指导和辅助，并在后续教学中调整教学策略，真正实现教学相长。

（三）平台录播教学

1.教学所需设备及技术

高清摄录机、高清编码器、VGA编码器、录播主机、编辑工作站、存储服务器、点播服务器、直播服务器、录播软件、电脑、智能手机、平板、网络。

2.授课时空及特点

能够实现无人值守的多频道7×24小时自动播放，资源发布功能方便快捷，如有需要，还可以在录制教学视频的同时通过公有云端的直播服务器进行现场直播，将录制编辑后的教学视频一键上传到点播服务器，学员可以通过多种终端进行点播学习，不受时间和空间的制约。无论是直播还是点播，呈现的页面都可以定制，这大大减少了发布的工作量。

3.课堂互动及答疑方式

在互联网技术及开放资源的时代下，不同年龄、不同地域的学员因为某门课程聚集在一起，对某一知识点或内容进行学习，并借此组成网上学习小组或是学习社群互动解答，开展协作式学习。

平台录播教学一般有固定的上课时间，但学员可无限次回放或点播，把本来庞大的课程细分成一个个模块，每个模块包含一个个小节，针对每节课程设置相应的测试及讨论，对学员的学习效果及时进行测评，课程问题可以通过与同伴互助的方式及时得到解决。

4.平台录播教学的优势

平台录播教学体现的是一种教学过程的全程参与，时刻兼顾学员的需求。对于知识点的错误理解会有相应的提示，学员不仅能知道自己的错误原因，还能拓宽知识面。

（1）交流及时、双向。学员可以在熟悉的论坛上自由组合，通过社交网站进行讨论、解答，交流及时、双向。平台可以根据学员的学习兴趣及所学习的课程、经常浏览的网页等，及时推送学员感兴趣的内容，方便学员选择。

（2）学员自主把控学习节奏。丰富的学习资源和优质的信息环境，给学员个性化的学习创造了机会，学员可以自由掌握学习内容，控制进度。

（3）注重互动与问题解决。学员通过自主学习或者与同伴讨论来解决遇到的问题，学习过程侧重互动和问题解决，而不是知识的传授，这能够提高学员的思维能力、解决问题能力以及同伴间的相互协作能力。

（4）节省成本。基于网络平台的录播系统，实现了课堂录播的规范化、自动化，减少了后期制作人员的负担，节省了制作成本。

网络教学是一种教育手段、学习方式，又是一种教育理念和教学组织形式。它能够利用网络信息技术进行跨时空交流、互动和资源共享，从而实现以学员为主体的教学组织形式，充分利用网络带来的同步和异步优势开展教学。因此，网络教学会成为今后很长一段时间内实现终身教育的重要手段，也是完善成人教育的主要方式，为打造终身学习型社会提供平台。

第九章　教学组织与授课技巧

第一节　教学组织形式

教学组织形式是指教学活动中，讲师与学员为实现教学目标所采用的行为方式的总和。常见的教学组织形式有班级授课制、个别教学、分组教学、协作教学以及复式教学。

一、班级授课制

1.概念

班级授课制是目前最主要、最常用的教学形式，以班为单位，按学员年龄和知识水平编制班级，学员人数一般30~50人，有一定的学时要求，教学场所相对固定，讲师按课程表和教学内容统一进行授课，在讲师指导下进行班级活动的集体教学形式。

2.优点

班级授课制有利于扩大教学规模，提高教学效率，能够发挥讲师的优势，突出讲师的主导作用，方便进行教学管理和教学检查。

3.缺点

由于班级授课制是统一教学，教学形式固定化、程式化，讲师面向所有学员，很难照顾到每个人，因而很难因材施教，限制了学员的自主性和独立性的培养。

二、个别教学

1.概念

个别教学法是以学员自学为主，讲师辅导为辅，结合现代化教学手段，以适合自己的学习方式、学习时间和学习进度进行学习。讲师在教学过程中，针对学员的具体特点施以具体指导。其包括程序教学、计算机辅助教学等多种模式。

2. 常用模式

目前常用的主要是计算机辅助教学（CAI），即使用计算机作为辅导者以呈现信息，给学员提供练习的机会，评价学员的成绩，提供额外辅导。

3. 优点

交互性强，学员可以根据自己的学习情况自主选择学习路径、学习内容等，计算机可以提供即时反馈，方便学员掌握学习情况，尤其适用于文化基础参差不齐、年龄差异大的家政培训。

需要注意的是，实施个别教学前，要先在学员中开展深入细致的调查研究，了解学员的初始学业水平，方便后续进行有针对性的教学辅导。

三、分组教学

1. 概念

分组教学法就是在教学过程中，根据因材施教的原则，以学员为中心，按照学员的知识水平、性格特点、擅长领域等情况，把不同层次的学员进行分组，确定不同的学习目标，提出不同学习要求的教学方法，旨在提升每一位学员的知识能力水平。教学的重点是每组学员都应该掌握的那部分知识，由浅入深，由易到难，层层推进。

2. 优点

分组教学可以激发学员的学习积极性和主动性，增强学员的团结协作精神，激发不同分组之间、同一分组学员间的竞争意识和上进心，形成浓厚的学习气氛。

3. 缺点

在具体实施过程中，分组教学法容易出现各小组学员讨论激烈以至于影响课堂秩序的情况，或在讨论过程中学员敷衍塞责、坐享其成的情况。

四、协作教学

1. 概念

协作教学就是不同专长的讲师自愿组合在一起，同时担任某个班级的教学任务，一起做教案，一起施教，针对学员提出的问题一起探讨，并给出解决方案，在实施过程中随时监控，及时改进，一起跟进所教学员每天的学习进度，以保证其学习效果的教学方式。

2. 优点

协作教学可以最大限度地整合教学资源，减轻讲师的教学负担，提高讲师的教学水平和质量，给学员带来更多的教育资源，方便学员获取多样化的知识，保证了教学内容的丰富和统一。

3.缺点

协作教学意味着要集中多位专业人员的力量，协作备课，协同运作教学环节，共同承担课堂教学任务，协作解决问题，同时出席教研教学活动等，更加考验个人的协作精神和团队意识。其缺点在于牵一发而动全身，只要有一个环节或一位老师出现问题，整个教学过程都会受到影响。

五、复式教学

1.概念

讲师在同一教室、同一课时内，用不同教材（或同一教材不同程度），将直接教学与学员的自学作业结合，对两个或两个以上级别的学员进行教学，称为复式教学。

2.复式教学在家政培训中的应用

家政培训中的复式教学是一种分层次的教学法，就是在同一教学空间内，按照教学对象的不同能力层次，通过相同或不同的教学内容，实现不同的教学目标；或在同一教学思想的指导下，通过各阶段能力目标的迁移递进，实现总体教学目标的教学方法。

具体实施方式是，讲师有意识地把学员分成二到三个层次来教学，让班里不同层次的学员都能得到一定程度的提升，这有助于培养学员的合作能力、自学能力，可以兼顾到不同层次学员间的能力差异。

第二节　教学现场设施的布设

培训场地的布置，对培训现场的氛围营造有着至关重要的作用，其原则是保证舒适度和参与度。在可能的情况下，讲师应与培训组织方沟通以下事宜。

一、教室的选择

1.空间面积

如果条件允许，教室以正方形或长宽比例为 4：3 的长方形为宜，面积可以按 3～4 平方米／人的标准计算。

2.能源设备

能源设备主要是指电源插座，尤其是需要学员现场使用电脑进行操作的课程内容。除了固定的电源插座外，还需要准备足够数量的可移动电源插座。

3.恒温设备

恒温主要是指空调的启用及相关基本操作，一般建议教室的温度控制在冬天20℃~22℃、夏天24℃~26℃。

4.灯光照明

一般建议使用冷色光，除非自然光线非常适宜，否则尽量不要同时使用灯光和自然光。

5.音响设备

注意话筒不能有啸叫和电流声，尽量减少或消除噪音。如果有某些课程环节对音乐有特殊要求，也应提前准备好。

二、讲台的设置和课桌的摆放

目前比较常见的桌椅摆放方式是鱼骨形状，至于学员的座位设置，一般建议把来自同一部门或同一公司的学员分到不同的组。学员座位位置以保证目光交流顺畅为宜，不要太拥挤，但也不要坐得过于疏远。桌子上要有足够的空间来放置A4纸、学员手册和其他学习用品。

不同的座位摆放适应不同的授课方式，所取得的现场效果也不相同。根据授课方式来选择适合的排放方式即可。

1.剧院式

适用于30人以上（人数上限依教室大小而定）的课程，这种方式能最大化地利用教室空间，座位较整齐有序，但不利于讲师与学员或学员与学员之间的交流，如图9-2-1所示。

2.小组式

适用于20~40人的课程，这种方式便于小组竞赛、讨论分享和交流探讨，缺点是小组内成员相对固定，缺乏与其他学员的交流，如图9-2-2所示。

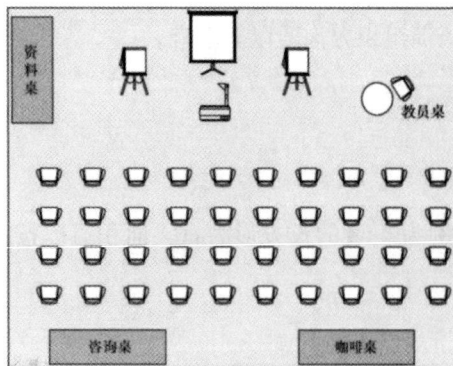

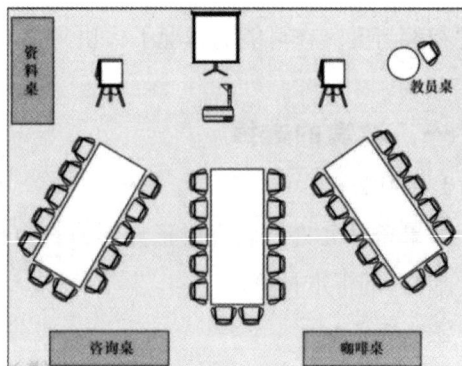

图9-2-1 剧院式　　　　　　　　　　　图9-2-2 小组式

3.圆形排列

适用于10~25人的课程，这种方式适合开放的游戏或分享互动，缺点是不利于讲师控场，如图9-2-3所示。

4.开放的长方形

适用于15~30人的课程，这种方式方便讲师控场，和学员沟通互动，可用于讨论、游戏和互动，缺点是对教室的面积有一定的要求，如图9-2-4所示。

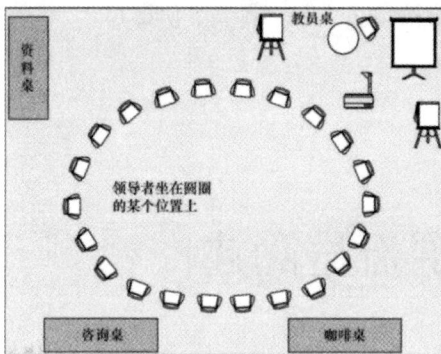

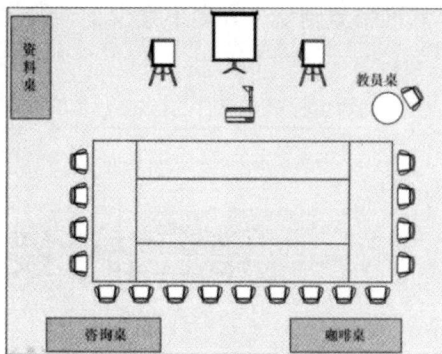

图9-2-3 圆形排列　　　　图9-2-4 开放的长方形

三、投影仪的正确使用

投影仪需要提前与讲师使用的笔记本电脑连接，并调试好清晰度，以确保最远距离的学员都能够清楚看到。

预热：投影仪开机需预热几分钟，为不影响正常授课，需提前开机。

关机：长时间不用时，要关闭投影仪，延长灯泡寿命。

关机后，切勿马上切断电源，应等待机器散热，风扇停转。

投影仪的电源线请隐蔽放置，以免绊脚，摔坏机器。

四、白板的位置和书写

1.白板的位置

如果条件允许，尽量使用大一些的白板，白板笔准备要足量，且应有不同颜色，预备好白板擦。

2.书写时的注意事项

（1）授课前可在白板一角先写写试试，确保是可擦除的白板笔而不是记号笔。

（2）字尽量写大一些，确保学员多的情况下，每个人都能够看清楚。

（3）用完白板笔记得马上盖笔帽，防止水分蒸发，写不出字。

（4）侧身写字，可以一边写字，一边和学员交流。

（5）尽量在培训场地悬挂该次课程主题内容的横幅。

（6）以上事务，至少在上课前10分钟就全部完成，然后播放一些比较欢快、励志的音乐，以营造良好的授课氛围。

五、资料的准备

资料的准备主要包括学员教材、随堂资料（说明性资料、讨论资料、测试文件）、评估表格、笔记与手稿、讲师教材、图表海报及其他根据课程需要准备的特殊材料等。其总体的准备原则是，宜多不宜少（一般建议按学员人数多预备5份即可）。

第三节　授课流程简述

一、开场

俗话说，"好的开始是成功的一半"，开场是非常重要的环节，对于一名合格的讲师而言，开场绝不是锦上添花，而是不可或缺。

1.目的

由于讲师和学员之间、学员和学员之间是相对陌生的关系，所以，二者之间必然存在一定的隔阂和距离。这就需要一个好的开场来打破隔阂，拉近彼此的距离。与此同时，讲师要尝试着与学员建立互助学习、共同成长的平等关系，营造轻松愉快、和谐融洽的课堂气氛。

2.作用

好的开场可以让学员对课程产生较高的兴趣，同时也可以让学员们清楚感知到此次培训的课堂气氛。在兴趣和气氛的推动下，学员才会迫切地想要深入了解和探寻课程内容，才有可能踊跃参与，为课程中进行的知识传递、技能分享以及课堂互动打下良好基础。

3.主要内容

有效的开场包括自我介绍、培训日程及安排、学习目的和学习方向等。

自我介绍除了"我是谁""我是干什么的"之外，更应该取得学员的初步信任，就是让学员相信你能帮助他有所收获，在自我介绍中强调一下自己的专业水平。同时，分享自己的感受，告知学员学习的目标以及学完课程可能带给学员的好处。

二、课程导入方法

1.开门见山

开门见山就是直截了当地表明今天的主题，即讲师首先列举课程设立的原因，课程要达到的教学目标和要求，以取得学员的配合与支持。

2.温故知新

以学员已有的知识为基础，引导他们温故知新，通过提问、练习等，找到新旧知识的联系点，然后从已有知识自然过渡到新知识。

3.设置疑问

根据课程要讲授的内容，由讲师设计出符合学员认知水平的问题，以激发他们探索知识的欲望。

4.案例导入

通过引用一个现实的案例导入要讲的课程内容，可以很好地调动学员积极性，引发学员的兴趣和思考。案例要贴近学员的实际生活或日常工作，案例的设置要能引发思考和讨论，便于后期培训的开展。

5.讨论导入

课程一开始，讲师就组织学员对课程所涉及的重要问题进行讨论，以启发学员的思维，使学员集中注意力。

6.游戏导入

课程开始，讲师组织大家做游戏，然后再导入对新知识的学习，这可以激发学员参与新课的热情，缓解其紧张情绪，最大限度地活跃课堂气氛。

三、知识讲解方法

（一）课堂教学

1.突出教学重点

（1）概念。

教学重点是指课程内容中最基本、最重要的知识和技能。一个知识点在整套课程中的地位，以及该知识点能给学员完成岗位工作、技能发展乃至公司发展带来的贡献，决定了它是否能成为教学的重点。

（2）讲解重点的方法。

对于重点内容，讲师要保证授课时间，对其进行深入浅出的讲解，讲深讲透，多次强调，时时温习，且在讲解时将重点内容板书，让学员做好笔记，反复复习与领会，然后将所学内容应用到实践中去。比如，针对重点内容布置作业、岗位练习、操作实践等，从实践中检验学员对重点内容的掌握程度和熟悉程度。

2.突破教学难点

（1）概念。

教学难点一般包含两层意思：一是学员难以理解和掌握的内容；二是学员容易出错或混淆的内容。如比较抽象、不易被学员理解的内容；纵横交错、比较复杂的内容；本质属性比较隐蔽的内容；体现了新观点和新方法的内容；在新旧衔接上呈现较大差距的内容等。这种讲师难教、学员难学的内容，通常被称为教学的难点。

教学难点要根据教材的广度和深度、学员的知识基础与心理特征来确定。简而言之，教学目标与学员的水平有较大差距时，就形成了教学难点。克服难点就是结合学员实际，想办法让学员理解和掌握难点内容。

（2）突破难点的方法。

讲解难点内容时，要放慢讲课速度和教学进度，留出足够时间和精力，化抽象为具体，化复杂为简单，化生疏为熟悉，化难为易。主要有以下几种方法。

①直观可视。运用直观的方法加强学员的感知，如多媒体、视频、现场教学。

②创设情境。联系实际，引导学员的思维由具体到抽象，由特殊到一般。

③补充材料。对于一些结论性难点，化解的方法是引用一些典型的事实材料，并以材料为依据进行分析，从而化解难点。

④对比区分。对于易混淆的内容，运用对比方法区分各自的特点，如表格比较法。

⑤分散难点。分层设问，各个击破。对于难度较大的问题，不妨把问题按难易程度分解成若干个与之相关的小问题，层层递进，化难为易，由易到难。

（二）课堂练习

课堂练习是在讲师的指导下巩固知识、形成技能技巧的过程，也是学以致用的过程。

1.课堂练习的设计原则

作为课堂教学的重要组成部分，课堂练习的设计要以学员为主体，符合学员的思维特点和认知发展规律；以教学内容为依据，从完成课堂教学目标出发，准确地把握各部分知识结构中的重点和难点，做到重点突出，精益求精，机动灵活，逻辑性强，使课堂练习与学员的工作技能有机结合起来。

2.课堂练习的设计方法

课堂练习的设计要保证练习方式的多样化，可以设计一些选择练习、判断练习、案例练习、游戏练习、角色扮演练习、实际操作练习、集体练习、独立练习，让学员既要动手，又要动口，更要动脑，从而寓练于乐，使学员轻松有趣、灵活机动地提高练习效率，实现巩固知识、掌握技能的学习目的。

3.安排课堂练习的技巧

练习是为了更好地掌握知识、应用技能。因此，要让学员明白练习目的和要求，增强练习的自觉性和主动性。安排课堂练习要有计划，方式要多样化，时间分配要合理。练习的安排要因人而异，区别对待，兼顾不同学习进度和知识层次的学员。

好的练习要有及时的反馈。没有反馈的练习，等于没有练习。讲师要用好提问和课堂小测验等课堂反馈形式，及时掌握学员的学习情况、知识和技能的掌握情况，这样，才能有针对性地安排练习，避免盲目练习、无效练习。

（三）结课

课程结束时，讲师要设计一个结尾，并且是每节课都有，而不是全部课程结束时才有。结课的内容一般包括解决问题、提炼升华、布置作业等。

1.结课的作用

课末小结是讲师讲完一堂课后要进行的工作，可以加深学员对本次课程所学知识的理解，巩固当堂所学的知识，激发学员课后继续学习的兴趣，具有升华课程、承上启下的作用。

2.结课的原则

（1）首尾呼应。作为教学内容的一部分，结课要呼应开场，不能离题太远，也不能互不相干，要有始有终，形成一个完整的闭环。

（2）干净利索。讲师要合理安排教学内容，严格掌控上下课时间，避免拖堂造成的无法结课或匆匆结课，也不能提前结课。要留出时间从容结课，既不拖泥带水，又要从容有度。

（3）留有余地。为了达到承上启下的效果，结课时讲师要用点小技巧，含蓄、深沉地留点"小尾巴"，让学员自己去思考、领悟；或者采用启发、引导的方法，把知识点融于小故事中，让学员在无尽的回味中引发对相关问题继续探索的欲望。

（4）方法灵活。课堂结尾的几分钟，通常是学员精神比较疲乏的时刻。所以，要达到好的结课效果，讲师要灵活多样地组织一些有趣的活动完成结课工作，短时间内促使学员的思维再次活跃起来，对所学的知识进行记忆、思考、整理，以达到事半功倍的效果。

3.结课的方法

（1）总结式。采用这种方式结尾不能只是简单罗列课程要点，这样会让课程变得拖沓、冗长，可以重点强调课程的关键知识或学员在学习过程中出现的疑惑。

（2）展望式。主要是对学员学习了课程内容后可能产生的一些想法进行适度、生动地描绘，让学员对未来可能发生的正向变化有热切期待。

（3）要求式。即向学员提出一些行动建议和要求。建议使用"我相信"这样的话语，而"我希望"这样的说法无形中会破坏比较融洽、平等的课堂氛围。

（4）呼应式。这种结课方式需要讲师在设计课程的时候就预先安排好，并且埋下必要的伏笔，所谓"前有所呼，后有所应"。导入新课时用问题来设置悬念，以激发学员的求知欲望和学习兴趣；而在结课时，引导学员利用所学到的知识，分析课上提出的问题，消除疑虑，解决问题。

（5）余韵式。典型特征是设计一些有递进关系的问题，引导学员深入思考，提供一个可供回味的空间。

（6）选择式。即向学员说明或描述不同的实践路径或改进建议，引导学员自主选择。

4. 六种不当的结课形式

（1）借口式。讲师以有事为由不结课，或是匆忙结课。

（2）过分谦虚式。谦虚是中华民族的优良品质，但是过分谦虚也会适得其反。比如，讲师在结课时说："今天这节课讲的技能操作，我也不是太熟练，可能还不如大家做得好，大家姑且听之就行。"学员心里会想："既然这么不专业，我为什么还要听你讲课？"

（3）自我否定式。比如结课时，讲师说："我们今天学习了这些，讲得不好请大家原谅。对不对我也不清楚，还是大家回去实践一下吧。"讲师都不清楚，学员怎么去实践，又有谁会去实践？

（4）啰唆式。把结课看成教学内容的简单重复，叙述语言不够简练，冗长拖沓，没有重点，主次不分。

（5）威胁式。"重点和难点都给你们讲过了，你们要是不好好学就白白浪费我的时间了。"如果讲师这样说，即使学员想认真记，好好学，也会心生反感，影响师生关系。

（6）有头无尾式。开场轰轰烈烈，结束匆匆忙忙，未免有些虎头蛇尾。比如，"好的，今天我们就讲到这里吧，谢谢！"这样的结尾很敷衍随意，学员丝毫感觉不到讲师的诚意，没有什么意义。

课程结尾其实和课程开场一样，虽然有可以借鉴的方式，但仍然没有固定的、一成不变的规则，需要讲师在实践中不断尝试、不断总结，反复体会，逐步形成自己的风格。

四、教学反思

教学反思是讲师对已完成的课堂教学进行回顾、记录、总结、反思的过程。其目的是不断积累教学经验，优化教学内容，改进教学结构，提高教学效果。那么，教学反思应该反思什么呢？

1.记所得，发扬长处，发挥优势

课程结束后，讲师对课程进行回顾，把教学活动中取得的心得体会，比如某个案例运用效果比较好，某个事件处理得得当，授课过程中突发的教学灵感等，都可以记录下来，在此基础上不断改进、完善，推陈出新，这可以极大提升讲师的教学水平，对形成独特的教学风格大有裨益。

2.记所失，吸取教训，弥补不足

没有十全十美的课程，也没有十全十美的讲师，所以，教学过程中对偶发事件的处理是否得当，对课程秩序的掌控是否到位，对教学实践的操作是否规范，都需要在回顾中逐步梳理，对不足之处及时修正，避免下次再出现类似问题。

3.记所疑，加深研究，使之明白透彻

学员听课时提出的疑问，讲师讲课时碰到的疑点，都要在教学反思中记录下来，找出解决疑问的方法和措施，使今后的教学和复习更有针对性。

4.记所难，化难为易，水到渠成

对于讲师难讲、学员难懂的教学难点，应在每一次课后都记下这些难点的解决步骤和学员反馈情况，并择时进行深入细致地分析、比较、研究，时间久了，就会化难为易，把难点变成一个个小问题，有利于加深学员对教学内容的理解。

5.记新设想，扬长避短，精益求精

教学方法的创新，授课技巧的改进，启发是否得当，练习是否到位，这些都可以记录，并进行归类和取舍。在新的课程设计中，这些经验可以帮助讲师扬长避短，精益求精，为下一步的教学提供极好的帮助与参考，少走、不走弯路，从而提高自己的教学能力和授课水平。

总之，教学反思绝不是可有可无的，而是整个教学环节中不可缺少的重要一环。写教学反思，贵在坚持，贵在及时。一有所得，立即记下；有话则长，无话则短；以记促思，以思促进，以进促精。长期积累，教学水平自会有质的飞跃。

第四节 有效控场

控场能力是讲师的基本功之一。控场能力主要指讲师对培训场面的控制，包括对课程节奏、时间、课堂氛围的把控以及现场突发事件的应对处理等。深层次的控场体现在讲师根据培训对象的不同，控制课程内容的深浅，根据培训目标选择相应的控场方法。其最终目的是把握和处理学员的学习状态和遇到的问题，充分展示精心准备的课程内容，让学员有所动、有所得、有所悟，为教学设计方案的顺利实施创造条件，为预定教学目标的达成提供保障。

一、有效控场的原则

有效控场其实就是控制自己的过程，而不是控制学员，以控制学员为初衷的想法是错误的。作为有思想、有主见的成年人，谁都不想被控制。所以，有效控场的根本原则就是控制自己。

1.控制好自己的情绪

在课堂这个有限的空间里，讲师的情绪和学员的状态直接相关。如果讲师阳光向上，学员也会受其感染，积极乐观；反之，如果讲师无精打采，有气无力，学员也会死气沉沉，消极怠懒。所以，讲师要努力将自己的情绪调整到最佳状态，以积极向上、饱满昂扬的激情投入到授课过程中，为学员创设一种良好的课堂情境，带动其全身心投入到学习中。

2.做好充分的思想准备

任何课堂都免不了出现意外，作为讲师，要做到战略上藐视，战术上重视。"战略上藐视"意为在心里告诉自己，不会有什么问题的，我已经做好了充分准备，就算遇到什么问题，也都是纸老虎，一戳就破。"战术上重视"就是做好充分准备，锻炼和提升控场技能，随时有效应对各种挑战和意外。

3.和学员保持互动

由于学员的知识背景、学习动机和学习心态都不同，不同的学员对课程会有不同的期待和感受。这种期待和感受并没有对错之分，但基于这种期待和感受，学员最终呈现出来的情绪状态、认知水平和言行举止会对课程的进行产生非常大的影响。所以，讲师在课堂上要特别关注学员的言行表现，对有着正向、积极表现的学员给予欣赏和鼓励，增强这一类学员的正向影响力，扩大影响范围，为营造合适的、良好的课堂氛围夯实基础。同时，密切关注呈现负面、消极状态的学员，选择合适的时机，了解其消极背后的真实原因，对症下药，为学员提供必要的帮助和引导。

4.以身作则，率先垂范

课堂上，讲师不仅要言传身教，还要身体力行，尤其是向学员提出一些课堂要求时，讲师更应该在实际行动中对自己高标准、严要求，切实做好表率，如此，才能减少学员消极行为发生的概率，从而更加有效地提升课堂掌控的实际效果。

二、场面失控的原因

理想很丰满，现实很骨感。当讲师费尽心力准备了课程内容，并在课堂上眉飞色舞、滔滔不绝地讲述时，学员们可能并不买账，有的打电话，有的睡大觉，有的交头接耳。当然，还有可能中途退场，更有人"魂不守舍"，你讲你的，我玩我的。面对这种乱哄哄的课堂，讲师应该怎么办呢，难道拂袖而去？当然不是。关键是要找出学员出现这种情况的原因，知道原因了，才会有的放矢，有针对性地解决问题。

（一）从讲师角度讲

1.课程设计不合理

好的教学设计应该目标准确，脉络清晰；内容新颖，素材丰富；讲解通俗易懂，实用性强；授课方式应灵活多样，如此，才能吸引学员的注意力，让他们保持对课程的兴趣。反之，有些课程没有经过仔细斟酌、严格考究，因而内容单一，逻辑混乱，很难让人提起兴趣；再或者课件内容过时，没有新意，脱离了现实情况，学员在课程中没有获得感，认为学习就是浪费时间，体现在课堂上，就是各种消极状态。所以，讲师在课程设计时要灵活运用不同的教学方法，引入互动、问答、游戏、趣味资料、分组讨论等内容，让学员"动"起来，参与到当前的教学中。

2.讲课风格不被学员认可

讲课风格和讲师自身的性格有很大关系。有的讲师比较内敛，讲课也就一板一眼，中规中矩；有的讲师性格外向，授课就相对灵活，形式多样。同样的课程，由不同的老师来演绎，就会有不同的效果。所以，要吸引学员注意力，得到学员的认可，讲师要放弃"师本位"思想，不照本宣科，不口头说教，而是从学员的角度出发，尽量将课程讲得生动有趣，通俗易懂，而这需要讲师从提高自身素质和学识水平入手。

（二）从学员的角度讲

1."无心"之举

所谓"无心"之举，就是学员确实工作繁忙、事情多。对此，讲师应采取一定措施防止此类情况发生，否则学员工作干不好，学习也学不好，得不偿失。

2."有心"为之

所谓"有心"为之，是指学员自身素质有限，不懂得尊重他人，眼中只有自己，即使干扰了别人也不自知。对此，讲师亦不能直接指责训斥，甚至有意识地批评也不太合适，而是要在不伤其自尊的前提下提醒他，让他知道自己妨碍了课堂秩序。

三、有效控场的方法

学习和运用控场技能，是讲师的"外功"，是"武器"，而提高讲师的专业性，不断研究开发课题，在课题的深度上下功夫，才是真正地修炼"内功"。

作为讲师，要想授课取得良好效果，专业性是前提，但有效控场、提高学员的学习兴趣和专注力同样重要。因此，讲师必须掌握有效控场的方法并灵活运用，才能达到预期效果。

1.约法三章

课程开始前，就与学员约定上课期间的课堂纪律。比如，把电话调至静音状态；需要及时处理的事情可以举手示意，到室外接听电话或处理。课堂是大家的，请大家互相监督，共同维护课堂纪律。例如，课上有私自讲话、睡觉或接打手机者，其所在小组成员要扣罚一定的培训考核成绩，以此通过同学间的相互监督来影响和约束学员的行为。

2.暂时停顿

讲师在授课过程中，在必要和合适的时候，有意识地运用语言的停顿技巧，可以强调重点，吸引学员的注意力；或者沉默片刻，让课堂突然进入安静状态，这个方法具有聚焦和迁移学员注意力的作用，在出现个别学员窃窃私语的情形下用这个方法效果特别好。不过，要注意停顿时间不宜过长，长时间的停顿反而会导致学员注意力涣散。

3.目光注视

讲师的目光注视可以使学员产生或亲近或疏远或尊重或反感的情绪，进而影响教学效果。因此，授课时可巧妙运用目光注视法来组织课堂教学。

4.恰当提问

课程推进过程中，若有学员睡觉，可以用提问的方法。当然，不是提问他本人，而是提问他旁边没有睡觉的学员，以此来叫醒他，或是运用讨论的方式让大家一起参与进来。

5.把控时间和节奏

讲师要合理分配授课时间，少讲、多做、多讨论，尽量把授课内容浓缩到课时内，不拖泥带水，提高课堂时间的使用率。

在成人学习研究理论中，有专家指出，成人学员保持注意力集中的时间为5~15分钟，所以，讲师要熟练应用"5分钟一调节，15分钟一调动"的课堂掌控诀窍。当发现学员无精打采时，继续讲是徒劳无效的，讲师可采用事先准备好的互动游戏或与教学内容相关的故事，让学员参与进来，以调节课堂气氛。

6.声音控制

声音洪亮，吐字清晰，语速适中，是讲师讲课的基本要求。授课过程中，讲师可通过调整语调、音量、节奏和速度来引起学员的注意。在讲解中加大音量，或是由一种语速调整为另一种语速，既可以收拢学员分散的注意力，又可以突出重点难点。

7.适时点拨

课堂上免不了要引入讨论，有时一讨论就"刹不住车"了，为某个问题争论不休，或有个别学员跑题，这时就需要讲师适时打断，进行点拨，把学员的思维拉回正常的轨道上来，以保持思维的连续性和敏锐性。点拨让课堂氛围宽松而不涣散，严谨而不紧张。

8.重复叙述

在绝大部分情况下，学员的某些不当行为都源自对课程内容或讲师的不满。所以，在课程推进过程中，讲师可以适当地运用重复叙述，方便学员跟上课程节奏，规避可能产生的消极行为。重复既可以帮助学员清楚地接收、透彻地理解课程内容，又可以提醒学员跟上课程节奏。

9.恰当采用多媒体教学

教学活动中，可结合授课内容合理运用幻灯片、投影、电影、音乐、视频等现代教学媒体，给学员创造一个图文并茂、有声有色、生动逼真、妙趣横生的教学氛围和环境。

第五节　课堂互动技巧

　　课堂互动是在讲师创设的教学情境中，师生之间、生生之间所进行的语言交际活动，是交流信息、表达情感的有效途径，是讲师通过调整自己的情绪和授课方式带动学员，从而充分调动学员的身体、情绪和思维，促使其全方位参与到教学中，实现教学目标的过程。课堂互动贯穿于整个培训。

一、课堂沉闷时段分析

1.课堂学习的"90-20-8"法则

　　记忆大师托尼·博赞曾提出过一个课堂学习"90-20-8"法则，即90分钟是学员心理极限，20分钟是学员高效率学习维持极限，8分钟是学员的注意力维持极限。这也就意味着，每过90分钟，学员的身体就需要休息；每过20分钟，就需要调整学员学习的方式（如进行课堂讨论，让他们参与其中，调动学习的积极主动性）；每过8分钟，就要重新引起注意。

2."90-20-8"法则在课堂教学中的应用

　　"90-20-8"法则具体运用到课堂教学中，就是要求讲师合理分配教学内容，力求在规定时间内完成所有教学活动。

　　针对"90-20-8"法则中的"90分钟是学员心理极限"，可以每过90分钟就安排学员休息片刻。休息并不是无所事事，而是要将身体和心理完全放松，或是走动一下，或是上卫生间，或是喝水来补充能量。

　　为了保持学员高效的学习状态，每过20分钟就要调整一下教学方式，使用不同的讲课技巧和学员互动一下。比如，"理解的请举手"，或让学员总结所学知识，对关键内容进行评价，或切换学员间的讨论方式，对学习材料进行研讨。

　　为了保持学员在某一个或某几个焦点的注意力，每过8分钟，讲师就要进行注意力干预，明确学员的注意力该聚焦在哪里，而不是任由其天马行空。

　　学员在不同的时间段，身体的能量不同，困倦程度也不同。正常情况下，10：30~12：00处于轻度困倦，12：00~15：00处于重度困倦，15：00~16：00处于中度困倦。在不同的时段应使用不同的互动技巧，重度和中度困倦需要安排参与度高的互动，比如，小组合作、情景模拟、活动体验等，甚至可以适当休息。

二、课堂提问的最佳时间

适时有效的课堂提问是课堂教学的重要手段之一，师生间的问与答，不仅可以提高学员的口头表达能力、与人交往的能力，还可以让那些充满个性的回答给他人以启迪，传递新的信息。而恰如其分的提问，还可以消除学员的学习疲劳，提高学习效率。

那么，运用课堂提问教学手段的最佳时间是什么呢?

1.当学员有疑惑时提问

讲师要根据教学内容，或课前设疑，引起学员的兴趣，让学员带着问题听课，有的放矢；或随着课程进展，边讲边提问，让学员时刻保持活跃状态；或课后留疑，让学员反复思考。总之，要让学员在课堂上始终处于一种积极的探求状态。

2.在新旧知识互相联结处提问

学员学习新知识需要旧知识的支撑。在讲授新知识前，讲师应抓住新旧知识的内在联系，从学员原有的知识储备中找到新知识的生长点，设计出导向性的问题，促使新旧知识间的渗透和迁移，逐步完善认知结构。在新旧知识的联结处提出问题，有利于帮助学员建立起知识间的联系，激发学员的求知欲和内在动力，更好地理解新知识。

3.就教学的重点、难点提问

教学中的重点难点对学员的思维有统领作用，所谓"牵一发而动全身"，对此提问，可以了解学员的学习情况。通常，重点难点掌握了，课程的主要内容也就掌握了。

三、现场互动的方法

1.团队竞赛法

学员自发组成不同的竞赛团队，每个团队有统一的规则，大家共同遵照执行，团队可以有自己的专用名称、竞赛口号，讲师可以根据自己的课程内容、现场表现、学员精神状态和参与程度给团队打分，进行分数的累计，通过团队间的竞赛激发学员的学习积极性，让整个课堂气氛活跃起来，形成全员积极学习、主动学习、共同参与的积极氛围。

2.问题研讨法

问题研讨法就是由讲师提出问题，学员讨论，这个方法被誉为"互动法之王"，可以和很多方法结合使用。运用问题研讨法时，提出的问题要恰当，提问的时间要合适。学员开始研讨之后，讲师自己要减少干预，不要靠近学员，以免影响学员研讨的方向和内容。但要注意跟进学员研讨的进度，在规定的时间快到时，提醒学员。

3.角色扮演法

角色扮演的过程中，角色之间的配合、交流和沟通，可以培养学员的沟通能力、自我表达能力和社会交往能力。因为是在模拟状态下进行的，学员可以按自己的意愿完成表演，充分表现自我，施展自己的才华，讲师也可以参与其中。在角色扮演过程中，学员会对授课内容有切身体会，这是一种很好的课堂互动方法。

4.活动体验法

活动体验法是借用游戏提高学员认知和兴趣的互动方法。讲师以一定的理论为指导，让学员在或真实或虚拟的环境中通过体验去感知、理解、领悟、验证教学内容，这是现在很多讲师喜欢运用的一种课堂互动方式。游戏可以活跃气氛，帮助学员理解授课内容，但稍不注意，就容易陷入"为了游戏而游戏"的误区，所以，活动体验法一定要和问题研讨法结合在一起用。

游戏结束时，讲师要问学员两个问题：第一，在游戏中得到的启发是什么；第二，现实中遇到同样的情况（和工作强相关），应该怎么做？学员回答问题的过程，就是思考的过程。

活动体验法的整个过程需要讲师的掌控和引导，以免脱离预定的教学目标，但要注意引导学员自己说出答案。

5.头脑风暴法

头脑风暴法可以得到更多好的方法，这个方法要求学员尽可能说出更多更新的解决办法。参与者要包容，不要评价或评判任何一个人的想法或看法，没有"坏的或不好的主意"，哪怕只是一个不着边际的想法，也可能激发出有创造力、可操作的主意。别人的想法可以刺激你的思维，尝试改进别人的想法，或者把别人的想法组合起来，形成更好的想法。该方法的成功需要学员之间相互鼓励，而不是相互竞争。

6.点评反馈法

授课过程中，对讲师来说有一个"讲授、示范、体验、察判"的过程，讲师对学员的课堂表现要及时给予正向引导和鼓励为主的点评。当看到学员的一些反应，如眉头紧锁，来不及记录，或大部分学员困倦时，讲师就要给予学员一定的反馈，问学员是否有问题，要不要把刚才讲过的重复一下，是不是需要下课休息了。

7.情景训练法

根据课程需要，讲师可以在上课前拍摄工作、生活中的一些场景，课上安排学员观看、讨论，结合自己的实际工作来展现或改进相关工作技能。

四、组合问话训练

课堂教学中，适时引入提问，可以帮助学员主动参与、深度思考、自我反思、知识内化，这是以学员为中心的教学模式的体现。

提问有两种常见的分类方法。一种是从问题的答案来分，可分为开放式提问和封闭式提问；另一种是从问题的对象来分，可分为群体提问和个体提问，这两种分类和应用构成了讲师提问技术的基础。

（一）封闭式提问与开放式提问

1.封闭式提问

封闭式提问答案的可选项是有限的，通常是以"是，否""能，不能""对，错"等确定性的词语解答，比如，"你认为他回答得对不对？""下课以后，我们聊一聊，好吗？"这些回答通常在课程推进过程中讲师要求学员反馈信息时使用，比如，"大家听说过心智模式这个概念吗？听过的请举手。"

2.开放式提问

开放式提问无预设选项，可以根据自己的理解和思考来自由回答，常以"怎么""什么"等词语来发问。通常用于激发学员兴趣，启迪学员思考，鼓励学员参与。

比如，通过"你说的……是什么意思？""你是如何看待……"等开放式提问，进一步挖掘信息，探究观点，以问题的形式引导学员思考，启发学员自己发现更深层次的内容。通过"你能给大家分享一下相关经验吗"，激发学员的表达欲，积极主动地参与到课堂中。

对讲师而言，封闭式提问易操作，难度小，有安全感，一般新手讲师较常用。而开放式提问较具挑战性，但更容易引起互动，激发思考，资深讲师常用。

3.使用时的注意事项

（1）尽可能多用开放式提问。开放式提问可以鼓励学员思考，有助于与学员进行更广泛深入的对话。在课堂回顾、确认等环节，可以适当运用封闭式提问，其他时间以开放式提问为主。

（2）开放式提问的描述要具体，难度要适中。开放式提问的问题不要太大、太空，而要具体、翔实。选择适合学员参与的问题，不能太难，否则大家都回答不上来，容易打击学员积极性。如果提问出现冷场、无人应答时，就要快速思考原因，并立即转换提问方式（由开放式提问转成封闭式提问），如改变提问对象，调整提问难度等。

（二）个体提问和群体提问

个体提问与群体提问是从提问对象的角度划分的。

1.个体提问

即讲师将问题指向具体的学员，通过点名或在互动中以问作答的方式提醒、启发、考核特定学员的提问方式。

个体提问一般在确认理解、检测效果、提醒注意时用。比如，用"我是否回答你的问题了"来确认学员是否理解对话内容；课程进行中或总结时，针对每个人提不同的问题来检验课程效果。

当学员上课开小差时，为了提示学员将注意力转回到课程上来，同时也是为了照顾学员的自尊心，可以用提问与他邻近的同学达到间接提醒他注意的目的。

2.群体提问

讲师将问题指向全班或特定的某个群体，旨在激发团体思考或引导团队成员达成共识，通常用于课前热场时。大家一起回答，可以提高回答的参与面，增加课堂热度。

群体提问因为涉及人数比较多，与每个人都有关联性，能同时激发更多的人思考。

需要对课程内容进行回顾总结时，可以用群体提问、群体回答。群体提问高效、简洁，且可以多次重复使用。

3.使用时的注意事项

（1）多用群体提问。尽可能使用群体提问，注意回答的公平性和广泛性，让积极的学员得以表现，让沉默的学员也有发言的机会，以此平衡学员的参与度。在课堂回顾环节，可以指定第一组来回答第一个问题，第二组回答第二个问题，依次类推。

（2）群体提问可结合竞赛来使用。比如，讲师提出问题，各组迅速给出答案，答得对答得快的前两个小组有奖励；或者在课程结束时，把课程的核心要点提炼出来，让各小组抽取问题来回答，每个问题难度、分值不同，经过几轮的竞赛，评选出得分最高的优胜小组。这种方式可以极大提高学员主动学习的兴趣。

（3）群体提问和个体提问可以互相转换。群体提问效果不好，可以适度降低问题难度，指定具体的小组和学员来回答。个体提问后也可以把这个问题继续抛给小组或全班进行讨论。

（4）根据问题难度大小确定使用何种方式。问题难度适中或较小时，可直接向群体发问，效果较好。若问题难度较大，需要系统深入地思考时，群体提问可以给每个小组一定的时间进行讨论，并通过小组代表发言等方式来提升思考的深度和质量。

第六节 家政培训讲师的语言和教态

一、语言

在课堂教学中，语言是教学最直接最主要的手段，是保证和提高教学质量的重要基础。若能恰如其分地使用好教学语言，会收到意想不到的效果。

1.语言表达的原则

（1）讲得清。

培训的目的是要向学员传达信息，所以，要让学员听得懂，首先要讲师讲得清。如果使用的语言讲出来谁也听不懂，那么，这个课程也就失去了听众，因而也就失去了作用、意义和价值。如果所讲的内容有学员不熟悉的专业知识，就更应注意这一点。即使是有些专业术语不可避免，讲师也要让专业术语尽可能少，并明确向学员说明所使用的专业术语的定义。

（2）听得懂。

讲师讲清了，学员还要听得懂。听得懂才能学以致用。所以，语言要通俗易懂，简洁明快。如果一两个词就可以解决，那就不要去大量堆砌辞藻，防止啰唆或者因辞害意。

从心理学来讲，人的注意力具有一定的广度，即在某一时刻只能注意有限的信息，因此要避免学员在过多的信息中产生混淆。所以，讲师在授课过程中不要用有歧义的词或句子，不随便用简略语。要想办法把专业化的主题变成通俗易懂的语言，使学员容易听懂和吸收。需要注意的是，使用通俗的语言并不等于放弃语言表达的准确性和严谨性，尤其是对于专业领域的内容。

（3）有吸引力。

讲得清，听得懂了，还要讲得有吸引力。如果说前两者还相对容易，那有吸引力就是更高层次的要求了。讲师平时要多看、多听、多积累素材。素材不一定是本学科的东西，可以是工程的、经济的、管理的，也可以是哲学的、心理的、历史的。讲师每次上课之前都要想一想，如何把课堂的内容和最近积累的素材联系起来，力求把课讲得生动有趣，比如，讲师可以拿自己作为例子，讲述亲身经历，甚至开自己一点玩笑，只要能够帮助学员加深对课堂内容的理解。这样做，不仅学员会更欣赏讲师，还会缩短学员和讲师之间的距离。

2.讲师语言的五大要素

（1）语言的"骨骼"——主体结构或框架。

教学语言不同于文学语言，不仅要有形象美，还要有科学美，所以要讲究教学语言的科学性，这就要求讲师在授课过程中先搭好要讲的课程的主体框架，类似于写作时的大纲；语言叙述注重准确性和规范化，做到遣词造句正确贴切，简练明快，避免模棱两可和词不达意，不说空话、废话，避免不必要的重复。

（2）语言的"神经"——主线清楚，脉络清晰。

主线清楚、脉络清晰说的是语言要具有逻辑性、条理性，是讲师思维形式和教学思路的反映，课堂上句群的组织要紧紧围绕中心，纲目分明，层次清楚，体现知识的系统性。讲师的语言逻辑性强，有助于学员对知识的理解，对概念的运用，对结论的推导，从而促进学员的逻辑思维能力。

（3）语言的"肉"——有内容，有内涵。

讲师在描述客观事物或分析问题时，要通过自己的感受、理解、体验，生动有趣地再现客观事物的具体状态和内在规律，使学员获得深刻的认识和良好的审美体验。讲师的语言要生动有度，活泼有节，避免流于低级庸俗，甚至污言秽语。

（4）语言的"血液"——多样化。

教学语言设计遵循由浅入深、由表及里、由近及远、由此及彼、循序渐进的认知策略，从而使学员的思维活动始终处于活跃状态，达到学员的思维随讲师的语言起伏而变化的目的。讲师要注意句式的变化，词汇的丰富，修辞的使用，节奏的跌宕起伏，以此引导学员的思考。

（5）语言的"精气"——情感丰富。

情感是有声语言表达的核心支柱，作为讲师，要用自己富有情感的语言去感染学员，用自己的知识、思想、见解去影响学员，使教学过程变成一个真正意义上的情感交流的过程。讲师的喜怒哀乐等情绪、情感也会影响到学员，所以，讲师语言要富有人情味，充满感情色彩，而不是冷冰冰、干巴巴的。

3.语言表达的注意事项

（1）少用口语。

口语在语言表达中有很重要的作用，但太多的口语就显得很不规范。除了自己平时要留心少用口语外，还可以让同事监督，或是自己录音录像，看看是否有需要调整的地方。

（2）慎用专业术语。

专业术语对讲师来说，是把"双刃剑"，讲师可以用专业术语，但要保证学员听明白。如果只是用专业术语来彰显自己的专业性，讲课就变成了讲师的独角戏。而要让学员听懂，就需要讲师在授课前做足准备，了解学员的真实情况，然后再根据学员的情况有针对性地实施培训。

（3）注意语速。

过快的语速会让学员无法理解和反应，相反，过慢的语速则会让学员在等待中失去耐性，适中的语速一般为120字/分钟，这个速度既让学员有足够的理解和反应时间，又不至于产生倦怠感。

4.提升语言表达能力的方法

语言表达能力可以持续改善与提升，但该项能力的改善与提升是一个持久而缓慢的过程，不能一蹴而就。所以，需要讲师有足够的耐心持之以恒，坚持学习。

（1）多阅读经典作品。

古人云："熟读唐诗三百首，不会作诗也会吟。"说的就是这种经由阅读的滋养而产生的潜移默化的效果。虽然有很多人有阅读的习惯，但多是快餐文、鸡汤文的碎片化阅读，无论是阅读的质量还是阅读方式，都令人担忧。对讲师来讲，有深度、有内容的经典书籍才更有价值。

（2）培养思考的习惯。

同样的课程，同样的内容架构，不同的讲师演绎出来的效果却天差地别。其中虽有技巧的影响，但真正的差异还是来源于不同层次的思考，这赋予了课程内容不同层次的思想和情感。

所以，讲师在阅读的过程中要有质疑的勇气和共情的自觉，前者是在阅读过程中敢于问"为什么"，后者是指在阅读的过程中调动自己的代入感和场景感。尤其是在阅读文学艺术类著作时，可以把自己置换成文本故事中的某个角色，体会角色的各种行为表现和心理感受，并以此培养自己更为细腻的情感体验。

（3）模仿借鉴。

无论是影视作品，还是广播电视节目，或是相声、评书、话剧等舞台艺术，以及对话、访谈、演讲等视听节目，都是讲师学习和模仿的范例。多听，多看，多观察体会那些专业人士在语言运用上的技巧，包括对语速的把握、语调的调整与变化、语气的变换、语词的选择与斟酌，还有如何利用停顿、重音等手段突出内容的重点、关键点，继而有意识地模仿，哪怕是"鹦鹉学舌"，都会使讲师的语言表达能力有所提升。

（4）利用一切机会尝试表达。

无论是演绎故事，还是陈述观点或看法，除了在课堂上，讲师还要利用一切可能的机会尝试。可以找一段1000字左右的民生类新闻（网络或报纸皆可），至少反复阅读三遍。找出新闻的重点，带着情感对着镜子将这段新闻念出来，然后邀请家人或是朋友做听众，请他们评判一下是否在你的"念"中听出了重点和情感，是否受到了情绪上的感染。

（5）复盘研究，归纳总结。

讲师可以把之前的授课过程录制成视频，通过观看回放来寻找表达不恰当、不合适的地方，并加以改善和提高。只有这样，才能促使自己去选择和斟酌更恰当、更准确的表达方式，并与情绪进行有机融合。

二、教态

教态语言也称身体语言，是指从讲师身上发生的、直接被学员视觉器官所接受的无声语言，较之有声语言和书面语言更有即时性、互动性和直观性。教态语言包括服饰、身姿、表情等。

1.身体语言的整体要求

（1）身姿稳重挺拔，自信得体。身体语言是为教学内容服务的，要根据教学内容来设计身体语言，不能没有，也不能太夸张，更不能太随意。

（2）衣着整洁干净，端庄大方，要符合自己的年龄特点和身体条件，衣着打扮稳重协调，不分散学员的注意力。

（3）情绪稳定，心态良好，避免各种小动作。比如眨眼、眼睛乱转、嘴角乱动、面部抽搐、腿部抖动或手指乱摸等。

2.职业手势

（1）概念。

手势是由手部动作所表达出来的情感、态度、想法或意向，教学用的手势是一种严格按照教学内容与有声表述相协调的教学形体语言，能够传情达意，激活学员的学习情绪，给学员以深刻的印象。

（2）常用的手势。

交流：男士里合，单手以掌从外侧向内画弧的动作。女士外展，女士需从胸前向外画弧展开的动作。

指明：五指并拢，指向目标，不用单个手指而用掌（自然合拢）去指明一个物品或是学员。指人和指物时，一般情况下尽可能不要用手指，因为中国传统礼仪中有这样一句话，"千夫所指，无疾而终"，所以用手指指人是不礼貌的。在很多人眼中以手指指人是一种攻击性的动作。

制止：一只手掌展开向下压或是两只手掌分别从两侧展开向下压。

激情：单手或是双手攥紧拳头表示激情。如果有人说的正是你要的答案，要感谢某位学员的分享，给他一个热烈的掌声。

拒绝：掌心向前推出表示拒绝，或掌心向下，做横扫状，表示"不同意""坚决不同意"。这个手势一般不用，给人感觉不好，也会破坏课堂气氛。

总体来讲，只要手势自然，与教学内容配合就可以，实际应用中应避免以下问题：手势过多或太夸张；用手指指向某位学员；双手互搓，或长时间垂下；两手插兜，倒背双手；双手交叉抱臂，两手叉腰；玩弄纸张、文具等。

3.课堂中的形体

讲师在授课中的形体主要是指讲课时的站立、行走、坐下等姿态。

（1）站姿。讲师一般站在黑板与讲桌之间，挺胸收腹，站姿端庄、稳重、挺直，并与全体学员保持位置相对稳定。

站姿有两种形式：一是平行式，两腿挺直，两脚自然分开，距离与肩同宽，略呈八字形；二是前后式，两脚前后自然分开，间距适中。忌塌肩含胸，双脚分得太宽，长期面对某个区域、单脚站立或倚墙靠窗。

（2）走姿。即走动，一般来讲，讲师的走动以围绕讲台为宜，走动幅度不宜过大，过大会分散学员的注意力。学员分组讨论或进行课堂练习时，可走下讲台观察学员的情况，走动时需稳健、庄重，避免触碰学员的课桌和文具。

（3）坐姿。坐着讲课也是一种重要的授课方式。讲师坐姿要身体端正，腰板挺直，避免用一只手支撑下巴或趴在讲桌上讲课。两脚垂放地面，忌跷二郎腿或抖腿。

4.眼神和表情

面部表情是讲师通过眼、眉、唇等器官和面部肌肉的活动变化来传递信息的一种形式。讲师要善于利用面部表情来表达自己的情感，调控教学活动。

（1）眼神。眼睛是心灵的窗户，在教学中巧妙运用眼神可以起到传情达意和组织教学的作用。主要有环视和注视两种。

讲师在台上时，不能只盯着一个人看，也不能谁也不看，以每个人注视3~5秒为宜。要照顾到所有学员，不能只看一面不看另外一面或者只看前面不看后面，要让全场的人都感觉到讲师亲切和蔼、热情欣赏的目光，避免用游移不定、厌烦不安的眼神注视学员，更不能斜视学员。

（2）表情。授课时的面部表情要自然放松，呈微笑状态最好。授课内容再精彩，如果表情缺乏自信，就会给人唯唯诺诺的印象，这样的课程也就欠缺吸引力。

（3）讲师控制面部表情的方法。

一是抬头挺胸。千万别垂头丧气，但是也不要趾高气扬，让人难以接受。

二是放慢语速。语速一旦放缓，情绪便容易稳定，面部表情得以放松，全身上下也就泰然自若了。这样一来，谆谆教导、善意帮助的形象就自然而然地树立起来了。

第十章 学前分析与培训评估

第一节 学前分析

　　学前分析是教学实施前的一个重要环节，也是最容易被忽视的步骤，是为教学设计和教学实践提供行动的基础和策略指南，是以"教"为本向以"学"为本的转变。

一、学前分析概述

1.概念

　　学前分析是讲师为了有效培训而对学员实际学习状况和影响学员学习各因素的诊断、评估与分析，目的是为讲师的有效培训行为提供准确的信息和依据。以"学"导"教"是教学活动的核心和关键。

2.必要性

　　（1）学前分析是教学目标设定的基础。

　　没有学前分析的教学目标是无源之水，无本之木。只有深入了解了学员的现有知识经验和心理认知特点，才会在以后的教学过程中有的放矢。

　　（2）学前分析是教学内容制定的依据。

　　教学内容是进行学前分析的关键，不同教学内容考查的知识点不同，为学员提供的价值也不同。讲师必须通过学前分析，全面了解学员情况，准确把握学员实际水平，找准教学起点，才能有针对性地组织授课内容，真正实现教学目标，使学员学以致用。

　　（3）学前分析是教学方法选择和教学活动设计的落脚点。

　　没有学前分析的教学策略往往是讲师一个人的舞台，因为不了解学员的知识基础和技能水平，任何后续的教学活动都只能是"空中楼阁"，无法落地。

　　可以说，通过一定的方法去了解和知悉学员的学习情况、知识基础、技能水平，并对其进行深入分析，掌握学员真正所需要的内容，是决定一堂培训课程后续设计与开发的关键环节，也是影响课程是否能够达成教学目的和实现教学目标的重要前提和基础。

二、学前分析的内容

学前分析涉及的内容极广，包括学员的现有知识结构、工作经历、技能水平，学员的兴趣点、性格特点、学习动机等。

1.个人基本资料

包括学员的年龄、性别、学历、工作年限、受训经历、现任工作岗位职责等。不同年龄阶段的学员，所关注的兴趣点也不同。

2.生理心理特点

包括学员的情绪、情感、思维、意志、能力及性格、心态等，根据每个人实际的生理心理特点，提前预判可能会出现的认知误区，在教学过程中有针对性地设置应对方式，促成教学目标的有效达成。

3.既有知识和技能

分析学员目前已达到的学历水平、所拥有的知识和操作技能等，据此确定新的教学起点，做好承上启下、新旧知识的有效衔接。可通过摸底考试、问卷调查等方式获得，并根据学员情况随时调整教学难度和教学方法。

4.学员的个体差异

即对学员的学习能力、知识基础、学习风格、学习态度进行了解分析，根据学员的不同情况，调整教学内容的深度、难度和广度，实现因材施教。

5.学员的工作业绩

包括学员在过往工作中的表现、每年的业绩考核情况、技能测验水平等。讲师只有事先了解了学员现有的工作业绩情况，才能根据不同的教学内容施以相应的指导方法，使教学效果最大化。

6.学习时可能会遇到的困难

学员在培训学习中可能会遇到的问题和阻力往往会使他们产生畏难情绪，如果讲师能及时发现学员存在的困难和障碍，就可以制订相应的教学策略助其克服困难，让学员得到进一步的提升。

三、学前分析的方法

1.自然观察法

讲师深入学员工作现场，作为旁观者，观察学员真实的言行举止和工作态度，可以近距离了解学员的真实水平。根据实际工作现场研发设计的课程更容易引发学员的共鸣和学习兴趣。

2. 书面材料法

讲师查阅学员的文件资料，如学员档案、笔记本、毕业证等，间接了解学员的基本情况，以此了解学员的学习、生活、工作情况，以及性格特点、思维逻辑、为人处事等方面的情况，并以此作为教学设计的重要依据。这也是学前分析普遍使用的一种方法。

3. 谈话法

谈话法是通过讲师与学员之间口头谈话或聊天的方式，从学员那里收集第一手资料的研究方法，多用于日常与学员的非正式交流中。谈话的内容会指向学员对自身的职业定位、职业发展规划，以及学员对企业组织的相关制度流程、业务方向，甚至是企业发展战略等内容的了解上。

4. 调查研究法

讲师自主设计调查问卷，有目的地对全体学员就某项或某几项关于学员情况的内容进行调查，可以通过记名和匿名两种形式进行。需要注意的是，对于绝大多数不一定具有专业背景和经验（指问卷的设计，这是一门专门学科）的讲师来说，并不建议经常性使用这个方法，尤其是针对某一具体培训课程的需求调查。因为除了问卷设计本身有较高的专业要求外，单就问卷这种形式所能提供的信息而言，也会受制于问卷填报人的主观因素影响，从而导致调查研究不具备较高的参考价值。

四、学前分析调查表

尊敬的学员：

为了更好地匹配您的培训需求，使年度培训更具针对性和实用性，对您的日常工作有一定的帮助，特附上本调查表，敬请惠予宝贵意见。我们将在对您的反馈进行细致分析的基础上，结合公司战略、业务模式制订本年度培训计划。我们会认真阅读您的信息、意见和建议，并对您提供的信息严格保密。

请于X年X月X日前填妥，并交还至集团行政人力资源中心培训部，以便整理统计。

感谢您的协助与支持，祝您工作愉快！

表10-1-1 学员情况分析调查表

填报日期：

姓名		性别		年龄		工作年限	
现任职务				工作职责			

（续表）

最希望得到哪些方面的培训	☐知识　　☐技能　　☐态度
最近两年参加过的培训有哪些	☐公司培训　　　　☐部门培训 ☐个人深造　　　　☐参加外部培训班
对于一次课程来讲，多长时间比较能接受	☐2~3小时　　　　☐7小时（1天） ☐14小时（2天）　☐14小时以上
培训时间安排在什么时候比较合适	☐上班期间，如周五下午2~3小时 ☐工作日下班后2~3小时 ☐周末1天　　　　☐双休日2天 ☐无所谓，看课程需要来定 ☐其他
在日常工作中经常遇到的问题或困难，请列举三项	
希望获得哪些方面的培训与支持，请列举三项最紧迫的培训需求	
希望提升哪些方面的能力，请列举三项	

第二节　培训评估

培训评估就是在培训结束后，对培训效果进行总结性的评估与检查、跟踪与改进，这是培训活动的一个重要环节，对于整个培训体系有着非常重要的意义。培训评估的目的是改进培训质量，增强培训效果，降低培训成本。

一、培训评估概述

1.概念

培训评估是指依据组织目标和需求，运用科学的理论方法和程序，从培训项目中收集数据，以确定培训的价值和质量的过程。其包括对学员学习成果的评估、对培训组织管理的评估、对培训讲师的评估和对培训效果效益的评估。

2.满意度

每个接受培训的学员都会对培训做出评价，结合所有人的反馈可以得到对培训效果的基本认识。

（1）对培训的学习过程进行评价。主要是评价培训过程中采取的具体的教学手段，教学方法是否合理、有效，培训中的每一步是否满足或达到了培训所提出的要求。

（2）培训是否带来了学员行为上的改变，包括考勤、服务态度、工作饱满程度等指标，工作行为改变的结果是什么。

培训的最终评价应该以组织的工作绩效为准，如果培训能带来积极效果，就可以说实现了培训目标。

3.常见误区

（1）培训无评估：任何一种培训都必须有效果评估，否则培训将流于形式。可以说，没有评估的培训不是成功的培训。

（2）培训错误评估：只重视受训学员的即时培训效果，完全忽略了对培训管理者、培训讲师和培训项目的全面分析和评估，培训评估效果不可靠，甚至完全没有利用价值，彻底违背了评估的初衷。

二、培训评估的方法

1.柯氏四级评估法

目前使用最广泛的培训评估方法是柯氏四级培训评估模式，由学者唐纳德·柯克帕特里克于1959年提出，在培训评估领域具有重要地位。柯式模型将培训评估分为四个等级：反应评估、学习评估、行为评估、结果评估。

（1）反应评估。

评估内容：评估学员的满意程度，主要考核学员对培训项目的印象如何，包括对培训讲师和培训科目、设施、方法、内容、自己收获大小等方面的看法，通常用于课程进行中或是课程结束后，可以作为改进培训内容、培训方式、教学进度等方面的建议或综合评估的参考，但不能作为评估的最终结果。

评估形式：反应层次的评估一般有课程评估表和小组座谈两种形式。具体衡量的尺度，可以采用4分法（极好，好，一般，差）、5分法（极好，很好，好，一般，差），或者7分法（1~7分）、10分法（1~10分）。一般而言，5分法比较容易操作。

优缺点：优点是易于操作，获取培训效果信息快捷直接；缺点是主观性强，容易以偏概全。因此，反应评估只是比较基本的评估维度，虽然重要，但也要结合实际。

（2）学习评估。

评估内容：测定学员的学习获得程度，即是否掌握了培训内容，达到了培训的基本要求，主要检验学员对原理、技能、态度等培训内容的理解和掌握程度，是目前最常见也是最常用到的一种评估方式。

评估形式：学习层次的评估常常通过笔试、实地操作、工作模拟、角色扮演等方式来进行。具体操作如下：

在反应层次评估基础上，增加学习内容测试和问答题，要求运用所学的知识进行解答，可分为基础知识和情景模拟问答。

对于在岗培训内容，或是专业性极强的课程，可以进行现场操作，在操作过程中检查对关键知识点的掌握程度。

优缺点：对于培训内容很宽泛的课程，通常建议采用一个简单测试，列出三项学员认为最有价值或者印象最深刻的内容，这样可以明确学员在培训过程中的收获。

优点是能推动学员更用心、更认真地学习；讲师也能感受到压力，督促他们更负责、更精心地准备课程和讲课；缺点是无法确定参加培训的人员是否能将他们学到的知识或技能应用到工作中去。

（3）行为评估。

评估内容：考察学员的知识运用程度，是培训后的跟进过程。即在培训结束后的一段时间里，由学员的上级、同事、下属或者客户观察他们的行为在培训前后是否发生变化，是否在工作中运用了培训中学到的知识。

评估形式：这个层次的评估可以包括学员的主观感受、下属和同事对其培训前后行为变化的对比，以及学员本人的自评。时间是3~6个月，甚至1年以后进行，通常需要借助于一系列的评估表来考察学员培训后，在实际工作中行为的变化，以判断所学知识、技能对实际工作的影响。

优缺点：行为评估是考查培训效果的最重要的指标，可以直接反馈，也可以让领导和主管看到培训的效果，有利于新培训的开展；缺点是花费时间较长，占用精力、人力较多，涉及的相关人员太多，容易出现人员不配合的情况。

（4）结果评估。

评估内容：结果评估侧重组织整体的绩效表现，以此判断培训给企业的经营成果带来哪些具体而直接的贡献，是培训评估中的最大难点。因为对企业经营结果产生影响的不仅仅是培训活动，还有其他因素。如果对培训进行过度的量化评估可能会导致对管理方向的误判。

以上培训评估的四个等级，由易到难，费用从低到高，一般最常用的是反应评估，而最有用的是结果评估，即培训对组织的影响。是否评估、评估到第几个等级，应根据培训的重要性决定。随着企业对培训效果评估的日益重视，柯氏评估模型已成为企业培训效果评估的主要标准。

2. 6Ds法则

6Ds法则又称突破性学习的6法则（也可称为6Ds，因为每个步骤的英文首字母都为"D"），是对传统教学设计的扩展和补充。包括绩效咨询、教学设计、思维导图、学习研究和商业策略等要素，以保证企业能够通过培训提高业绩。6Ds模型还包括区别高效培训与无效培训的六个准则。

（1）D1（Define）：界定业务结果。

从业务管理者的角度来看，成功的学习计划可以帮助企业达成自己的商业目标。因此，组织高效学习的第一步，是与企业领导沟通，明确企业想要通过培训达到的业务结果。这是接下来设计完整体验和引导学以致用两个环节的基石。

学习目标与业务目标并不相同，学习目标关注"学习的内容"，而业务目标关注学习的"原因"——期待实际工作能力得到提升。

首先应该明确界定业务目标，这需要对培训进行分析，并利用现有学习目标，促进业务目标的达成。对业务结果的关注，会让讲师将目标企业当作自己的战略合作伙伴，而不是置身事外，仅仅做一个培训的组织者。

（2）D2（Design）：设计完整体验。

第二个法则是设计完整的学习体验，重点强调"完整"。学员可以从工作中学习，也可以从正式培训项目中学习。完整的培训设计包括将学习转化为业务结果所经历的四个阶段：准备、教学、应用、成果。其中最为重要的是，要设计一些可供学员培训结束后使用的练习，以促进学习转化，督促学员将知识运用到实际工作中。如果对学习转化环节没有任何计划或不付出任何努力，那么，即便培训完成了所有学习目标，最终也无法创造业务价值。

（3）D3（Deliver）：引导学以致用。

第三法则是结构化学习内容，引导学员将知识运用到工作中。这就要求我们遵循成人教育准则，并根据培训需求调研结果，选择合适的教学方法。

引导学以致用的有效经验如下：

· 要主动学习而不是被动学习；

· 限定教学内容以避免认知负荷；

· 创造练习和反馈的机会；

· 遵循成人教育原理；

· 为学员提供思维结构，并让学员建立自己的知识关系图；

· 善用分散学习法。

（4）D4（Drive）：推动学习转化。

第四法则是落实有关的系统和过程，确保学员将培训所学知识转化为工作场所新的工作规范，并应用足够长的时间。

无效培训的企业将所有的时间和精力都放在了创造学习事件上，但优秀的学习事件远远达不到企业所期望的目标。只有将知识应用到工作中，学习才能真正带来改变。

真正高效的培训组织明白，必须把学习当作包含学习和学习转化两个要素的过程。管理者的态度有可能促成或阻碍培训项目的成功，因此，努力取得管理者的帮助和支持也是完整学习设计的一部分。

投入时间和精力确保培训后的知识应用，是提高培训投资回报的最好方式。

（5）D5（Deploy）：实施绩效支持。

第五法则是在培训后给予必要的绩效支持，让学员有动力去尝试新方法，并了解自己的方法是否正确。

绩效支持包括工作帮助、教练、手机应用、数据库、清单、专家帮助等工具和指导，帮助学员适时、适宜、正确地开展工作。

这一法则要求讲师从全局出发，寻找最适合员工的绩效支持方法，并将绩效支持作为教学设计的一部分。在学员结束培训后，首次利用新技能和技术时所产生的价值尤为突出。

高效培训组织在进行培训练习时，就会使用工作帮助以及其他绩效支持方式，以强调其重要性，并增加工作后绩效支持的利用率。

（6）D6（Document）：总结培训效果。

优秀的学习组织在总结培训效果时，既会证明此次培训的价值，又会提出对后续培训的改进建议。

管理者对培训效果（学员行为和经营结果）最感兴趣，但总结并不是对简单事实（如课程数量、教学课时、学员反馈或学习内容）的说明。换言之，总结评估必须与培训既定的业务目标直接相关。

这六条法则被证明是教学设计模型的重要组成部分，广泛应用于多个行业的企业培训中。

三、培训效果评估表

各位学员：

为了帮助我们提高培训质量，持续向您提供最佳的培训服务，请您对本次培训进行评估。您对我们培训项目的意见不会影响您的培训成绩。

谢谢您的支持！

表10-2-1 培训效果评估表

年　月　日

培训课程名称		培训讲师	
培训时间		培训地点	

<table>
<tr><td rowspan="11">培训反馈信息</td><td>·培训内容</td><td>非常好</td><td>很好</td><td>好</td><td>一般</td><td>差</td></tr>
<tr><td>1.课程安排合理程度</td><td>□5分</td><td>□4分</td><td>□3分</td><td>□2分</td><td>□1分</td></tr>
<tr><td>2.课程内容的深度和可理解程度</td><td>□5分</td><td>□4分</td><td>□3分</td><td>□2分</td><td>□1分</td></tr>
<tr><td>3.课程内容对于个人发展的帮助程度</td><td>□5分</td><td>□4分</td><td>□3分</td><td>□2分</td><td>□1分</td></tr>
<tr><td>4.课程内容对于实际工作的帮助程度</td><td>□5分</td><td>□4分</td><td>□3分</td><td>□2分</td><td>□1分</td></tr>
<tr><td>·培训讲师</td><td>非常好</td><td>很好</td><td>好</td><td>一般</td><td>差</td></tr>
<tr><td>1.培训讲师的仪容仪表</td><td>□5分</td><td>□4分</td><td>□3分</td><td>□2分</td><td>□1分</td></tr>
<tr><td>2.培训讲师上课内容的准备程度</td><td>□5分</td><td>□4分</td><td>□3分</td><td>□2分</td><td>□1分</td></tr>
<tr><td>3.培训讲师语言表达和讲课态度</td><td>□5分</td><td>□4分</td><td>□3分</td><td>□2分</td><td>□1分</td></tr>
<tr><td>4.培训讲师对培训内容的个人见解</td><td>□5分</td><td>□4分</td><td>□3分</td><td>□2分</td><td>□1分</td></tr>
<tr><td>5.培训讲师的课堂组织能力</td><td>□5分</td><td>□4分</td><td>□3分</td><td>□2分</td><td>□1分</td></tr>
</table>

培训反馈信息	6.培训方式多样性和培训氛围	□5分	□4分	□3分	□2分	□1分
	7.对本次培训课程的总体评价	□5分	□4分	□3分	□2分	□1分

受训人员信息反馈

·参加此次培训的收获有（可多选）

1.获得了实用的新知识

2.理清了过去工作中的一些模糊的概念

3.获得了可以应用在工作中的有效技术或技巧

4.帮助我客观地观察自己以及自己的工作，对过去的工作进行总结与思考

5.其他（请填写）：

·对今后培训的建议和需求

第三篇

心理篇
XINLI
PIAN

第十一章 心理学基础知识

第一节 心理学概述

企业培训与学校教育最大的区别在于，所有参加培训的人员都是成年人，而且，其中的某些学员可能比讲师都年长，也更富有经验。所以，他们习惯于自主决定，并自由决定自己的做事方法，不会轻易跟着讲师的思路走。因此，要取得好的培训效果，讲师不仅应具备高超的专业技能、扎实的知识基础，还要懂心理学，从学员的角度出发，及时了解、掌握学员的心理动态，做好教学工作，提高教学质量。

一、心理学的概念

心理学是研究人的心理现象及其客观规律的科学，对人类社会具有深远的影响。心理学一般可分为基础心理学和应用心理学。基础心理学着重于理论体系的建立和基本规律的探讨；应用心理学则将心理学的理论运用于实际生活，服务于提高人们的生活质量和工作质量。

二、学习心理学的意义

1.为科学的认识论提供科学依据

心理学研究探明人的心理现象发生和发展的规律，可以为辩证唯物主义的认识论提供科学论据。心理学研究心理意识对客观现实的依存性，研究认识、情感和意志等心理过程和个性心理特征的形成与客观现实的关系，这些研究成果进一步论证了马克思主义哲学的基本原理。

2.推动相关学科的研究和发展

心理学对心理过程和个性心理的研究成果，对于相关学科的研究有一定的理论意义；心理学对心理产生的生理机制的研究成果，对于医学、神经生理学等自然科学的发展，有一定的推动作用。

3.有利于提高自我认识

探明心理现象发生、发展的规律，有利于人们认识自己，改进自己的不足之处，调整自己的心理。

4.促进各行各业的发展

心理学研究已经深入社会生活的各个领域，其研究成果可促进各行各业提高工作效率，全面推动各项工作的顺利开展。

对于培训行业来说，学习心理学可以让讲师了解学员的心理发展特点，在教学过程中有针对性地使用科学的教学方式。根据学员的兴趣、爱好和性格特点，激发学员的学习动机，创新教学方法，提高培训质量。

三、心理现象与心理实质

1.心理现象

根据研究和科学分析，心理现象主要包括心理过程和个性心理两个方面，这两个方面既有区别又有紧密联系。

（1）心理过程。

心理过程是人的心理活动的发生、发展的过程，是大脑对客观事物的反映。包括认识过程（感觉、知觉、记忆、思维、想象等），情感过程（喜、怒、忧、思、悲、恐、惊等），意志过程（有意识地确定目的、克服困难、调节和支配自身的行动）。其中，认识过程是基本的心理过程，情感和意志是在认识的基础上产生的。

（2）个性心理。

个性心理是指一个人的精神面貌，即具有一定倾向性的心理特征的总和，主要包括三部分，人格倾向性（需要、动机、兴趣、观点、信念等），个性（人格特征，即能力、气质、性格），自我意识（自我认识、自我体验、自我调控）。

2.心理实质

心理是大脑的机能，也就是说，大脑是从事心理活动的器官。心理现象是大脑活动的结果，没有大脑的心理或者说没有大脑的思维是不存在的。正常发育的大脑是一切精神活动的物质基础，是物质发展的最高产物。

客观现实是心理的源泉和内容，离开客观现实来考察人的心理，心理就变成了无源之水，无本之木。客观现实包括自然界、人类社会和人类自己。没有客观现实就没有心理。

心理是对客观现实的反映。通过心理活动不仅能认识事物的外部现象，而且还能通过事物的外部现象认识到事物的本质和事物之间的内在联系，并用这种认识指导人的实践活动，改造客观世界。

心理支配人的行为活动，又通过行为活动表现出来，可以通过观察和分析人的行为活动，客观地研究人的心理。

心理现象既是脑的机能，又受社会的制约，是自然和社会相结合的产物。只有从自然和社会两个方面进行研究，才能掌握心理的实质和规律。

四、荣格人格分析理论与马斯洛需求层次理论

1.荣格人格分析理论

瑞士心理学家荣格在《心理类型论》一书中提出内-外向人格类型理论，认为一个人的兴趣和关注既可以指向内部，也可以指向外部。前者叫内向，后者叫外向。每个人都有内向和外向两种特征，根据一个人是内向占优势，还是外向占优势，可将人格分为内向型和外向型。

内向型的人格特点是心理活动常指向自己的内心世界，好沉思、谨慎、多虑、爱独处，交际面较窄，有时难以适应环境的变化；外向型的人格特点是关心外部事物，活泼开朗、不拘小节、善交际、情感外露、独立、果断，容易适应环境的变化。极端内向或极端外向的人很少，多为中间型。

荣格的内-外向人格类型理论比较切合实际，也容易了解、使用，所以流传广泛，影响较大。但是用某些标准把人简单地划分开来，要么属于这一类，要么属于那一类，非此即彼的划分并不合理。事实上，不同的人总是有区别的，他们之间某些特点可能是相同的，某些特点又是不同的，但他们之间的区别不会是绝对的、非此即彼的。

2.马斯洛需求层次理论

马斯洛需求层次理论由美国人本主义心理学家马斯洛创立，他把人的需要分为五个层次，即生理需要、安全的需要、爱和归属的需要、尊重的需要和自我实现的需要。这五个层次由低到高逐级形成，并逐级得到满足。

（1）生理需要。

生理需要指人对食物、空气、水、性和休息的需要，是维持个体生存和种系发展的需要，在一切需要中它是最优先的。

（2）安全的需要。

安全的需要指人对安全、秩序、稳定以及免除恐惧和焦虑的需要。如防止意外事故和有伤害的威胁、生病或养老、储蓄和各种形式的保险等，这种需要得不到满足，人就会感到威胁和恐惧。

（3）爱和归属的需要。

爱和归属的需要指人要求与他人建立情感联系以及隶属于某一群体，并在群体中享有地位的需要，包括给他人的爱和接受他人的爱。比如，和家属、朋友、同事、上司等保持良好关系，给予别人并从别人那里得到友爱和帮助，自己有所归属，即成为某个集体公认的成员等，是对大多数人来讲都很强烈的一类需要。

（4）尊重的需要。

尊重的需要指希望有稳定的地位、得到他人的高度评价、受到他人尊重并尊重他人的需要。这种需要得到满足时，人会感受到自己的力量和价值，增强自信；若得不到满足，会使人自卑。

（5）自我实现的需要。

自我实现的需要指人希望最大限度地发挥自己的潜能，不断地完善自己，完成与自己能力相称的一切事情，实现自己理想的需要。这是人类最高层次的需要。

前四种需要为基本需要，如不满足，就会生病或衰弱。如对婴儿不充分关照爱护，常有发育迟缓和死亡的现象；自尊的需要一旦受挫，就会使人产生自卑感、无力感。这些会使人丧失基本的信心，从而产生病态。第五种需要是促使人潜能发挥的需要，这种需要的产生有赖于前面四种需要的满足。基本需要得到满足的人，才具有最充分、最旺盛的创造力。

层次越低的需要力量越强，它们能否得到满足直接关系到个体的生存。因而，较低层次的需要又叫缺失性需要。高层次需要并不直接关系到个体的生存，但高层次需要的满足有益于健康、长寿和精力的旺盛，所以这些需要又叫生长需要。

一个人可以有自我实现的愿望，但要达到自我实现的境界，成为一个自我实现的人，却不是人人都能实现的。

第二节　心理过程

一、认识过程

认识是人的心理过程中最基本的心理活动，包含注意、感觉、知觉、记忆、思维和想象等。

1.感觉

（1）概念。

感觉是人脑对直接作用于感觉器官的客观事物个别属性的反映，是最简单的心理活动，是其他认识活动的基础。

在生活中，人们要认识一种水果时，通常会先用眼睛看它的颜色、形状和大小，凑近用鼻子闻一下气味，拿在手里掂一下重量，摸一下表皮是光滑还是粗糙，最后咬一下尝尝味道。这种用不同的感官去感受物体的个别属性的认识过程，就是感觉。

（2）分类。

按照刺激来源于身体的外部还是内部，可分为外部感觉和内部感觉。外部感觉是由身体外部刺激作用于感觉器官所引起的感觉，包括视觉、听觉、嗅觉、味觉和皮肤感觉。内部感觉是由身体内部的刺激引起的感觉，包括运动觉、平衡觉和机体觉。

2.知觉

（1）概念。

对客观物体的个别属性的认识是感觉，对同一物体所产生的各种感觉的结合，就形成了对这一物体的整体认识，也就是形成了对这一物体的知觉。知觉是直接作用于感觉器官的客观物体在人脑中的反映。

知觉不仅是各种感觉的结合，而且还是运用知识和经验对外界物体进行解释的过程。具有整体性、选择性、恒常性、理解性。

（2）分类。

根据知觉反映的客观对象的特性不同，知觉可分为空间知觉、时间知觉和运动知觉。

根据知觉映像是否符合客观实际及其清晰程度的高低，知觉可分为精确知觉、模糊知觉、错觉和幻觉。

知觉是各种感觉的结合，它来自感觉，但又高于感觉。同一物体，不同的人对它的感觉是相同的，但对它的知觉会有所差别。

感觉和知觉两者反映的都是事物的外部现象，都属于对事物的感性认识，所以二者之间又有不可分割的联系。

在教学活动中，讲师应按照感知活动的特点和规律来正确地组织教学，以提高学员的感知效果。

3.记忆

记忆是过去的经验在头脑中的反映。所谓过去的经验是指过去对事物的感知，对问题的思考，某个事件引起的情绪体验，以及进行过的操作。这些经验都可以储存在大脑中，在一定条件下，又可以从大脑中被提取出来，这个过程就是记忆。记忆是人类智慧的根源，是人心理发展的奠基石。

记忆是典型的心理过程，由识记、保持、再认（或重现）三个环节组成。从信息加工的角度看，记忆就是人脑对所输入的信息进行编码、储存和提取的过程。编码就是对已输入的信息进行加工、改造的过程，是整个记忆过程的关键阶段。

记忆的重要性人人皆知。因为人具有记忆力，才能把经历过的事情保留下来，积累知识和经验，进行判断和推理，从而适应不断变化的客观环境。在教学中，讲师要根据记忆的一般规律指导学员强化记忆过程，帮助学员认识自己在记忆上的特点，提高记忆效果。

4.思维

（1）概念。

思维是人脑对客观事物本质属性的间接的、概括的反映。以语言、已有经验或一定事物为媒介来反映事物，属于认识过程的高级阶段。具有以下两个重要特征。

第一，思维具有间接性。主要体现在三方面：

通过一种事物来认识其他事物。如考古学家通过化石和其他考古资料，可以复现古猿人的形象和当时的生活情景，帮助人们了解过去。

通过事物的外部特征认识其内部变化及内在联系。如讲师观察学员的行为表情，以了解学员的内心世界。

通过语言反映有关事实，预测事物发展变化的进程。

第二，思维具有概括性。

指思维能够把一类事物共同的本质属性抽取出来加以概括，从而认识一类事物的本质特征以及与其他事物的关系。例如，学员在长期的学习过程中，无数次使用过多种铅笔、毛笔、钢笔、圆珠笔之后，便能概括出笔的本质特征为"人类制造的专门用来写字的工具"。

指思维能从部分事物相互联系的事实中找到普遍的或必然的联系，并将其推广到同类事物或现象中去。如人们把树、玉米、小麦、草等归为一类，称之为植物。

思维的间接性是以概括性的认识为前提的，两者相互联系、相互促进。人们通过抽象、概括，反映事物的本质属性及内在规律性联系，然后再依靠思维活动所获得的概念、法则、理论通过推理判断，进行间接反映。

（2）分类。

根据思维的形态，可以把思维分为动作思维、形象思维和抽象思维。

按照探索问题答案方式的不同，可以把思维分成辐合思维（又叫求同思维）和发散思维（求异思维）。

按照思维是否有创造性，可以把思维分成常规思维和创造性思维。

思维的过程包括分析、综合、比较、抽象、概括、系统化、具体化等。其中，分析与综合是思维的基本过程，其他过程是在分析与综合的基础上来实现的。

思维的形式包括概念、判断、推理。在教学中，讲师应当对学员在学习时运用概念进行推理、判断的内部思维活动加以考察，而不能满足于只看学员回答或演算的结论。这样，讲师才能对学员理解教学内容、分析问题与解决问题等思维活动提供更有针对性的指导。

通过思维，学员能够对提供的各种材料进行去粗取精、去伪存真、由此及彼、由表及里的加工，从而实现从感性认识到理性认识的飞跃，对事物的认识更深刻、更准确、更全面。

5.想象

（1）概念。

想象是人脑对已有表象进行加工和改造，从而创造出新形象的过程。想象以表象的内容为素材，来源于表象，却和表象有本质的区别。

表象是过去感知过的事物形象在头脑中的再现，并没有创造出新形象，是一种形象记忆的过程，属于记忆的范畴。想象则是对表象的加工和改造，它创造出了新的形象，具有创造性，属于思维的范畴。

（2）分类。

按是否有意识、有目的，可以分为无意想象和有意想象。无意想象是没有预定目的，在某种刺激作用下不由自主产生的想象。有意想象是在一定目的、意图和任务的影响下，有意识地进行的想象，可分为创造想象、再造想象和幻想。

二、情感过程

情绪情感就像我们心理世界的晴雨表，最能表达我们的内心世界。良好的情绪情感能促进身心健康，而不良的情绪情感会给生活、工作和健康带来一定危害，培养积极健康的情绪对我们的身心健康有着重要意义。

1.概述

情绪情感是指人对客观事物是否符合其需要而产生的态度体验。凡是能满足人的需要或符合人的愿望的事物，就会引起愉快、喜爱等积极的情绪、情感；凡是不能满足人的需要或违背人的愿望的事物，便会引起难过、愤怒、悲哀等消极的情绪、情感。

由于客观事物非常复杂，而人的需要又丰富多彩，这就构成了客观事物与人的需要之间复杂而矛盾的关系，因此，人的情绪情感体验也是复杂而矛盾的，如啼笑皆非、悲喜交加、百感交集等。

2.情绪调节

从对情绪、情感的认识中可以看到，情绪、情感的自我调控是极为重要的。那么，如何调控自己的情绪、情感呢？

（1）理智调适法。

理智调适法就是用合乎原则和逻辑性的思维去调控情绪。过于强烈的情绪往往会使人思维狭窄，判断偏颇，以致言行失措。在这种情绪状态下，就需要用理智来调节自己的情绪。用冷静的分析与合乎逻辑的推理，找到情绪产生的原因，想想自己的言行举止是否得当，后果如何。要头脑清醒地回顾矛盾的来龙去脉，属于他人的责任，要尽量考虑到事出有因，情有可原，不必苛求，"得饶人处且饶人"；属于自己的过失，要总结经验，吸取教训，"吃一堑，长一智"，不过分自责。损失已经造成，可以进行自我安慰，"塞翁失马，焉知非福"。这样就会感到天地广阔，心情舒畅。

（2）合理宣泄法。

心理学家认为，人们不能无限制地压抑情绪，情绪必须得到适当的宣泄，否则，长期、高度的情绪压抑对人的身心会产生不良影响。合理的宣泄可以使人长期积聚的不良情绪化解。苦恼时，可以向亲人或知心朋友倾诉；郁闷或愤慨时，不妨到操场上猛踢一场球或高歌一曲。

如果不便和他人讲而又想宣泄出来，可以通过写日记、写诗、给自己写信等，写出心中的苦闷、悲哀和委屈。此外，委屈悲伤、痛苦压抑时好好地哭上一场，也能使情绪平复。

当然，情绪宣泄要合理，要注意对象、场合和方式，不可超越法规、法律的范围。不能把别人当成出气对象而伤害他人，也不能通过毁坏器物、特别是公共财物等粗暴的手段来发泄怒气。

（3）转移注意。

即有意识地把自己的情绪转移到另一个方向上去，使情绪得以缓解。情绪与所处环境息息相关，在情绪不好的情况下，转移心理活动指向的对象，变换情境，可以调节自己的情绪。比如，散步、看电影、听音乐，做点自己喜欢的事情，暂时离开引起这种情绪的环境，使自己精神上得到安慰，情绪上得到缓和、平衡。

（4）自我暗示法。

暗示是一种特殊的心理现象。通常是通过语言（第二信号系统）的刺激来纠正或改变人们的某些行为状态或情绪状态。

根据语言刺激的来源不同可分为自我暗示和他人暗示。其中，自我暗示是指自己给自己的暗示，在情绪调节方面起着重要作用。例如，面对人生的失败和挫折，可以暗示自己"天生我材必有用""条条大路通罗马""此处不留人，自有留人处""失败乃成功之母"等。悲伤时，可暗示自己"想开些"，这些都有助于调节不良情绪。

而他人暗示则是他人通过情境转移、声东击西、鼓励刺激等方法，暗示使自己走出某种不良情绪的状态。相比较而言，自我暗示更具有主动性。

（5）升华法。

痛苦、愤怒等不良情绪，能够产生很多负能量，这种负能量得不到释放，就会让人感到沉闷、难受。如果能把这些力量引向积极方面，转化为积极的行动，就是升华法。

古今中外，许多名人曾因"忍辱负重""化悲痛为力量"而成就了一番伟大的事业。如我国的司马迁，能"扼住命运咽喉"的著名音乐家贝多芬，身残志坚的张海迪，都是在极度困难的情况下自强不息，提高了自己的精神境界，战胜了困苦和不幸。

3.情绪情感与身心健康

情绪情感关系着人的学习生活和身心健康，因此，培养积极健康的情绪情感是非常重要的。

（1）提高对情绪情感的认识。

情绪情感是一种神奇的力量。积极健康的情绪情感，如欢悦、愉快、安静、乐观等，有利于身心健康，对学习和生活起激励、鼓舞和推动作用；而消极的情绪情感，如悲哀、忧愁、恐惧、苦恼、紧张、羞耻等，则会对人的身心、学习、工作产生不良影响。

情绪情感对人的不良影响还远远不止心理和行为方面，它还可以直接影响人的身体健康。现代科学证明，情绪活动通过影响内脏分泌、生物活动节律，从而影响人的身体健康，此外，不良情绪还容易导致冠心病、高血压和癌症等身心疾病。

（2）形成积极乐观的人生态度。

一个人只有具有积极乐观的人生态度，才能志向远大，视野开阔，才能在事业上有竞争力和开拓精神，在生活上知足常乐，进而战胜各种逆境与压力。

（3）营造良好的情境。

良好的情境具有巨大的感染力，是培养情绪、情感的重要条件。良好的情境能够有效培养学员积极、健康的情绪、情感。例如，教学环境的改善，良好的学风，和谐、融洽的人际关系等。

（4）培养广泛的兴趣爱好。

兴趣爱好是与人的愉快情绪相联系的，能调节情绪和压力。一般兴趣爱好广泛的人，其心胸也宽广，出现突发事件与不利情境时，能从多方面主动适应与调节。另外，兴趣爱好也能缓解压力，使乏味的生活、工作变得充满活力，让人心情愉快，提高工作效率。

三、意志过程

俗话说，"有志者，事竟成"。意志是一个人实现发展目标、走向成功的必要因素。

1.概念

意志，就是人自觉地确立目的，并根据目的来支配和调节行动，克服困难和挫折，实现预定目的的心理过程。意志是意识的能动性、积极性的集中体现，是人类独有的心理现象。意志总是表现在人们的实际行动中，受意志支配的行动叫意志行动。

2.意志品质

意志品质是一个人在生活中形成的比较稳定的意志特征，包括意志的自觉性、果断性、坚韧性、自制性。良好的意志品质是保证活动顺利进行、实现预定目的的重要条件。

意志的自觉性指对行动目的有深刻认识，能自觉支配自己的行动，使之服务于活动目的的品质。与自觉性相反的不良品质是武断从事。

意志的果断性指迅速地、不失时机地采取决定的品质。遇到机会能当机立断，不错失时机，有强烈的愿望和深入的思考。和果断性相反的不良品质是优柔寡断和鲁莽草率。

意志的坚韧性指坚持不懈、永不退缩的品质，就是人们常说的毅力或顽强。和坚韧性相反的不良品质是虎头蛇尾和执拗。

意志的自制性指善于管理和控制自己情绪和行动的能力，就是人们平常所说的自制力或意志力。和自制性相反的不良品质是怯懦和任性。

3.如何培养意志品质

意志品质是评价一个人性格的标准，良好的意志不是自然而然产生的，它需要培养和锻炼，以及长期的努力。

（1）提高做事的自觉性。

遇事不随波逐流，不屈服于外界压力；能独立判断，及时采取措施，执行决定。对可能遇到的困难和挫折有充分的思想准备，不会轻易打退堂鼓，不半途而废。

（2）提高决断水平。

有的人能力很强，但是遇到两难选择时，总是无法做出决断。决断与理性和个性有关，是一种心理素质的综合反应，当我们面对新的处境和事情时，只要符合三赢原则（你好、我好、社会好），只要事非不善、心非不良、后果无害，我们就要大胆决定、果断实施。过度考虑、犹豫不决，只会错失良机，遗憾终身。

（3）锻炼坚韧性。

做事有始有终，遇事不气馁、不退缩，坚决避免三分钟热度。坚韧性是判断一个人意志的核心指标，是个人良好发展的必要前提。

（4）提高自制力。

清楚自己的目标和行为，处事理智，不冲动、不盲目。该做的事排除万难也要做到，不该做的事一定要管住自己，坚决不去做。

第三节 人格

一、人格的基本知识

1.概念

人格一词源自拉丁语"persona"，原指戏剧演员在舞台上所戴的，用来表现剧中人的角色和身份的面具。将面具引申为人格，说明人既有表现于外的特点，也有某些外部未必显露的东西，这些稳定而又不同于他人的特质，使人的行为带有一定的个性化特点。

现代心理学沿袭并扩展了"人格"的含义，把人格定义为各种心理特性的总和，也是各种心理特性的一个相对稳定的组织结构，在不同时间和不同地点，都影响着一个人的思想、情感和行为，使它具有区别于他人的独特的心理品质。

2.特点

（1）独特性。

没有哪两个人的人格是完全相同的，这就造就了人格的独特性。但研究发现，生活在同一社会群体中的人，又具有一些相同的人格特征。人格特征的独特性和共同性的关系，就是共性和个性的关系，个性中包含共性，共性又通过个性表现出来。

（2）整体性。

包含在人格中的各种心理特征彼此交织，相互影响，构成了一个有机整体。比如，一个大公无私的人，也一定是廉洁奉公、乐于助人的，而不会是自私自利，甚至损人利己的人。这些人格特征有着内在联系，彼此相互依存、相辅相成。

（3）稳定性。

由各种心理特征构成的人格结构是比较稳定的，对人的行为的影响不受时间和地点限制，所谓"江山易改，本性难移"，说的就是人格的稳定性。

（4）功能性。

外界环境刺激是通过人格的中介作用发生影响的，也就是说，人格对个人行为具有调节功能，因而，一个人的行为总会打上其人格的烙印。比如，面对挫折，性格坚强的人不会灰心，怯懦的人则会一蹶不振。所以，人格能决定一个人的处事方式，甚至能决定一个人的成败。

（5）自然性和社会性的统一。

人格是在一定的社会环境中形成的，这是人格的社会制约性；而人格又是大脑的机能，人格的形成必然以神经系统的成熟为基础，两者相互联系，不可分割，共同决定了一个人的人格特点。所以，人格是人的社会性和自然性的统一。

二、人格的倾向性

人格是一个复杂的多方位、多层次的整体结构系统，主要由人格倾向性和人格特征两大部分组成。

人格倾向性是人进行活动的基本动力，是人格结构中最活跃的因素。它决定着人对现实的态度，决定着人对认识活动的对象的趋向和选择，主要包括需要、动机、兴趣、理想、信念和世界观。它们较少受生理因素的影响，而是在后天的社会化过程中形成的，是个人进行活动的基本动力，决定一个人行为活动的性质、方向以及动力的大小，是个性中最活跃的成分，起着主导作用。

人格倾向性的各个成分并不是彼此孤立的，而是互相联系、互相影响和互相制约的。其中，需要是人格倾向性乃至整个人格积极性的源泉。只有在需要的推动下，人格才能形成和发展。动机、兴趣和信念等都是需要的表现形式。世界观居于最高层次，制约着一个人的思想倾向和整个心理面貌。

1.需要

（1）概念。

需要是生理的和社会的要求在人脑中的反映，同人的活动密切相关，是人的活动的基本动力。需要推动人们在各个方面积极活动，使人的行为具有一定的方向，追求一定的目标，以求得需要的满足。需要越强烈，由它所引起的活动也就越有力。

（2）分类。

从需要产生的角度来分类，可以分为自然需要和社会需要。自然需要是由生理的不平衡所引起的需要，又叫生理需要或生物需要，与有机体的生存和种族延续有密切关系，如饮食、休息、求偶等需要。

社会需要是反映社会要求而产生的需要，如求知、成就、交往等需要，是人所特有的，是通过学习得来的，所以又叫获得性需要。

2.动机

动机是激发个体朝着一定目标活动，并维持这种活动的一种内在的心理动力，是行为活动的原因。动机和需要紧密联系在一起，动机是在需要的基础上产生的，但需要只有在具有明确的特定目标、激发和维持人的行为和活动时，才能转化成为动机。因此也可以说，动机是激发、指引人的行为的直接原因。一个人有无进行某项活动的动机或动机强度的不同，均会直接影响他从事该项活动的水平。

对讲师而言，了解学员的行为动机，激发和培养学员的学习动机，是促进学员健康成长、提高教育和教学质量所要做到的。

3.兴趣

（1）概念。

兴趣是人积极探究某种事物的认识倾向。这种认识倾向使人对某种事物给予优先的注意，并且有较高的积极性，它像动力源一样，激发了人们积极生活、工作的干劲。

（2）分类。

兴趣是可以逐渐发展的，一般是从有趣到乐趣，从乐趣到志趣。

有趣。有趣是兴趣发展的初级水平，幼儿对任何事物都感兴趣，青少年和成人常常被新鲜事物所吸引而产生兴趣。这种兴趣带有直观性、盲目性和弥散性，并且是不稳定和经常变化的。

乐趣。乐趣是兴趣发展的中等水平，当有趣逐渐趋向专一和集中，并对某一事物产生特殊爱好时，就会成为乐趣。乐趣带有专一性、自发性和一定程度的坚持性。

志趣。志趣是兴趣发展的最高水平，带有自觉性、方向性和坚持性，并具有社会价值。科学家、艺术家等所取得的成就与他们的志趣是分不开的。

在教学过程中，讲师要想方设法调动起学员的学习兴趣，帮助他们克服学习上的困难，并强化这种学习兴趣，促使学员积极认识事物，从而保证教学计划的顺利实施。

4.理想

理想是与追求的目标相联系的想象，是一个人在思想上向往、行动上追求的目标，是与一个人未来的生活、工作之路联系在一起的，在人们的工作和生活中起着重大作用。理想按其内容可以分为政治理想、职业（事业）理想、生活理想、道德理想等。

5.信念

信念是激励人按照自我的观点、原则和世界观去行动而被意识到的思想倾向，是人们在长期的实践活动过程中，根据生活经验和所积累的知识，经过深思熟虑后决定的，是指导人们行为的准则。

6.世界观

世界观是人对整个世界总的看法和态度，对人的一切心理活动和行为都具有指导和调节作用。其包括自然观、社会观、人生观、价值观等。

三、人格特征

人格特征是指一个人表现出来的稳定的心理特点，主要包括能力、气质、性格。在个体的心理发展过程中，这些心理较早形成，并且不同程度地受生理因素的影响，构成个性中较稳定的成分。

人格倾向性与人格特征之间相互渗透，相互影响，错综复杂地交织在一起。人格心理特征受人格倾向性的调节，而人格倾向性又在一定程度上受个体心理特征变化的影响。

1.能力

（1）概念。

能力是顺利、有效地完成某种活动所必须具备的心理条件，是具体的，是和完成某项活动相联系的，而不是抽象的。

能力不是知识和技能，但与知识和技能有着密不可分的联系。能力是掌握知识和技能的前提，决定着掌握知识和技能的方向、速度和所能达到的水平。

（2）分类。

一般能力与特殊能力：按能力的结构，可以把能力分为一般能力和特殊能力。

一般能力即平常所说的智力，是指完成各种活动都必须具有的最基本的心理条件；特殊能力是指从事某种专业活动或某种特殊领域的活动时所表现出来的能力，如音乐能力、美术能力、研究能力等。

液体能力和晶体能力：按能力与天赋和社会文化因素的关系，可以把能力分为液体能力和晶体能力。液体能力又叫液体智力，是指在信息加工和问题解决的过程中所表现出来的能力，较少依赖文化和知识的内容，而是取决于个人天赋。液体能力与年龄密切相关，20岁达到顶峰，30岁以后随年龄的增长而降低。晶体能力又叫晶体智力，是指获得语言、数学等知识的能力，取决于后天的学习，与社会文化密切相关。在人的一生中，晶体智力一直在发展。25岁后，其发展速度渐趋平缓。

认知能力、操作能力和社会交往能力：按能力所涉及的领域，可以把能力分为认知能力、操作能力和社会交往能力。认知能力指获取知识的能力，也就是平常说的智力。操作能力指支配肢体完成某种活动的能力，如体育运动、艺术表演、手工操作的能力。社会交往能力指从事社交的能力，如与人沟通的能力和言语感染力、组织管理能力、协调人际关系的能力等。

模仿能力、再造能力和创造能力：按创造程度，可以把能力分为模仿能力、再造能力和创造能力。模仿能力指仿效他人的言谈举止，做出与之相似的行为的能力。再造能力指遵循现成的模式或程序，掌握知识和技能的能力。创造能力指不依据现成的模式或程序，独立地掌握知识和技能、发现新的规律和创造新的方法的能力。

2.气质

（1）概念。

气质是在心理活动中表现出来的独特的、稳定的动力特征，相当于日常生活中所说的脾气、性格或性情。如知觉的速度、思维的灵活程度、注意力集中时间的长短、情绪的强弱、意志的坚强程度等。再如，有的人倾向于从外界获得新信息，喜欢交往；有的人倾向于内心体验，经常分析自己的情绪和思想。属于某种气质类型的人，常常在不同的活动中显示出同样性质的动力特点。例如，一个人具有安静的气质特征，这种特征会经常在学习、工作、娱乐等各种活动中表现出来。

（2）类型。

古希腊医生希波克拉底和罗马医生盖仑提出，人体内有四种体液：血液、黏液、黄胆液和黑胆液，这四种体液在人体内的不同比例形成了不同的气质。

多血质（血液占优势）：活泼、好动、敏感、反应迅速、喜欢与人交往，注意力容易转移，兴趣容易变化，具有外向性。

黏液质（黏液占优势）：安静、稳重、反应缓慢、沉默寡言、庄重、坚忍，情绪不容易外露，注意力稳定但难以转移，具有内向性。

胆汁质（黄胆液占优势）：精力旺盛、脾气急躁、情绪易兴奋，容易冲动、反应迅速，心境变化剧烈，具有外向性。

抑郁质（黑胆液占优势）：情绪体验深刻，孤僻、行动迟缓，具有很强的感受性，善于察觉他人不易察觉的细节，具有内向性。

用体液来解释气质虽然不科学，但对四种气质类型的描述至今还被人们所采用。气质没有好坏之分，重要的是了解自己，自觉地发扬气质中的积极方面，努力克服气质中的消极方面。

在教学活动中，讲师了解学员的气质特点，根据学员的不同气质特点因材施教，对做好教学工作有着重要意义。

3.性格

（1）概念。

性格是指一个人对现实的稳定的态度，以及与之相适应的习惯化了的行为方式中表现出来的人格特征。

性格不同于气质，它受社会历史文化的影响，有明显的社会道德属性，可以反映一个人的道德风貌。所以，气质更多地体现了人格的生物属性，性格则更多地体现了人格的社会属性，个体之间人格差异的核心是性格的差异。

（2）性格类型。

与气质、能力相比，人们的性格差异更是多样而复杂的。心理学家从不同角度来归纳性格差异，划分性格类型。

按何种心理机能占优势，可将性格划分为理智型（善于思考问题，三思而后行）、情绪型（情绪易波动，并左右行动）、意志型（明确目的，自觉支配行动）、中间型或称混合型（没有某种心理机能占优势，而以某两种心理机能相结合为主）。

按心理活动的某种倾向性，可将性格划分为外倾型（善于表露情感、表现行为，与人交往时显得开朗而活跃）和内倾型（不善于表露情感、表现行为，与人交往时显得沉静而孤僻）。

按思想的独立性，可将性格划分为顺从型（独立性差，易接受暗示，不加批判地按照别人的意旨办事，在紧急和困难的情况下表现惊慌失措）、独立型（独立性强，善于独立思考和解决问题，不易受外来因素所干扰，在紧急和困难的情况下镇静自如，积极发挥自己的作用）。

按人的行为模式，可将性格划分为A型、B型、C型、D型和E型五类。其各自的特征如下。

A型：有不可抑制的雄心壮志，争强好胜的内驱动力特别强，喜欢竞争，醉心于事业，整天忙忙碌碌，有紧迫感，性情急躁，容易激动、发怒，自信，对周围环境的适应性较差，对人有一定的敌意。

B型：不过分争强好胜，情绪稳定温和，乐观开朗，与人为善，遇事不耿耿于怀，做事不慌不忙，拿得起放得下，善于处理挫折和困难，有良好的社会适应能力。但这种性格的人往往平衡有余而活力稍逊。

C型：感情内向，勤于思索，注重人际和谐，忍让自律，不爱招惹是非。但反应慢，好生闷气，较孤僻压抑，爱幻想，常处于被动状态。

D型：感情外向，积极乐观，为人活泼开朗，善于交际，与周围的人能和睦相处，有组织领导能力。但粗犷有余，缜密不足，忽略小节，缺乏计划性。

E型：多具有感情丰富，勤于思索，不善人际沟通，攻击性较弱，不爱找别人的麻烦等特点。但情绪消极，常逃避现实，自我评价偏于悲观，缺乏自信。

四、健康人格

人既是生物个体，又是社会个体，人格特质的形成既有先天遗传的因素，更有后天环境的影响。从一般意义上讲，健康的人格具有以下特征：

第一，能有意识地控制生活，控制自己的行为，把握自己的命运，而不被意外的力量所驱使。

第二，能正确地认识自我，了解自己的实际情况，能意识到自己的优点和缺点并能正确对待。

第三，能立足于现实，在遇到失败和挫折时，能较快地摆脱其带来的阴影，在现实中找到解决问题的方法并付诸行动。

第四，具有紧张而有节奏的工作和生活方式，渴望挑战和刺激，渴望新的目标和新的经历。

第五，能给予爱也能接受爱，热爱学习和工作，生活充满了活力。

第六，有独立自主的需要，不依赖于别人来求得安全感和满足，乐于自己去思考和解决问题。

第七，有良好的人际关系和社会适应能力，既承认自己，又尊重别人，具有同人类共祸福的意识。

健康的人格不仅来源于社会环境的熏陶，更来源于知识积累、获得技能的过程，也就是教育的过程。因此，健康人格的形成不是一个孤立的过程，而是在教育教学过程中，在学员获得知识、掌握技能，以及参加各种活动的过程中形成并完善的。

培养健康人格需要以人为本，尊重学员的独立人格，保护学员的自尊心，帮助他们充分挖掘潜能，发展个性和实现自身价值，努力实现物质生活、精神生活和身心素质的全面发展。

第四节 挫折和压力

一、挫折和挫折管理

1.挫折的概念

挫折是个体从事有目的的活动时，由于主客观条件的阻碍或干扰，致使动机难以实现、需要难以满足时所感受的挫败、失意、紧张的状态和情绪反应。既指阻碍个体达到目标的情境，也指行为受阻时个体产生的心理紧张状态。其包括三方面的含义。

（1）挫折情境，即指需要不能获得满足的内外障碍或干扰等情境因素。如考试不合格，比赛未获得所期望的名次，受到同学的讽刺、打击等。

（2）挫折反应，即对自己的需要不能满足时产生的情绪和行为的反应，常见的有焦虑、紧张、愤怒、攻击或躲避等。

（3）挫折认知，即对挫折情境的知觉、认识和评价。

其中，挫折认知最重要。对同样的挫折情境，不同的认知会产生不同的反应、体验。

2.挫折的成因

引起挫折的原因既有主观的，也有客观的。主观原因主要是个人因素，如身体素质不佳、个人能力有限、认识事物有偏差、性格缺陷、个人动机冲突等；客观原因主要是社会因素，如人际关系不协调、生活条件不良、工作安排不当等。归根到底，挫折的形成是由于人的认知与外界刺激因素相互作用失调所致。

心理学家认为，挫折本身并不是导致情绪障碍的直接原因，人们对诱发事件所持的看法、解释、信念才是引起人的情绪和行为反应的直接原因。合理的信念会引起人们对事物恰当的、适度的情绪反应，而不合理的信念则会导致不恰当的情绪和行为反应。

美国心理学家艾利斯总结了三条常见的不合理信念。

（1）绝对化要求。指人们以自己的意愿为出发点，对某一事物怀有其必会发生或必不会发生的信念。比如"我必须表现良好，并受到某重要人物的常识，若不能如此，我就是一个无能的人""你必须公平对待我，如果不这样，我会无法忍受"。

（2）过分概括化。指一件事情失败了，便推论自己在各方面都无能，这种不合理的信念常会导致自责自罪、自卑自弃的心理及焦虑、抑郁等情绪。

（3）糟糕至极。即认为如果某件事情发生了会非常可怕，是灾难性的，以至于无法忍受生活在如此糟糕的世界。

3.受挫后的行为表现

挫折对个体心理既有好处，又有坏处。好处是，能增强个体情绪的反应力量，增强个体的容忍度和认识水平；坏处是，影响个体实现目标的积极性，降低其创造性思维活动水平，有损身心健康。具体表现如下。

（1）攻击。

当人们遇到挫折时，自然会产生不满情绪，当这种情绪发展到愤怒的地步时，就可能对阻碍满足自己需要的障碍做出反抗，形成攻击性行为。攻击分为直接攻击和转向攻击。

直接攻击是个体遭受挫折后，引起愤怒的情绪，对构成挫折的人或物立即直接的攻击。

转向攻击是当受挫者不能直接攻击阻碍目标的事物时，把攻击行为转向某种替代事物。比如，当个体意志薄弱、缺乏自信或悲观失望时，易把攻击的对象转向自己，埋怨自己能力不够强，机遇不好，命运不佳、生不逢时等。

（2）冷漠。

冷漠是受挫后将愤怒情绪压抑下来的一种心理反应。当个体受挫后却无法攻击或攻击无效时，表面上会表现出对挫折的冷漠、淡然、无动于衷，而内心深处往往隐藏着很深的痛苦，严重者有可能演变成抑郁症。

冷漠反应多出现在长期遭受挫折、个人感觉绝望时，情境中包含着心理上的恐惧与生理上的痛苦，个体心理产生了攻击与压抑之间的冲突。

（3）退化。

退化是受挫后的一种幼稚反应，个体受到挫折后，放弃成熟的处理方式而采取幼稚的方式去应对处境和问题；或者出于满足自己的欲望，表现出与年龄、身份不相称的反常态度和行为。比如，无理取闹、号啕大哭、撕破衣服、咬手指等。

盲从也是退化的一种突出表现，如受挫后盲目地相信别人的意见，听从别人的安排，毫无主见。

（4）固执。

是指受到挫折后执意地重复某些没有目的的活动，往往缺少机敏的品质与随机应变的能力，找不到合理的解决问题的方法，只能不断地重复过去的活动以减轻心理上的焦虑。比如，一个学员因学习屡屡受挫，拒绝对不良的学习习惯进行改进。

（5）妥协。

就是向挫折屈服，这是一种缓冲性反应，对减缓和避免过重心理压力的损害有防御性作用。

（6）幻想。

是指个体在遭受挫折时，陷入想象境界，以非现实的方式来应对挫折或解决问题。幻想可以使人暂时脱离现实，在由自己想象构成的情景中得到满足。例如，一个生意失败的商人，可能幻想自己做成了一笔大生意。

每个人的个性特点不同，遭受挫折后的行为表现方式也不同。

4.挫折管理

减少挫折的最好办法，就是通过学习、锻炼，不断提高自己的抗挫折能力，直面挫折。遇到挫折时，运用一定的心理疏导策略和方法，引导受挫者改变其不合理的认识，建立新的动机模式和行为方式，发挥内在潜力，排除心理障碍，战胜挫折。

（1）挫折观教育。

挫折是客观存在的，既可能具有破坏力，使人丧失斗志；也可以具有再生力，使人从错误和失败中吸取教训，变得更成熟。要树立正确的挫折观，增加个人抗挫折能力，辩证地看待挫折，把挫折当成砥砺人生、增长才干的好机会。

（2）情绪宣泄法。

人在受挫后，往往会产生一些消极的情绪反应，如不能得到及时释放，就会影响身心健康。情绪宣泄法就是创设和提供一种情境，使受挫者能自由地抒发他们受压抑的情绪。如通过交谈倾听，让受挫者将苦闷和不满倾诉出来，然后给予安慰和开导；还可以借助活动将因紧张情绪而积累的负能量释放出去。

（3）代偿迁移法。

当一个人不能达到预期目标而受挫时，就用另一种目标来代替或通过另一种活动来弥补，这就是代偿迁移法。当受挫者因为目标太高和能力不符而感觉挫败时，可以重新调整目标，再次努力；也可采取注意转移法，把受挫者的注意力转移到别的活动上，暂时避开挫折情境，如回忆一些愉快的往事；也可以听听音乐，打打球，散散步，到外面走走，摆脱不良情绪的困扰。

（4）合理认知法。

即用合理的思维方式代替不合理的思维方式，消除不合理的认知带来的挫败感。通过提问的方式，引导受挫者意识到自己的情绪障碍是由于错误的认知造成的，应该改变它，用合理的思维方式去消除情绪的困扰。

（5）心理咨询法。

即通过专业咨询改变受挫者认识问题的方法和态度，用新的、正常的经验代替旧的、反常的经验，使受挫者摆脱矛盾情绪，恢复心理平衡，帮助其在思想、生活、工作等方面取得更大的发展。

二、压力和压力管理

1.压力的概念

压力是压力源和压力反应共同构成的一种认知和行为体验过程。压力源是现实生活要求人们去适应的事件；压力反应包括主体觉察到压力源后出现的心理、生理和行为反应。

从心理学角度讲，压力应该是一种可以体验到的东西，无法抛开主体而单独存在。假如一个事件发生了，但主体对其漠视、毫不关心，或已经意识到压力的存在，但认为不值得认真对待，这时，压力就无从谈起。

2.压力源的种类

按照对主体的影响，压力源可分为如下三种类型。

（1）生物性压力源：指直接影响主体生存与种族延续的事件。其包括躯体创伤或疾病、饥饿、性剥夺、睡眠剥夺、噪音、气温变化等。

（2）精神性压力源：指直接影响主体正常精神需求的内在和外在事件。包括错误的认知结构、个体不良经验、道德冲突以及长期生活困扰造成的不良的个性心理特点（如易受暗示、多疑、嫉妒、自责、悔恨、怨恨等）。

（3）社会环境压力源：直接影响主体社会需求的事件。可分为两类，一是纯社会性的社会环境压力源，如重大社会变革、重要人际关系破裂（失恋、离婚）、家庭长期冲突、战争、被监禁等；二是由自身状况（如个人精神障碍、传染病等）造成的人际适应问题（如社会交往障碍）等社会环境性压力源。

纯粹的单一性压力源在现实生活中极少，多数压力源都包含两种以上的因素，需将三种压力源作为有机整体考虑。

3.压力的种类

按强度，压力可分为三类。

（1）一般单一性生活压力。

是指人们在某个时间段内为某个事件努力并适应，且其强度不足以使个体崩溃。如入学考试、完成困难的任务以及遭遇从未经历过的恋爱、婚姻、就业、失业、亲人亡故、迁居、旅游等。个体在经历一般单一性生活压力后，自身的适应能力会提高和改善，即俗称的"吃一堑，长一智"。

（2）叠加压力。

这是极为严重和难以应对的压力，给人造成的伤害极大。其分为同时性叠加压力和继时性叠加压力两类。

同时性叠加压力是指在同一时间内，有若干构成压力的事件发生，主体所感受到的压力称为同时性叠加压力，俗称"四面楚歌"。

继时性叠加压力指两个以上能构成压力的事件相继发生，后继压力恰恰发生在适应前一个压力的阶段或前一个压力的减轻阶段，这时，主体体验到的压力称为继时性叠加压力，俗称"祸不单行"。

（3）破坏性压力。

又称极端压力，包括战争、地震、空难、遭受攻击、被绑架、被强暴等。容易造成创伤后压力失调、灾难症候群、创伤后压力综合征等，需通过专业的心理干预来解除精神障碍。

4. 压力的适应

个体适应的过程一般分为三个阶段：警觉阶段、搏斗阶段和衰竭阶段。在适应压力的三个阶段中，个体的生理、心理和行为状态各有特点。

（1）警觉阶段——发现事件并引起警觉，同时准备战斗。

在警觉阶段，交感神经支配肾上腺分泌肾上腺素和副肾上腺素，这些激素能促使新陈代谢，释放储存的能量，于是会出现呼吸和心跳加速，汗腺加快分泌，血压和体温升高。

（2）搏斗阶段——全力投入对事件的应对，消除或适应压力，抑或退却。

警觉阶段的生理生化指标表面上恢复正常，外在行为平复，但这只是一种表面现象，是一种被控制的状态。个体内在的生理和心理资源被大量消耗，个体变得敏感、脆弱，即使是日常生活中极小的困扰，都可引发其强烈的情绪反应。比如，孩子哭闹，家里来客人，接听电话，家庭成员之间小小的意见分歧，都可使其大发雷霆。

（3）衰竭阶段——消耗大量生理和心理资源，最后"筋疲力尽"。

由于压力长期存在，能量被耗尽，已无法继续抵抗压力。此时，如果外在压力源基本消失或个体的适应性已形成，经过一段时间的休养生息，个体仍能恢复。如果压力源依然存在，个体仍不能适应，就会产生严重的身心疾病，甚至在绝望中采取极端行为。

现实生活中，人面对压力时，个体会产生警觉、注意力集中、思维敏捷、精神振奋等反应，这是适度的心理反应。一般而言，轻度压力会促发或增强正向的行为反应，如寻求他人支持、提高抗压能力、锻炼应对压力的技巧等。过度的压力就会带来负面反应，甚至对个体心理健康造成严重的伤害。长期处于高强度的心理压力下，个体会有很大可能产生心理亚健康。

5. 压力的管理

个体的压力管理主要是在压力源、压力感和压力反应等多个环节中，采用多种途径、多种方法，对具体的压力问题进行积极应对。

（1）寻找压力源。

压力源即引发压力的因素，主要涉及工作、生活、人际关系、职业发展、家庭冲突以及社会变动等因素。找到压力源，认真分析导致压力的原因，对症下药，采取有针对性的解决策略，都有助于缓解压力。

（2）均衡饮食。

均衡饮食有助于强身健体，提高人体免疫力，增强抗压能力。维生素C可以增强抵抗力，有助于缓解精神压力。当个体承受了巨大的心理压力，情绪欠佳时，身体会消耗比平时多8倍的维生素C。所以，日常生活中要多摄取富含维生素C的食物。

（3）合理运动。

运动有助于促进血液循环，焕发肌体活力，增强免疫力，提高神经系统的兴奋度，让人体验到轻松愉悦的情绪，是很好的减压方式。可根据自己的实际情况选择适合自己的运动方式，如慢跑、快走、骑自行车、游泳、跳绳等。

（4）心理宣泄。

心理压力聚集过久、过大，可能导致消极情绪和心理问题。积极的宣泄可以起到类似减压阀的作用。常见的宣泄方法包括倾诉宣泄、呐喊宣泄、写作宣泄、音乐宣泄等。例如，把自己关在房子里大喊大叫、大声歌唱、号啕大哭、自言自语等，或者写日记、给朋友写信、打电话，或者逛街、听音乐、户外徒步等。

（5）转移注意力。

注意力转移是指在过度紧张时有意识地将注意力转移到其他轻松的、无关的事情上，以缓解紧张情绪。例如，在约会、论文答辩、演讲之前，有时会紧张得心怦怦直跳、呼吸加快、面色通红、语无伦次。我们可以在进门或上台之前，把注意力从即将开始的紧张活动上暂时移开，看看窗外的景物，和同伴闲聊两句，甚至轻轻哼上两句熟悉的曲子。另外，外出旅游、逛街、聚会、倾诉、听音乐、运动等都不失为转移注意、纾解不良心境与紧张情绪的有效方法。

（6）自我暗示和冥想放松。

通过言语与想象进行自我暗示，达到自我放松的目的。如想象繁星满天的宁静夜晚，如诗似画的秀丽风景，回忆幸福美好的经历，想象自己是一只正在泄气的气球，想象自己的身体变得越来越温暖或越来越凉爽等。此外，还可以通过语言进行自我放松。

（7）深呼吸练习。

在紧张状态下，通过深呼吸，降低呼吸节奏，让血管扩张、肌肉放松，达到缓解紧张的目的。深呼吸对缓解演讲、面试、约会、比赛前的暂时性紧张效果明显。此外，还可以采用音乐、催眠等形式达到放松的目的。

（8）认知调节。

认知调节是从改变不正确的认识入手来调节与改变消极情绪、提高压力应对能力。同样一件事，由于不同的人对它的认识、看法和解释不同，他们的情绪体验和反应可能相去甚远。例如，领导给自己分配额外任务时，如果觉得领导是故意刁难自己，就会感觉郁闷和气愤；如果看作是领导对自己的信任和重视，就会感到愉悦和自信。

（9）寻找社会支持。

寻求来自父母、家人、亲人、朋友等各方面的支持。研究发现，社会支持能帮助个体释放压力，提高幸福感，增强个体的压力应对能力，对个体心理健康具有增益功能。

（10）心理辅导。

当个体面对无法解决的心理压力时，寻求专业人员的心理辅导是解决心理问题的有效途径。人的心理状态就像身体状态一样，是不断发展变化的，积极主动地维护心理健康，有助于提升自己的健康水平；相反，讳疾忌医可能导致更严重的心理问题。

第五节 心理健康的含义和标准

健康不仅指生理健康，同时也包括心理健康。

20世纪70年代，联合国世界卫生组织明确指出："健康不仅仅是没有疾病和虚弱状态，还要在生理、心理和社会功能上都处于健全状态。"从某种程度来讲，心理健康比生理健康更重要。

要想拥有真正的健康，心理健康不可或缺，是健康的重要组成部分，对于促进生理健康、保证个体行为健康、增强个体对于环境的适应能力有着非常重要的作用。

一、心理健康的基本含义

心理健康是一个复杂的概念，许多学者从不同的角度和领域对心理健康的标准加以概括和界定，并产生了一定影响。

我国的心理学者认为，心理健康应该考虑生理、心理和社会行为三方面，是认知、情感、意志、人格和行为等基本心理活动的完整和统一，能够形成完善健康的人格。

健康是动态的，每个人都是处在健康与不健康连续体上的某一点。心理健康也是动态变化的，它只是反映个人在某个时间段内比较稳定的状态。

二、心理健康应符合哪些标准

纵观古今中外的学者对于心理健康标准的认定，虽然提法各有不同，但仁者见仁，智者见智，从本质来说是相似的。我国学者郭念锋在《临床心理学概论》一书中提出了评估心理健康水平的十个标准。

1.心理活动强度

即对于突然而强烈的精神刺激的抵抗能力。遭遇此类精神刺激时，抵抗力差的人往往反应强烈，很容易因精神刺激而导致反应性精神障碍；而抵抗力强的人虽有反应，但不会致病。

2.心理活动耐受力

即指人长期经受某种精神刺激时的耐受能力。耐受力差的人，在这种长期精神折磨下会出现心理异常、精神不振，甚至产生严重的身体疾病。所以，这种心理活动耐受力可以看作衡量心理健康水平的指标。

3.周期节律性

人的心理活动在形式和效率上都有着自己内在的节律性，如果一个人心理活动的固有节律经常处于紊乱状态，不管是什么原因造成的，都可以说他的心理健康水平下降了。

4.意识水平

意识水平的高低以注意力品质的好坏为客观指标。如果一个人不能专注于某种工作，思想经常"开小差"，就要警惕其心理健康问题了。思想不能集中的程度越高，心理健康水平越低。

5.暗示性

易受暗示的人，其情绪和思维极易受环境影响而引起波动和动摇，使精神活动处于不稳定的状态。一般来说，女性比男性更容易受暗示。

6.康复能力

即从创伤刺激中恢复到往常水平的能力。康复能力强的人恢复得较快，且不留严重后遗症。

7.心理自控力

对情绪、思维和行为的自控程度与人的心理健康水平密切相关。当一个人身心健康时，其心理活动会更加自如，情绪表达恰如其分，辞令通畅，仪态大方，不过分拘谨，也不过分随便。

8.自信心

一个人能否做到恰如其分的自信，是判断精神健康的一个标准。自信心实际上是正确的自我认知能力。

9.社会交往

人类精神活动得以产生和维持的重要支柱就是充分的社会交往。社会交往被剥夺，必然会导致精神崩溃，出现种种异常心理。一个人能否与人正常交往，取决于他的心理健康水平。

10.环境适应能力

为了个体生存和种族延续，为了自我完善和发展，人就必须适应环境。环境条件是不断变化的，这就需要采取主动或被动的措施，使自身与环境达到新的平衡，这一过程叫适应。主动适应是积极地改变环境，消极适应是躲避环境的冲击。

综上所述，一个心理健康的人，就是一个智力正常、情绪健康、意志健全、人格完整、自我评价正确、人际关系和谐、社会适应能力正常的人。

三、心理健康异常有哪些表现

1.心理不健康的分类

心理健康咨询行业中，心理不健康状态包括一般心理问题、严重心理问题、神经症性心理问题。

（1）一般心理问题。

一般心理问题是由现实因素激发的，持续时间较短，情绪反应能在理智控制之下，不会严重破坏社会功能，情绪反应尚未泛化的心理不健康状态。

（2）严重心理问题。

严重心理问题是由相对强烈的现实因素激发的，初始情绪反应强烈，持续时间较长，内容充分泛化的心理不健康状态。有时伴有某一方面的人格缺陷，可由专业的心理咨询师进行心理疏导。

（3)神经症性心理问题。

有神经症性心理问题的人，其内心冲突是扭曲的，需找精神科医生诊断。

在这里，我们主要说的是日常生活中常见的一种亚健康心理状态。亚健康心理状态是介于心理健康和心理疾病之间的一种心理状态，在正常人群中尤其常见。

2.亚健康心理状态

（1）亚健康心理状态的定义。

亚健康心理状态在心理学上的定义是，没有心理障碍与疾病，但又感觉心理不健康。亚健康心理状态者通常缺乏幸福感，总是处于一种无望、无助、无力的心理境地。

具体来说，就是由于个体心理素质（例如过于好胜、孤僻、敏感等）、生理（如加班疲累、生病、经期等）或者外界环境（例如工作压力大、晋升失败、薪水低、婚恋挫折、受到上司或者客户指责等）等因素，使得个体的种种精神需求在现实生活中遇挫，从而在内心产生思想冲突和矛盾斗争等紧张情绪，这种情绪反映出来就是亚健康心理。

在临床上，亚健康心理状态表现为经常感到心慌、气短、疲累、乏力、经常性头痛；而在心理学上，则表现为注意力不集中、记忆力减退、失眠多梦、反应迟钝、情绪低落、精神不振等。

（2）亚健康心理状态的特点。

最新研究表明，现代社会60%~70%的人都不同程度地处于这种亚健康心理状态中。亚健康心理状态还达不到心理疾病的程度，相比心理疾病，它具有以下几个特点。

一般持续时间较短，大部分人能够在一周内得到缓解。

对社会功能影响较小，损害非常轻微。亚健康者只是在日常生活中缺少幸福感，一般都能进行正常的工作、学习和生活等。

这种状态通常能够通过自我调整（如休假、旅游等休闲方式）得到改善。小部分人长时间处于此种状态不能缓解，可能会形成一种相对固定的状态。这就需要及时寻找专业的心理咨询师或是心理医生帮助，防止进一步恶化。

四、心理健康评估量表

心理健康评估是指在生物、心理、社会、医学的共同指导下，综合运用谈话、观察、测验的方法，对个体或团体的心理现象进行全面、系统和深入分析的总称。

心理健康评估有广义和狭义之分，广义的心理评估是指对各种心理和行为问题的评估，主要用来评估行为、认知能力、人格特质、个体和团体的特性，帮助相关人员做出判断、预测和决策。

狭义的心理评估也叫临床评估，是指在心理临床与咨询领域，运用专业的心理学方法和技术对来访者的心理状况、人格特征和心理健康做出相应的判断，必要时做出正确的说明，在此基础上进行全面的分析和鉴定，为心理咨询与治疗提供必要的前提和保证。

本教材涉及的心理健康测试只做辅助教学之用，不作为专业诊断，专业诊断请找专业人士或精神科医生处理。

测试一：亚健康状态测试

请你对照下面这些症状，测一测自己是不是处于亚健康状态。

1.早上起床时，有不少的头发丝掉落。 （5分）

2.感到情绪有些抑郁，会对着窗外的天空发呆。 （3分）

3.昨天想好的某件事，今天怎么也记不起来了，而且最近经常会出现这种情况。

（10分）

4.上班的途中，害怕走进办公室，觉得工作令人厌倦。 （5分）

5.不想面对同事和领导。 （5分）

6.工作效率明显下降，领导已明显表达了对你的不满。 （5分）

7.每天工作一小时后，就感到身体倦怠，胸闷气短。 （10分）

8.工作情绪始终无法高涨，无名的火气很大，但又没有力气发作。 （5分）

9.三餐进食甚少。排除天气因素，即使口味非常适合自己的菜也经常如嚼干蜡。

（5分）

10.盼望早早地逃离办公室，为的是能够回家，躺在床上休息片刻。 （5分）

11.对城市的污染、噪声非常敏感，比常人更渴望清幽的环境，休养身心。 （5分）

12.不再像以前那样热衷于朋友的聚会，有种强打精神、勉强应酬的感觉。 （2分）

13.晚上经常睡不着觉，即使睡着也总是在做梦，睡眠质量很糟糕。 （10分）

14.体重有明显的下降趋势，早上起来，发现眼眶深陷，下巴突出。 （10分）

15.感觉免疫力在下降，流感来袭，自己首当其冲，难逃"流"运。 （5分）

16.性能力下降。妻子（或丈夫）对你明显表示出了性要求，但你却感到疲惫不堪，没有什么欲望，对方甚至怀疑你有外遇了。 （10分）

评分标准：

选"是"为括号内的分数，选"否"为零分。测试之后，将所得分数相加。

结果分析：

如果你的累积得分超过30分，表明健康已敲响警钟；如果累积得分超过50分，就需要坐下来，好好反思你的生活状态，加强锻炼和营养搭配等；如果累积得分超过80分，请赶紧调整自己的心理状态。

测试二：工作压力测试表

本测试用于评估你的潜意识里是否已经被工作的重压所困扰。你不必花费太多时间去思考任意一道题，只需快速地作答并移至下一问题。

1.对琐碎之事极度烦躁。

2.无法确定什么时间该做什么事。

3.被委派的工作太多，以至于无法愉快胜任。

4.对别人的指责无能为力。

5.在人群中或有限的空间里时常感到惊慌不安。

6.感到流言蜚语或者暗箭伤人的情形太多了。

7.工作总是不可预测地出现变化。

8.工作不断重复而且单调乏味。

9.没有任何生理原因就感到头晕恶心。

10.对工作环境、噪音感到厌烦。

测试完成之后，把所有的分数累加起来，看看结果如何。

评分标准：

从未或不常——1分

偶尔——2分

经常——3分

不断或几乎每次都是——4分

测试结果：

10~20分：你的工作很愉快，目前没有感受到压力。

21~30分：和大多数人一样，你感觉到了工作的压力。

31~40分：你被工作压得喘不过气。

测试三：焦虑自我测评表

评定时间为过去一周内。

题目后面括号中的分数所代表的意思依次是："1.很少有""2.有时有""3.大部分时间有""4.绝大多数时间有"。

1.我感到比往常更加神经过敏和焦虑。（1-2-3-4）

2.我无缘无故感到担心。（1-2-3-4）

3.我容易心烦意乱或感到恐慌。（1-2-3-4）

4.我感到我的身体好像被分成几块，支离破碎。（1-2-3-4）

5.我感到事事顺利，不会有倒霉的事情发生。（4-3-2-1）

6.我的四肢会抖动和震颤。（1-2-3-4）

7.我因头痛、颈痛和背痛而烦恼。（1-2-3-4）

8.我感到无力，而且容易疲劳。（1-2-3-4）

9.我感到平静，能安静坐下来。（4-3-2-1）

10.我感到我的心跳较快。（1-2-3-4）

11.我因阵阵的眩晕而不舒服。（1-2-3-4）

12.我有时刻要晕倒的感觉。（1-2-3-4）

13.我呼吸时进气和出气都不费力。（4-3-2-1）

14.我的手指和脚趾感到麻木和刺痛。（1-2-3-4）

15.我因胃痛和消化不良而苦恼。（1-2-3-4）

16.我必须时常排尿。（1-2-3-4）

17.我的手总是温暖而干燥。（4-3-2-1）

18.我觉得脸发烧发红。（1-2-3-4）

19.我容易入睡，晚上休息得很好。（4-3-2-1）

20.我做噩梦。（1-2-3-4）

评分标准：

焦虑自评量表采用1～4制记分，把各题的得分相加为总分，再乘以1.25，四舍五入取整数即为标准分。该测试临界值为50，分值越高，焦虑倾向越明显。

测试四：抗挫折能力度量表

心理学上所说的挫折，是指人们为实现预定目标采取的行动受到阻碍而不能克服时，所产生的一种紧张心理和情绪反应。

1.在过去的一年中，你自认为遭受挫折的次数：

（1）0～2次；　　　　　　（2）3～4次；　　　　　　（3）5次以上。

2.你每次遇到挫折：

（1）大部分都能自己解决；（2）有一部分能解决；　　（3）大部分解决不了。

3.你对自己才华和能力的自信程度如何：

（1）十分自信；　　　　　（2）比较自信；　　　　　（3）不太自信。

4.你对问题经常采用的方法是：

（1）知难而进；　　　　　（2）找人帮助；　　　　　（3）放弃目标。

5.有非常令人担心的事时，你：

（1）无法工作；　　　　　（2）工作照样不误；　　　　（3）介于A、B之间。

6.碰到讨厌的对手时，你：

（1）无法应付；　　　　　（2）应付自如；　　　　　　（3）介于A、B之间。

7.面临失败时，你：

（1）破罐破摔；　　　　　（2）将失败转化为成功；　　（3）介于A、B之间。

8.工作进展不快时，你：

（1）焦躁万分；　　　　　（2）冷静地想办法；　　　　（3）介于A、B之间。

9.碰到难题时，你：

（1）失去自信；　　　　　（2）为解决问题而动脑筋；　（3）介于A、B之间。

10.工作中感到疲劳时：

（1）总是想着疲劳，无法恢复；　　　　（2）休息一段时间，就忘了疲劳；

（3）介于A、B之间。

11.工作条件恶劣时，你：

（1）无法工作；　　　　　（2）能克服困难干好工作；　（3）介于A、B之间。

12.产生自卑感时，你：

（1）不想再继续工作；　　（2）立即振奋精神继续工作；（3）介于A、B之间。

13.上级给了你很难完成的任务时，你会：

（1）顶回去了事；　　　　（2）千方百计干好；　　　　（3）介于A、B之间。

14.困难落到自己头上时，你：

（1）厌恶之极；　　　　　（2）认为是个锻炼；　　　　（3）介于A、B之间。

评分标准：

1~4题，选择（1）（2）（3）分别得2、1、0分；

5~14题，选择（1）（2）（3）分别得0、2、1分。

19分以上：说明你的抗挫折能力很强。

9~18分：说明你虽有一定的抗挫折能力，但对某些挫折的抵抗力薄弱。

8分以下：说明你的抗挫折能力很弱。

测试五：社会适应能力测试量表

社会适应能力，指的是一个人在心理上适应社会生活和社会环境的能力。社会适应能力的高低，从某种意义上说，表明一个人的成熟程度。下面的问题能帮助你进行社会适应能力的自我判别，请分别把答案"是""无法肯定""不是"填在括号内。

1.我最怕换工作，每到一个新环境，我总要经过很长一段时间才能适应。　（　）

2.每到一个新的地方，我很容易同别人接近。　（　）

3.在陌生人面前，我常无话可说，以至感到尴尬。　（　）

4.我最喜欢学习新知识或新学科，它给我一种新鲜感，能调动我的积极性。（　）

5.每到一个新地方，我第一天总是睡不好。即使在家里，只要换一张床，有时也会失眠。　（　）

6.不管生活条件有多大变化，我都能很快习惯。　（　）

7.越是人多的地方，我越感到紧张。　（　）

8.在正式比赛或考试时，我的成绩多半不会比平时练习差。　（　）

9.我最怕在会上发言，所有同事都看着我，心都快跳出来了。　（　）

10.即使有的同事对我有看法，我仍能同他（她）交往。　（　）

11.领导在场的时候，我做事情总有些不自在。　（　）

12.和同事、家人相处，我很少固执己见，乐于采纳别人的看法。　（　）

13.同别人争论时，我常常感到语塞，事后才想起该怎样反驳对方，可惜已经太迟了。　（　）

14.我对生活条件要求不高，即使生活条件很艰苦，我也能过得很愉快。　（　）

15.有时自己明明已经掌握了技术要领，可在实际操作的时候还是会出差错。（　）

16.在决定胜负成败的关键时刻，我虽然很紧张，但总能很快使自己镇定下来。（　）

17.我不喜欢的东西，不管怎么学也学不会。　（　）

18.在嘈杂混乱的环境里，我仍然能集中精力学习，并且效率较高。　（　）

19.我不喜欢陌生人来家里做客，每逢这种情况，我就有意回避。　（　）

20.我很喜欢参加社交活动，我认为这是交朋友的好机会。　（　）

评分标准：

1.凡是单数号题（1，3，5，7……），是：-2分；无法肯定：0分；不是：2分。

2.凡是双数号题（2，4，6，8……），是：2分；无法肯定：0分；不是：-2分。

将各题的得分相加，即为总分。

35～40分：社会适应能力很强，能很快地适应新的学习、生活环境，与人交往轻松、大方，给人的印象极好，无论进入什么样的环境，都能应付自如、左右逢源。

29～34分：社会适应能力良好。

17～28分：社会适应能力一般，当进入一个新环境，经过一段时间的努力，基本上能适应。

6～16分：社会适应能力较差，依赖于较好的学习、生活环境，一旦遇到困难则易怨天尤人，甚至消沉。

5分以下：社会适应能力很差，在各种新环境中，即使经过相当长时间的努力，也不一定能够适应，常常因与周围事物格格不入而感到十分苦恼。在与他人的交往中，总是显得拘谨、羞怯、手足无措。

测试六：个人气质测试

测试方法：

本测试题共60道题目。看清题目后，认为最符合自己情况的记2分；比较符合的记1分；介于符合与不符合之间的记0分，比较不符合的记-1分；完全不符合的记-2分。

测试提示：

可以先在纸上写好1～60的题号，预留填写分值的位置，以便按照题号计算。

1.做事力求稳妥，不做无把握的事。

2.遇到可气的事就怒不可遏，想把心里话说出来才痛快。

3.宁可一个人干事，不愿很多人在一起。

4.到一个新环境很快就能适应。

5.厌恶那些强烈的刺激，如尖叫、噪音、危险镜头等。

6.与人争吵时，总是先发制人，喜欢挑衅。

7.喜欢安静的环境。

8.喜欢和人交往。

9.羡慕那些善于克制自己感情的人。

10.生活有规律，很少违反作息时间。

11.在多数情况下情绪是乐观的。

12.碰到陌生人觉得很拘束。

13.遇到令人气愤的事，能很好地自我克制。

14.做事总是有旺盛的精力。

15.遇到问题常常举棋不定、优柔寡断。

16.在人群中从不觉得过分拘束。

17.情绪高昂时，觉得干什么都有趣；情绪低落时，觉得干什么都没有意思。

18.当注意力集中于某一事物时，别的事物就很难使我分心。

19.理解问题总比别人快。

20.遇到不顺心的事能不向他人说。

21.记忆力强。

22.能够长时间做枯燥、单调的事。

23.符合兴趣的事，干起来劲头十足，否则就不想干。

24.一点小事就能引起情绪波动。

25.讨厌做那种需要耐心、细致的工作。

26.与人交往不卑不亢。

27.喜欢参加热闹的活动。

28.爱看感情细腻、描写人物内心活动的文学作品。

29.工作学习时间长了，常感到厌倦。

30.不喜欢长时间谈论一个话题，愿意动手干。

31.宁愿侃侃而谈，不愿窃窃私语。

32.别人说我总是闷闷不乐。

33.理解问题常比别人慢些。

34.疲倦时只要短暂的休息就能精神抖擞，重新投入工作。

35.心里有事，宁愿自己想，不愿说出来。

36.认准一个目标就希望尽快实现，不达目的，誓不罢休。

37.别人学习、工作相同的时间后，常比别人更疲倦。

38.做事有些莽撞，常常不考虑后果。

39.别人讲授新知识、技术时，总是希望他讲慢些，多重复。

40.能够很快忘记那些不愉快的事情。

41.做作业或完成一项工作时总比别人花费的时间多。

42.喜欢运动量大的剧烈活动，或参加各种文体活动。

43.不能很快地将注意力从一件事转移到另一件事上去。

44.接受一个任务后，就希望把它迅速解决。

45.认为墨守成规要比冒风险更好。

46.能够同时注意几个事物。

47.烦闷时，别人很难使自己高兴。

48.爱看情节起伏跌宕、激动人心的小说。

49.对工作抱有认真谨慎、始终如一的态度。

50.和周围人的关系总是处不好。

51.喜欢复习学过的知识，重复做已经掌握的工作。

52.喜欢做变化大、花样多的工作。

53.小时候背的诗歌，我似乎比别人记得清楚一些。

54.别人说我"语出伤人"，可我并不觉得这样。

55.在体育运动中，常因反应慢而落后。

56.反应敏捷，思维活跃。

57.喜欢有条理而不甚麻烦的工作。

58.兴奋的事情常使我失眠。

59.别人讲新概念，我常常听不懂，但是弄懂以后就很难忘记。

60.假如工作枯燥无味，马上就会情绪低落。

回答完所有问题之后，请根据下列题号的顺序，分别算出四种类型的得分。

胆汁质：

2，6，9，14，17，21，27，31，36，38，42，48，50，54，58

多血质：

4，8，11，16，19，23，25，29，34，40，44，46，52，56，60

黏液质：

1，7，10，13，18，22，26，30，33，39，43，45，49，55，57

抑郁质：

3，5，12，15，20，24，28，32，35，37，41，47，51，53，59

计分标准：

如果某种气质的得分均比其他三种气质的得分多4分，则可认定为该气质类型的人。此外，该气质的得分超过20分，则为典型型；如果得分在10～20分之间，为一般型；若两种气质的得分差小于3分，又明显高于其他两种4分以上，可判定为两种类型的混合型；同样，如果三种气质的得分高于第四种，而且很接近，则为三种气质的混合型。

四种类型：

多血质：思维灵活、反应迅速、好交际、敏感；但易浮动、急躁不稳。

胆汁质：直率热情、精力旺盛；但鲁莽、易于冲动、准确性差。

黏液质：安静沉稳、自制忍耐；但反应缓慢、朝气不足。

抑郁质：细腻深刻、踏实细致；但多愁善感、孤僻迟缓

测试七：沟通能力度量表

良好的沟通能力是处理好人际关系的关键。具有良好的沟通能力可以使你很好地表达自己的思想和情感，获得别人的理解和支持，从而和上级、同事、下级保持良好的关系。沟通技巧较差的个体常常会被别人误解，给别人留下不好的印象，甚至无意中对别人造成伤害。每个人都有独特的与人沟通、交流的方式。

阅读下面的情境性问题，只需回答"是""否"即可，请尽快回答，注意不要遗漏。请你就以下问题认真地问问自己：

1.你真心相信沟通在组织中的重要性吗？

2.在日常生活中，你在寻求沟通的机会吗？

3.当你站在演讲台上时，能很清晰地表达自己的观点吗？

4.在会议中，你善于发表自己的观点吗？

5.你是否经常与朋友保持联系？

6.在休闲时间，你经常阅读书籍和报纸吗？

7.你能自行构思，写出一份报告吗？

8.对于一篇文章，你能很快区分其优劣吗？

9.在与别人沟通的过程中，你都能清楚地传达想要表达的意思吗？

10.你觉得你的每一次沟通都是成功的吗？

11.你觉得自己的沟通能力对工作有很大帮助吗？

12.你喜欢与你的上司一起进餐吗？

评分标准：

以上回答，回答"是"得1分，回答"否"不得分。得分在8~12分之间，说明协调沟通能力比较好；得分在1~7分之间，说明协调沟通能力不太好，需要锻炼。

测试八：你属于什么类型的性格

测试说明：

本测试共有23道题，每题只选一项。请你在认真思考的基础上，以最快速度诚实作答，并准确记下你的答题时间。

测试题目：

1.你的选择与你朋友的选择常常一致吗？

（1）不一致。（0分）

（2）一致。（5E分）

2.对于交际，你的态度或自我认识是：

（1）希望自己健谈，并且正在为此努力。（3E分）

（2）很健谈，并且在一群人中居领先位置。（5E分）

（3）自己不太健谈。（3I分）

（4）与其说喜欢谈，不如说喜欢听。（0分）

（5）发觉自己在谈话时总处于一种局促不安的境地。（5I分）

3.你使用电话的态度或情形是：

（1）能在电话里很好地交谈，不过有可能的话，还是喜欢面谈。（3E分）

（2）不喜欢电话交谈，因为看不到对方。（3I分）

（3）必要时也使用电话，但电话是有局限性的通信工具。（0分）

（4）能愉快地进行电话交谈，并且能表达很复杂的情绪。（5E分）

（5）一打电话就感到局促不安。（5I分）

4.假如你得到了一次公费度假的机会，你喜欢哪种度假方式：

（1）在豪华的度假场所，伴以阳光、音乐、美食，想与伴侣度过。（5E分）

（2）在偏僻、宁静的乡间，一个很小却精致的旅馆，以散步、钓鱼等休闲方式度过。（3I分）

（3）在富有的艺术家朋友那里度过，并积极参与朋友举办的各种社交活动。（2E分）

（4）做自己一心想做，但却没有时间去做的事。（5I分）

（5）和家人、朋友一起，在一个宁静的旅馆，度过一个安静的假期。（2I分）

（6）游历全国文化和历史名城。（3E分）

5.上题中，你最不喜欢的是哪种度假方式：

（1）上题（1）。（5I分）

（2）上题（2）。（3E分）

（3）上题（3）。（2I分）

（4）上题（4）。（5E分）

（5）上题（5）。（2E分）

（6）上题（6）。（3I分）

6.在晚间电视节目中，你最喜欢下列哪些节目：

（1）老故事片。（0分）

（2）时事问题讲座会。（4I分）

（3）不重要的讲话。（0分）

（4）喜剧节目。（2E分）

（5）有一定剧情的现代剧。（2I分）

（6）生活指南方面的节目。（4E分）

7.上题中，你最不喜欢哪些节目：

（1）上题（1）。（0分）

（2）上题（2）。（4E分）

（3）上题（3）。（0分）

（4）上题（4）。（2I分）

（5）上题（5）。（2E分）

（6）上题（6）。（4I分）

8.晚上的空闲时间，你最喜欢以哪种方式度过：

（1）和七八个朋友在酒吧里伴着音乐和舞步度过。（3E分）

（2）和最亲密的朋友在影院度过。（1I分）

（3）和伴侣参加舞会，同时享用美食。（5E分）

（4）在家听音乐和读书。（5I分）

（5）在朋友家的小型聚会上，谈论着一些令人兴奋的话题。（1E分）

（6）在家看喜爱的电视节目。（3I分）

9.上题中，你最不喜欢以哪种方式度过：

（1）上题（1）。（3I分）

（2）上题（2）。（1E分）

（3）上题（3）。（5I分）

（4）上题（4）。（5E分）

（5）上题（5）。（1I分）

（6）上题（6）。（3E分）

10.做一项决定时，你的态度或做法是：

（1）害怕决定的后果，因此常常拖延做决定的时间。（5I分）

（2）要有充足的时间进行考虑，一旦决定，就会坚决执行。（1E分）

（3）能很快做出决定，而且通常是正确的，丝毫也不草率。（5E分）

（4）做决定快时往往出错；做决定慢时，往往是正确的。（3I分）

（5）能够极迅速地做出决定，但有时不希望自己有这种糊涂的做法。（3E分）

（6）认为做决定是件困难的事。（1I分）

11.对于人身伤害问题，你的态度是：

（1）除非自卫，决不会在肉体上伤害任何人，但愿意在战斗中奋勇拼搏。（0分）

（2）一想到有人发动战争，就感到厌恶。（5I分）

（3）虽然不想自找麻烦，但有时不得不依靠暴力解决。（3E分）

（4）常被卷入可能导致暴力行为的争吵中。（5E分）

（5）任何情况下都不会与人打架。（3I分）

12.对自己的工作能力或水平，有如下评价：

（1）工作能力不强，但工作很认真。（5E分）

（2）觉得自己的工作干得很一般。（3I分）

（3）能够胜任不繁重的工作，能稳定且高水平、高效率完成。（5I分）

（4）有时工作能力强，有时比较弱，但大多数时间表现一般。（0分）

（5）想干时，能以极大的热情和精力投入。（3E分）

13.对于你自己，别人有以下何种看法：

（1）是个好伙伴，但有时缺乏主见。（0分）

（2）极其活跃开朗，甚至可能有些好强。（3E分）

（3）有时是个极讨厌的家伙。（5I分）

（4）是个活泼、友好、充满朝气的伙伴。（5E分）

（5）在社交活动中表现平庸。（0分）

（6）是个相当压抑的人。（3I分）

14.如果别人对你的评价是正确的，你的态度是：

（1）因为别人的评价而失望。（3E分）

（2）比预期的更高兴。（2I分）

（3）非常高兴和满意。（5E分）

（4）感到恐惧。（5I分）

（5）对别人不了解自己感到惊奇。（0分）

（6）对自己暴露的缺点感到很平常。（0分）

15.对于花钱买东西，你的态度或做法是：

（1）花钱大方，认为钱就是让人花的。（5E分）

（2）对于买东西表现得相当笨拙，以至于经常买自己不想要的东西。（3E分）

（3）根据自己的愿望，非常负责地买东西。（0分）

（4）不喜欢买东西，觉得买东西很有可能上当。（3I分）

（5）最讨厌的事就是买东西。（5I分）

16.对于下列命题，你最赞成的是：

（1）人应该在行动之前，向特定的人解释自己的计划。（5I分）

（2）人是一种社会性动物，必须根据社会的需要来调整自己。（0分）

（3）信用卡是一种威胁，它使人们的消费水平超过支付能力。（3I分）

（4）没有比被审查更糟的事情了。（2E分）

（5）神经质的人倾向于放纵自己。（3E分）

（6）变化是生活的调味品。（3E分）

17.对于上述命题，你不能确定赞成与否的是：

（1）上题（1）。（2I分）

（2）上题（2）。（2I分）

（3）上题（3）。（2I分）

（4）上题（4）。（2I分）

（5）上题（5）。（2I分）

（6）上题（6）。（2I分）

18.对上述命题，你表示反对的是：

（1）上题（1）。（3E分）

（2）上题（2）。（0分）

（3）上题（3）。（3E分）

（4）上题（4）。（5I分）

（5）上题（5）。（5I分）

（6）上题（6）。（3I分）

19.对于下列工作，你最喜欢的是：

（1）在大图书馆从事重要的编目工作。（2I分）

（2）在体育馆或社交俱乐部做出纳员。（2E分）

（3）在剧院担任领导工作。（5E分）

（4）复兴某一陷入困境的社会团体。（5E分）

（5）研制一种绝对有市场的智力玩具。（5I分）

（6）研究心理学的相关理论。（3I分）

20.对于上题，你最不喜欢的是：

（1）上题（1）。（2E分）

（2）上题（2）。（2I分）

（3）上题（3）。（5I分）

（4）上题（4）。（5I分）

（5）上题（5）。（5E分）

（6）上题（6）。（5E分）

21.不考虑现在的职业，下列哪项工作最符合你的心意？

（1）名牌大学图书馆的领导工作。（2E分）

（2）著名影视机构的文秘工作。（5E分）

（3）国际一流水平的运动员。（2I分）

（4）成功的模特。（5E分）

（5）声名显赫的心理学家。（5I分）

（6）某实验学校的校长。（2E分）

（7）幸福家庭的家长。（5I分）

（8）成功的作家。（2I分）

（9）电影、电视或歌唱明星。（5E分）

（10）一位成功的、孤独的艺术家的伴侣。（5I分）

（11）不确定的职业。（5I分）

22.上题中，哪项最不符合你的心意？

（1）上题（1）。（2I分）

（2）上题（2）。（5I分）

（3）上题（3）。（2E分）

（4）上题（4）。（5I分）

（5）上题（5）。（5E分）

（6）上题（6）。（2I分）

（7）上题（7）。（5E分）

（8）上题（8）。（2E分）

（9）上题（9）。（5I分）

（10）上题（10）。（5E分）

（11）上题（11）。（5I分）

23.上题中，你认为你的密友会为你选择哪一项？

（1）上题（1）。（2E分）

（2）上题（2）。（5E分）

（3）上题（3）。（2I分）

（4）上题（4）。（5E分）

（5）上题（5）。（5I分）

（6）上题（6）。（2E分）

（7）上题（7）。（5I分）

（8）上题（8）。（2I分）

（9）上题（9）。（5E分）

（10）上题（10）。（5I分）

（11）上题（11）。（5E分）

测试结果：

请根据答题时间做以下计算：5分钟以内完成，加25E分；5～6分钟完成，加20E分；6～7分钟完成，加15E分；7～8分钟完成，加10E分；8～9分钟完成，加5E分；9～15分钟完成，不加分；15～16分钟完成，加5I分；16～17分钟完成，加10I分；17～18分钟完成，加15I分；18～19分钟完成，加20I分；20分钟以上完成，加25I分。

最后，将E和I分别相加，得出各自的总分，再用较大项的分值减去较小项的分值，同时将大项的字母（E或I）放在分差后，即为最后得分。将此分与结果对照，即可对你的性格类型做出判断。

100E分以上：属于外向型性格，并且已经达到了失常的程度，处于紊乱的性格状态。

76E～99E分：性格极其外向，并且达到了需要限制的地步，要密切注意自己的言行。

51E～75E分：属于强外向型性格，能引导你走向成功，但要力戒激进的做法。

31E～50E分：显然是外向型性格，性格正常，心理健康，要尽可能保持这种状态。

11E～30E分：性格相对外向，自己并没有意识到，组织能力很强，容易获得成功。

10E～10I分：属于平衡性格，既不外向，也不内向，善于建立轻松的人际关系。

11I～30I分：属于轻微内向性格，在社会交往中你是中立者。

31I～50I分：显然是内向性格，有点羞怯。

51I～75I分：性格显著内向。

76I～100I分：非常内向，并且无法改变。

100I分以上：内向甚至是极端的，几乎过着封闭的生活。

测试九：职业满意度量表

测试说明：

这是一个测试自己对目前工作满意度的量表，这些问题的答案并没有对与不对之分，只表明你对这些问题的态度。请你要尽量表达个人的意见，不要有所顾虑。

测试方法：

1.除第12、13题外，各个问题均在每一个问题下面的"（1）（2）（3）"三项内容中选择一项。

2.第12、13题，在（1）～（10）的十个项目中选择符合自己的项目。

3.按测试题后面的评分标准计算各项目的得分，最后计算总分，并查看总分结果的"分析与评价"。

测试题：

1.在日常工作时，你是否很注意时间：

（1）常常。

（2）工作清闲时会看看表。

（3）永远不会。

2.一般星期一早上上班时：

（1）自己的工作能力不能达到平常的水平。

（2）希望有点儿什么病躺在医院里，以此逃避上班。

（3）开始不愿意工作，过1小时左右便能轻松愉快地投入工作。

3.一天的工作干完了，你的感受是：

（1）极度疲倦，什么都不想干。

（2）庆幸下班了，获得自由。

（3）有时会有点倦意，不过通常有成就感。

4.你对分内的工作是否会很牵挂：

（1）有时会对工作有所牵挂。

（2）根本不会牵挂。

（3）常常牵挂。

5.你对自己目前从事的工作的看法是：

（1）大材小用。

（2）工作上的要求比你的能力要高。

（3）以前认为办不来的事，现在都能一一办到。

6.请选择下列适合你的句子：

（1）对工作有浓厚的兴趣，极少有感到枯燥的时候。

（2）工作时，个别时间有苦闷的感觉。

（3）工作时，大部分时间闷得发慌。

7.你有多少工作时间的电话是在与朋友聊天或谈私事：

（1）少之又少。

（2）偶尔打，尤其是在自己的个人生活有波动时。

（3）常常。

8.你是否幻想得到另一份好工作：

（1）没有。

（2）幻想，但不是想得到不同的工作，而是所在职位的升迁而已。

（3）是的。

9.你对自己"是否称职"的内心感受是：

（1）大部分时间都能胜任。

（2）有时是称职的。

（3）大部分时间感到无所适从，心慌意乱。

10.你对同事的看法是：

（1）喜欢和尊重他们。

（2）不喜欢他们。

（3）对他们很冷淡，毫不在乎。

11.下面三句话，哪一句最适合你：

（1）我不想再进一步了解我的工作。

（2）在刚开始从事这份工作时，我乐于学习新事物。

（3）我希望不断加深对自己的工作的了解。

12.选出你认为自己拥有的长处：

（1）同情心。

（2）头脑清晰。

（3）冷静。

（4）记忆力好。

（5）精神集中。

（6）顽强。

（7）有创造力。

（8）有专业知识。

（9）平易近人。

（10）富有幽默感。

13.从上题的（1）～（10）的十个项目中，选出你所在的工作岗位需要的条件，并将相应的序号圈划出来。

（1）（2）（3）（4）（5）（6）（7）（8）（9）（10）

14.你最赞同下面哪一句话：

（1）工作只为了维持生活。

（2）工作是为了挣钱，如果可能的话，最好也能使自己有满足感。

（3）工作如同自己的生命一样重要。

15.你会超时工作吗：

（1）如果另加工资、奖金就愿意。

（2）根本不愿意。

（3）常常会的，甚至没有酬劳也愿意。

16.在过去的一年里，你是否无故旷工过：

（1）根本没有旷工。

（2）只有几天而已。

（3）经常性的。

17.你认为自己：

（1）非常有进取心。

（2）毫无进取心。

（3）有一些进取心。

18.你同事对你的态度是：

（1）喜欢你，愿意和你在一起，一般人都能与你合得来。

（2）同事们不喜欢你。

（3）并不是不喜欢你，但也并不友善。

19.你往往与谁谈论工作：

（1）局限于同事之间。

（2）对朋友和家人。

（3）能免则免。

20.你是否有轻微或无缘无故的病痛，有时甚至连身体哪个部位在痛也不清楚：

（1）很少。

（2）偶尔有。

（3）经常如此。

21.你是如何选择现在的职业的：

（1）父母和老师代你决定的。

（2）没有其他的选择。

（3）觉得比较合适，自己进行选择的。

22.工作和家庭生活之间有矛盾时，例如，有家人病倒了，哪一个比较重要：

（1）每次都以家庭为重。

（2）每次都以工作和事业为重。

（3）除非家里发生紧急的事情，否则都把工作放在首位。

23.如果有同样的工作，但工资只是你现在的2/3，你愿意去做吗：

（1）愿意。

（2）愿意是愿意，但生活的担子太重了。

（3）不愿意。

24.如果辞掉工作，最令你痛苦的是失去：

（1）金钱。

（2）工作的乐趣。

（3）现在的同事们。

25.你会无故离开岗位，去尽情玩乐一天或几天吗：

（1）会的。

（2）不会的。

（3）可能，要视工作上有无紧急事情要处理。

26.你感到在工作中不被上级认可赏识：

（1）偶尔有。

（2）常常如此。

（3）非常罕见。

27.在工作方面有什么令你最不满意：

（1）你的时间不能由自己支配。

（2）工作烦闷极了。

（3）不能随心所欲地做事。

28.你的个人生活是否和你的事业分得一清二楚（本题请与你的家人讨论一下）：

（1）基本上互不干扰。

（2）通常情况下分得一清二楚。

（3）分不开。

29.你是否建议你的子女从事你所从事的职业：

（1）如果他们有些能力和兴趣，我会的。

（2）不会，我会劝他们千万不要干。

（3）我采取中立的态度。

30.如果你突然赢得或继承一大笔财富，你会：

（1）不再工作，享乐去。

（2）选择你喜爱的事业，大展拳脚。

（3）继续你现在的工作。

评分标准：

1.（1）1（2）3（3）5   2.（1）5（2）1（3）3

3.（1）3（2）1（3）5   4.（1）5（2）3（3）1

5.（1）1（2）3（3）5   6.（1）5（2）3（3）1

7.（1）5（2）3（3）1   8.（1）5（2）3（3）1

9.（1）5（2）3（3）1   10.（1）5（2）3（3）1

11.（1）1（2）3（3）5   12.12、13所选的相同的项目，每个得5分。

14.（1）1（2）3（3）5   15.（1）3（2）1（3）5

16.（1）5（2）3（3）1   17.（1）5（2）1（3）3

18.（1）5（2）1（3）3   19.（1）3（2）5（3）1

20.（1）5（2）3（3）1   21.（1）3（2）1（3）5

22.（1）1（2）5（3）3   23.（1）5（2）3（3）1

24.（1）1（2）5（3）3   25.（1）1（2）5（3）3

26.（1）3（2）1（3）5   27.（1）3（2）1（3）5

28.（1）1（2）3（3）5   29.（1）5（2）1（3）3

30.（1）1（2）3（3）5

测试结果：

30～40分：极不满意自己的职业。毫无疑问，没有必要再干下去了。如果你还年轻，应立即鼓足勇气去寻找令你满意的工作。

41～56分：不满意自己的职业。有可能你选错了职业，也有可能自己期望值太高，因而产生落差，工作的热情总是调动不起来。

57～99分：比较满意自己的职业。觉得工作环境挺好，同事也不错，有被提拔的机会，但你不一定喜欢领导职务。

100～124分：非常满意自己的职业。工作对你十分重要，对工作有高度的责任感。你是工作中的成功者。

125分以上：你的职业已使你产生了变态心理。工作成了一切生活的需要，除此之外，你认为世界上任何事物都不重要了。要警惕！

第十二章

家政培训过程中的心理问题及处理

第一节 成人学员的心理探究

与学校教育不同的是，参加家政培训学习的人员都是成年人。成年人的生理、心理都相对成熟，具有强烈的自我意识和鲜明的个性特点，而复杂的身份、多重的角色、不同的需求、多年的工作和人生经验，使他们对培训学习也有自己的想法和观念，若非发自内心的"想学、爱学、能学、会学"，很难达到好的培训效果。这就要求讲师在培训过程中，多花点心思，了解学员的心理需求，根据成人的心理特点来设计安排教学过程。

一、学员对学习的心理需求

影响个体学习的心理因素包括智力因素（注意力、记忆力、思维能力）与非智力因素（学习动机、学习兴趣、个性与情绪、学习态度、学习习惯等），智力水平是学习的必要条件，要使各专业、多学科的知识体系转化为个体的认知结构和智能结构，成为理想的专业人才，没有智力因素的作用是不可能的。而非智力因素则决定学习的价值取向、学习的动力，学习过程的调控和学习的效能。对于成人学员来说，要充分发挥其智力潜能，更要激发其学习动机、学习兴趣等非智力因素，使学习变成他们自己的需要和愿望。

1.重视自主权和选择权，能自我强化、自我指导

成人学员的自我意识和自律水平日益提高，认为自己有足够的能力进行自我指导，对自己的行为负责。因此，他们希望自己能以独立的人格参与教学活动，期望讲师尊重他们的独立地位和活动能力，把他们视为有自我导向、自我管理能力的人。

同时，由于成人都希望在学习中得到别人的认可，又担心考试成绩不理想，因而内心又常有焦虑感和压力感。

所以，讲师要给予学员更多的鼓励、支持和尊重，让学员自行选择完成学习任务的方法，允许他们以自己的方式和速度学习，不要过多干预，这会让学员产生抵触心理。

2.工作和生活经验丰富，学习时易代入已有经验

最好的学习是基于经验和实践的学习。绝大多数学员都乐于分享他们工作中的亲身体会，所以，讲师要征求并尊重学员的意见和建议，鼓励他们交流想法，分享好的工作方法，列举工作中的实际案例，促使其将已有经验与新知识联系起来。

3.讲求现实性

学员只想学他们想学的，只做他们想做的，因而经常把培训学习视为一种手段，要求培训必须有直接的、立马见效的内容，否则就无法激起他们的学习兴趣。因此，讲师要准确、鲜明地把参加培训的理由告知学员，明确说明培训与学员工作间存在的联系；给他们提供生活和工作中能用到的知识，强调运用知识后的效果，而不是大而空的理论知识宣讲。

极少有学员愿意改变已经成熟的自我认知。如果他们愿意在深层次上发生改变，那必然是源于他们自己的决心和意志，讲师的强制不会起到任何正向作用。因此，要为学员营造一种富于挑战性的学习氛围，尊重和接纳他们所犯的错误，避免一切形式的惩罚，对学员加以鼓励和肯定，并给予及时有效的学习反馈。

二、学员的心理问题概述

1.自卑感

所谓自卑，就是低估自己的能力，觉得自己各方面都不如人。主要表现为对自己的能力、品质评价过低，同时可伴有一些特殊的情绪体现，诸如害羞、不安、内疚、忧郁、失望等，是一种消极的自我评价或自我意识，可以说是一种性格上的缺陷。

对家政行业来说，受传统观念的束缚，很多人把家政行业从业人员简单地视为"佣人""保姆"，是一种上不了台面的职业，社会地位不高，从业人员也认为自己的工作低人一等，从而产生自卑心理。

2.人际关系冷漠

由于自身认知的问题，家政人员觉得自己既无能力，又无优势，在交往中缺少自信，没有勇气，也没有信心主动和别人来往；加之对自身行业缺少正确认知，总觉得别人会笑话自己，瞧不起自己，所以对他人的言行举止过于敏感，因此很少有朋友。没有朋友也就没有良好的人际关系，从而缺少有效的社会支持。

3.生活消极

对内瞧不上自己，对外没有良好的人际关系，自然会陷入消极的生活状态。没有目标，缺乏动力，懒散不振，得过且过，失去对生活的热情和激情，缺少对生活的热爱，"做一天和尚撞一天钟"。时间久了，负面情绪郁积心中，极易引发严重的心理问题。

三、学员心理问题的成因

1.认知偏离

根据现代社会心理学家利昂·费斯廷格的社会比较理论可以得知，人们对自己的能力水平和态度做出正确的评估基于两点：一是在缺乏直接的自然标准时，通过与他人的比较进行自我评价；二是将自己与相同水平的人进行比较。而学员往往选择其他行业的人员甚至是其他行业的佼佼者来进行比较，这本身就没有可比性，不同行业有不同要求。只要在自己的行业中、自己的岗位上坚持学习，不断精进，就是极大的进步，而不是陷入自卑中不可自拔，消极逃避。

2.社会偏见

偏见是对一个群体或个人的一种评价，包括对圈外群体的负面态度和对圈内群体的过于积极的正面态度。偏见具有广泛的破坏力，传统观念普遍对家政从业人员持有偏见，认为他们是最不需要技能和知识的行业，也是没有门槛的职业，这种不友好的偏见给家政从业人员带来了一定的伤害，甚至扭曲了他们的认知。

3.缺乏关怀

社会偏见让大众对家政行业从业人员的劳动和付出缺少基本的尊重，而家政行业自身又缺乏有效的监督机制、管理机制，缺少对从业人员足够的行业支持和组织关怀，让他们陷入"孤军奋战"的境地，因而，家政从业人员的权利和权益得不到保障。

四、学员心理问题的应对

1.创造和谐、平等、愉快的学习环境

心理学家罗杰斯指出，创设良好的教学气氛，是保证有效教学的主要条件，而这种良好的教学气氛的创设又是以良好的人际关系为基础或前提的。因此，讲师要以人为本，把学员的需要放在第一位，与学员建立平等的朋友关系，而不是高高在上的师生关系；尊重每个学员，凡事从学员的立场出发，照顾到他们的自尊心，对事不对人，尽量做到公平公正，给学员创造一个和谐、友好、平等、愉快的学习环境。

2.引导学员建立健康的心理机制

在教学设计时，讲师可以有意识地把心理健康教育融入教学内容中，贯穿于课堂教学中，灵活机动地把心理保健知识和方法传达给学员。同时，注意建立学员心理健康档案，时刻关注学员的心理需求，给予其一定的心理疏导，及时识别有严重心理疾病的学员，如有必要，为其推荐专业的心理咨询师或相关精神科医生。

3.用激励赞赏促使学员建立新的心理平衡

激励是一门艺术，要求激励者要有明确的目的、敏锐的洞察力、诚恳的态度和娴熟的技巧。仅就激励的技巧而言，讲师要保护学员的自尊心，从小处激发其自信心，看到学员的每一点进步，赞赏其取得的每一点成绩，允许学员提出不同的意见和建议，接纳学员的不良情绪，唤起学员对于成功的渴望和向往，创造条件让学员达到自己的目标，在成功的体验中真正激发起学员的自尊心和自信心，建立新的心理平衡。

4.教给学员迁移异常情绪的方法

有情绪不是问题，如何处理情绪才是问题。当学员遭遇挫折、陷入压力和焦虑之中时，讲师要引导学员运用合理宣泄法、注意力转移、迁移环境等方法，把负面情绪宣泄和释放出来，避免冲动。比如，运动、找朋友倾诉、外出旅游、散步等，总之，将压抑的情绪释放出来。

需要注意的是，迁移异常情绪的方法有很多，但这些活动必须是自己感兴趣的，且在法律允许和道德认可范围内。

第二节 教学过程中心理问题的处理技巧

一、如何帮助学员纠正不当认知

不同的认知导致不同的情绪和行为，不当的认知就可能带来不良的情绪和行为，学员焦虑、自卑、自我否定等不良情绪的出现，就是不当认知导致的。只有找出错误认知的模式，才能有针对性地进行调整。

通过课堂教学讲授正确的自我认知的方法及自我调控的技巧，引导学员正确地认识自我，学会自我调控。讲师在课堂上要随时注意那些忧心忡忡的学员，尽量帮助学员解答他们的疑问。选取恰当的机会引导学员自己找到焦虑的原因，找出解决问题的方法。

二、如何帮助学员纠正学习误区

1.误区一：学习态度不端正

学员认为自己年龄大，记忆力差，学也学不会，还不如不学，反映在行为上就是上课不认真听讲，作业不按时完成，应付了事。针对这类学员，应设置小的目标，就简单、易回答的问题提问，学员只要好好听课就能回答出来，以此提升其成就感，促其端正学习态度，提高学习兴趣。

2.误区二：光学不做，光听不练

听课时，觉得讲师讲得好，对自我提升的作用巨大，但到了课后或是实践操作阶段就畏首畏尾，不敢尝试，可谓"听课一时爽，练习就着慌"。再好的技能，不练习就不能融会贯通；再好的知识，不反复学习也会忘记。讲师可设置一些小组练习或是小竞赛，以赛促学，以练代学，在实际操作中检验学员的学习效果。

3.误区三：被动学习，无明显学习动力

学员需要知道参加学习的理由，了解学习给自己带来的好处后，他们才会乐意并愿意以积极的态度参与到学习中。对此，讲师要明确说明学习与学员工作之间的联系，强调掌握新知识、新技能的好处。

三、如何引导学员树立学习信心

1.因势利导，全力支持

如果发现某位或某几位学员学习很努力，成绩也还可以，只是缺乏信心，讲师可以因势利导，为其"开小灶"，让其谈一谈自己的学习计划，并让这类学员负责某个教学项目的实施。一开始，他可能面露难色，试图推掉任务。讲师先不要否定学员的畏难情绪，而是针对学员感觉为难的方面提出积极而具有建设性的意见。如果他怀疑项目的可行性，就鼓励他找出可行的方法，并全力为他提供支持，助其实施。

2.鼓励学员积极发言

鼓励学员在课堂上积极发言，给他们提供参与课堂活动的机会。可根据问题的难易程度有选择性地提问，较难的问题可以提问经验多、阅历广、思维敏捷的学员；难度不大的可以提问中等水平的学员，较容易的留给没经验或者能力稍差的学员。这样，即使基础较差的学员，也能感受到成功的喜悦和自豪，从而激发他们的学习劲头，主动去学习，体验达成目标的成就感。

3.及时对学员的学习效果给予反馈

研究表明，来自学习结果的反馈对学员的学习有明显影响。一方面，学员可以根据讲师反馈的信息调整自身的学习进度，改进学习策略；另一方面，为了取得更好的成绩或避免再犯错误而增强了学习动机，保持了学习的主动性和积极性。

四、如何引导学员克服自卑心理

自卑会阻碍一个人走向成功的脚步，只有战胜自卑，才能走出属于自己的一片天。

1.客观公正地评价自己

客观公正地评价自己，这是能否克服自卑的关键所在。很多时候，学员都是过分注意自己的短处，忽略了自己的长处，所以才觉得自己哪哪儿都不行。俗话说"尺有所短，寸有所长""金无足赤，人无完人"。每个人都有长处与短处，不能只看短处不看长处。正确的态度是扬长避短，以"长"补"短"。

2.从小处着手，增加成功经验

一个人的成功经验与他的期望和自信心是成正比的。成功经验越多，期望越高，自信心越强。也就是说，一次又一次微小的成功可以使自信心不断增强。对于自卑的人来说，要想增加成功的经验，就应该由小、由少做起，确保首次努力的成功，形成良性循环。如果遇到困难，应适当降低对自己的要求，做一件相对容易成功或者自己愿意并有兴趣做的事情或工作，成功之后，信心自会增加。

3.利用补偿心理发展自己的长处

补偿心理是一种心理适应机制，从心理学上看，这种补偿其实就是一种"移位"，即为克服自己生理上的缺陷或心理上的自卑而发展自己其他方面的长处、优势，赶上或超过他人。对于自卑者来说，心理补偿是一种使人转败为胜的法宝，运用得当，可有助于人生目标的实现。但有两点需要注意：一是不可好高骛远，追求不可能实现的补偿目标；二是不要受情绪的驱使。只有积极的心理补偿才能激励自己实现人生目标。

4.增强自信心

建立自信最快、最有效的方法，就是去做自己害怕的事，直到成功。当知道自己在某方面不如别人的时候，就要"以勤补拙"，"笨鸟先飞"。

（1）突出自己，挑前面的位子坐。

无论是开会还是聚会，坐在前面才能建立信心。因为敢为人先，敢上人前，敢于将自己置于台前，就必须有足够的勇气和胆量。久而久之，这种行为就成了习惯，自卑也就在潜移默化中被消除了。

（2）与人交谈时，要正视别人。

眼睛是心灵的窗户，一个人的眼神可以反映出性格，透露出情感。在与人交谈的时候，不敢正视别人，就是自卑、胆怯、恐惧。因此，要想克服自卑，首先要学会并尝试着正视别人，要时刻保持这种积极的心态，逐渐建立自信。

（3）挺胸抬头，快步行走。

从心理学上讲，人们行走的姿势、步伐与其心理状态有一定关系。懒散的姿势、缓慢的步伐是情绪低落的表现，是对自己、对工作以及对他人不满的反映。通过改变行走的姿势与速度，可以帮助人们调整心境。

（4）勇于发言。

大庭广众下讲话，需要巨大的勇气和胆量，如果缺乏自信心，则很难参与到大家的讨论之中。因此，在公众场合要主动发言，尽量多给自己争取一些当众发言的机会，次数多了，自信心就会增强。

五、如何引导学员改善师生关系

师生关系是教学过程中最基本的人际关系之一，只有建立和谐而稳定的师生关系，才能保证教学目标的顺利实现。

由于学员有一定的工作经验，社会阅历丰富，因此会在学习上表现得比较随意，师生界限模糊，这就更需要讲师付出耐心和精力去构建和谐的师生关系。

1.以人为本，尊重学员

把学员放在平等的地位来对待，要尊重学员的个体差异，特别是那些学习态度较差、学习效果不好又不善于交流的学员。在保护其隐私的前提下，主动了解学员的学习情况、性格特征、工作生活及家庭情况，给以后的教学活动提供借鉴和参考。

2.以实力树威，以品行立信

提高自身素质，以自己的知识、才能、品行来赢得学员的尊重和信任。以实力树威，以品行立信，以爱心赢心，正所谓"打铁还须自身硬"。

3.变"师本位"为"生本位"

淡化讲师作为"教育者"的角色痕迹，主动缩减与学员之间的心理距离。讲师和学员之间不仅仅是教育者和被教育者之间的关系，更应该是朋友、伙伴的关系。讲师应该与学员共同学习、相互支持、一起成长。

六、如何促进学员之间友好相处

友好、和谐的人际关系会给人带来温暖、愉快的情绪体验，而紧张充满敌意的人际关系则会给人带来烦恼、郁闷的情绪体验，甚至产生焦虑、抑郁等症状。

不同学员有不同的性格，在学习过程中难免会发生冲突，讲师要做好协调工作，引领学员严于律己，宽以待人，坦诚随和地处理与他人的关系。

此外，在教学过程中，讲师可以运用游戏法、角色扮演法、情景模拟等教学手段，利用合作来建立学员之间的友好关系。互帮互助既能促进教学目标的顺利达成，又能培养学员之间的友情，达到双赢。

七、如何引导学员缓解压力

向学员解释压力的作用，让学员理解适度压力是学习最好的状态，应努力把自身的压力水平控制在适度的范围内；指导学员从生理方面进行压力调节，比如通过运动减压，通过腹式呼吸调整心态，以降低紧张程度；指导学员学习、掌握时间管理的方法与技巧；传授学员通过语言暗示、心理暗示调节压力水平。

学员要做好自我调适，了解自身真实能力水平，不要盲目攀比，找出学习方法的问题所在，及时改变错误的学习方法；遇事不耻下问，多向讲师、同学请教；合理安排学习、工作和生活，注意劳逸结合。

第三节 家政培训讲师课堂心理和情绪的处理

讲师对课堂现场的掌控，很多时候依赖于对学员情绪和心理的把握。如果解读有误，就可能失之毫厘，谬之千里。

一、家政培训讲师对学员的心理把握

1.识别有心理问题的学员

讲师在拿到培训学员资料时，最好用一些常见的心理量表来给学员做个预评估，对学员情况有一个初步的了解，并建立好心理档案，以此来熟悉学员，方便后续的教学设计。对于学员存在的一些不理想的心理学指标予以关注，这既是对学员负责，也是对自己负责。

2.提高与学员的沟通能力

有效的沟通是师生之间培养良好感情的先决条件，要实现与学员的有效沟通，讲师要做到以下几点。

（1）用心。

作为讲师，能否用好沟通这种方式积极主动地开展工作，主要看对学员的了解程度。了解学员的家庭情况、性格特点、兴趣爱好等，才能知己知彼。了解学员才能深刻地理解学员，在互相理解的基础上，达到心理上的共鸣。

（2）用情。

一开始与学员沟通，往往他们并不注意讲师说了什么，而是看讲师讲课时的态度和感情。如果讲师不首先搭起感情的"桥梁"，学员心中就会筑起无形的"高墙"，拒绝沟通。

沟通要交流思想，但首先要交流感情。讲师和学员的沟通活动既是心理上的沟通，也是感情上的交流，只有在相互平等、相互尊重的基础上，才能建立起良好的沟通渠道，才能谈得拢、谈得好。

总之，沟通的方式有很多，不能只走"宽阔大道"，也要善于"穿大街走小巷"，要运用多种形式，因势利导，因势而疏。同时，应尽可能地把解决思想问题与解决实际问题结合起来，取得最佳的沟通效果。

3.人际关系疏通

人际关系就像河道一样，需要经常疏通，否则，时间久了，就会交流不畅，甚至成为一潭死水。

（1）个别沟通。

讲师与学员、学员与学员之间的隔阂、疑虑不能单靠在课上解决，还需要通过个别沟通去消除。对有缺点或错误的学员要诚恳劝导，切忌简单急躁，急于求成，还要不怕麻烦。

（2）有的放矢。

沟通要有的放矢，"对症下药"。对性格内向的学员可采取"拉家常"的方法，由远而近，先轻后重，循循善诱地谈；对性情耿直爽快的学员，最好直接把问题点透，不转弯子，不兜圈子；对觉悟较低、性格独特的学员，要善于从对方的内心情绪和要求谈起，先回避"烦恼""卡壳"的问题，从侧面迂回曲折地引导。

二、对学员思想、感受、行为的掌控

1.善于抓住学员的思想

学员需要明确地知道学习的目的和原因，他们通常都是有现实或迫切的需要才会去学，而且对学习的实用性和结果尤其关注，更希望在对比和实践中学习。了解了学员的思想，才能有的放矢，更好地为学员设计更符合他们需要的课程。

2.增强学员学习的感受

学员期望在学习中满足自我实现的需求，应多给他们表达个人意见的机会，使他们感受到自我价值的存在。

3.鼓励带动学员的积极行为

无论是发言也好，技能训练也罢，教学设计都要由浅入深，由易到难。教学内容浅、易时，学员容易答对、做好，这会减少学员的受挫感，无形中增加了学员的自信心，减少了失败的尴尬，让他们爱说、敢练。

三、应对紧张的方法和技巧

讲师在做了充分的心理准备后走上讲台，也极有可能出现怯场、紧张的情况，这是人之常情，应坦然接受，并想方设法改进。

1.讲台紧张的表现和原因

当讲师站在讲台上，面对台下几十双眼睛，肯定会紧张，尤其是新晋讲师，更是状况频出。比如，心跳加速、口干舌燥、冒冷汗，手一直不停地抖，膝盖发软，心神不安，不敢正视学员，词不达意，或者干脆脑子一片空白、张嘴忘词，想不起来要授课的内容。即使能讲出来，也是磕磕巴巴、慌慌张张。

尽管讲课技巧学了一个又一个，但临讲课时总是想退缩；课程讲了不少，却始终没有信心面对更大的课堂；虽然积累了一些经验，但还是把握不了大场合，撑不起课堂……

究竟是什么阻碍了讲师讲课时的轻松愉悦、自然流畅呢？

（1）人类的本能。

安全是人类及所有生物需求的第一位。当我们被许多双眼睛盯着的时候，我们的第一反应就是高度警觉，表现在生理上就是四肢绷紧，头皮发麻，心跳加快，随时准备逃跑。

（2）意识警醒。

这是人与动物的重要区别。意识会不断提醒你审视自己，于是站在台上的你担心自己出丑，或者说话不合时宜，担心被学员指点、议论和嘲笑，害怕出现一点点差错，从而沦为他人的笑料，因而压力陡增。

（3）渴望得到学员的肯定和认同。

每一位讲师都希望把课程讲好，给学员带去改变和提高，这种想法和愿望是很好的，然而，一旦这种想法超过了一定的限度，就会给自己增加压力，从而引发过度的紧张情绪。

2.应对紧张的原则和方法

从心理学角度讲，适度的紧张有助于讲师集中注意力，专注于课堂现场，保持较好的授课状态，甚至还可能激发出更多的潜能。而要迅速克服或消除现场的紧张情绪，唯有多说多练，在心理调适的基础上反复实践锻炼。

（1）正视紧张。

人人都会紧张，即使经验再丰富的讲师，也会在正式授课或授课过程中感到紧张，只是紧张的程度不同而已。当讲师认识到不仅自己，别人也会紧张时，心态自然会放松一些。

（2）注意细节。

不要让学员看出你的紧张。可以以胸麦取代话筒，避免因为紧张手抖而带动话筒抖动；不要拿讲稿，一来学员有可能怀疑你对课程内容不熟悉，二来手的抖动也会带动纸张的抖动。

如果双腿在抖，不要晃动双腿，学员有可能由此感觉到你内心的焦虑。可以尝试将重心轮流落在其中一条腿上，身体略向前倾，双手按住讲台；或者坐下来，握紧双手放在膝盖上，这样做有两个好处：同时防止手和腿的颤抖。

（3）多说多练。

正式授课前反复演练，做好充分的准备是消除紧张的有力措施。可以先从对着镜子大声朗读开始。读的过程中把书面文字口语化，还要注意表情是否自然，举止是否得体，是否有一些不良的习惯动作。

从读熟到背熟，直到能完全脱离讲稿。练习过程中要注意定时，有助于把控授课时间；也可以录好视频，通过看回放纠正不恰当的行为举止、不好的口头禅等。

经过反复多次的练习，直至你感觉有信心站到讲台上讲课，这时就可以找朋友、家人或是同事来当你的学员，并尽量创设与正式教学环境相符合的情境。试讲过程中，注意观察听众对授课的反应，听取他们的反馈，再根据反馈改进、调整授课内容、方式。

需要注意的是，要把练习当作真实教学环境来对待，坚持从头到尾演练整个授课流程，及时发现错误或不妥之处。

3.用积极的心态缓解紧张怀疑

面对紧张情绪，讲师要换个角度，积极地看待紧张这种情绪，坚信"我能行"。

心理学上有个墨菲定律，说的是一种消极的心理暗示：如果你认为自己不行了，那你就肯定不行；你认为自己可能出错，那你就一定会出错；你认为自己会倒下，那你就肯定会倒下。

没有人不害怕失败，但是事情并不一定朝坏的方向发展，拿出你所有的自信，多尝试往好的方向去想，让积极的心理暗示发挥作用。

（1）想象成功。

在开始讲授之前，可以想象一下你表现出色，赢得成功的场景。这就是精神激励法。具体操作如下：闭上眼睛，在头脑中把整个培训过程（由授课前的准备开始到授课结束）一步一步地过一遍。

设想你正准备授课，整个培训的内容都已经背得滚瓜烂熟了，所有辅助器材已经准备到位。然后你以专业的形象自信地站在讲台上，开始讲授精彩的内容，熟练地使用教学辅助工具，巧妙地调动学员参与的积极性，从容地解答学员的疑问……最后在学员热烈的掌声中结束课程。

（2）回想愉快的记忆。

令人愉快的事情有助于缓解或消除紧张的情绪。比如，与久别的好友重逢；登上高峰，一览众山小；在比赛中获得冠军等。

想象你能想象到的所有细节，越细越好，使整个画面都形象生动起来，这样你就能让自己相信：我一定能够成功。

四、让学员信服的法宝

1.真情动人

只有真正热爱教学工作，热情帮助学员，负有责任感，才能对学员流露出真情实感，才能笑容满面地面对学员，使学员感受到讲师的爱心，感觉到讲师的可敬可亲，学员才能"亲其师，信其道"。

2.以理服人

对成年学员来说，他们并不容易接受别人对他们的直接否定；或是学员即便已经认识到他们存在的观念或行为上的偏差，也很难心甘情愿地接受别人的否定。通俗地说，就是成年学员只会接受他自己愿意接受的，所以，在实际授课过程中，将单向灌输转为双向互动非常必要。这就需要讲师在与学员的沟通交流中，抓住一个"理"字，把道理讲透，不苛责，不批判，以理服人。

沟通的力量和效果不在于沟通双方的年龄、职务和权力，而在于能否谈出道理，以理服人。要允许学员反复思考，逐步接受，而不是强势压人。如此，沟通才会实在有力，才能达到以理服人的目的。

3.用心爱人

课上，是循循善诱的讲师；课下，是亲和友善的朋友，讲师要站在学员的立场上去理解学员，体察学员的情绪。从学员角度出发，善意地表达，用心地倾听，和学员聊聊家常，打成一片，构建一种良好的师生关系。

4.幽默近人

课堂教学中，讲师是决定教学气氛、营造学习氛围的关键，好的讲师要有幽默感。幽默既是天生的技能，也需要后天的培养。

讲师在授课的过程中精神饱满，情绪乐观，话语生动，逻辑性强，不时穿插幽默风趣的话语，可以活跃课堂气氛，拉近与学员的距离，增加课程的吸引力。但幽默不是滑稽，讲师也不是小丑。讲师在台上装腔作势，上蹿下跳，引来学员的哄堂大笑，不能算幽默。真正的幽默不是让观众捧腹大笑，而是让其略有思考，然后豁然开朗，会心一笑。

第十三章 家政培训讲师心理问题解析

第一节 家政培训讲师心理问题成因及对策

一、家政培训讲师应具备的心理素质

1.积极地悦纳自我

即了解自己，正确评价自己，乐于接受并喜欢自己，承认人有个体差异，允许自己不如别人。

2.良好的认知水平

能面对现实并积极地去适应环境，具有敏锐的观察力和客观了解学员的能力，能获取、传递、运用有效信息，可以创造性地进行教学活动。

3.坚强的意志品质

即在教学工作中具有明确的目的性和坚定意志，处理问题时果断冷静。面对矛盾时拥有沉着冷静的自制力，以及给予爱和接受爱的能力。

4.和谐的人际关系

有健全的人格，能与人和谐相处，积极态度（如尊重、真诚、赞美等）多于消极态度（如多疑、嫉妒、憎恶等）。

5.崇高的职业自豪感

热爱讲师这个职业，积极关爱学员，能从教学过程中获得自我实现、自我成就感。

6.稳定的情绪管理能力

能识别自己的情绪，清楚地知道自己处于怎样的情绪状态，理解情绪因何而来，

能接纳情绪，不与之对抗。

二、心理问题的成因

1.负担过重，导致倦怠

讲师既要承担教学工作，又要坚持自我提升，有时设定的职业目标难以实现，会导致讲师缺乏职业自豪感，甚至有自卑感，看不到工作的价值和意义，只把讲师这个工作当作谋生的手段。

2.付出与回报不成正比，导致心理失衡

付出一份劳动，收获一份回报。讲师认为自己讲课效果好，但实际收入和学员反馈并不令人满意，这时就会产生心理压力，尤其是当客户认为讲课价格高或提出过高期待时，更是如此。

3.人际关系复杂，导致人格障碍

工作单调，教学环境复杂，是讲师工作的特点之一。如果讲师无法将自己的位置摆正，缺乏必要的交往技巧和建立关系的手段，就会导致同事关系紧张，师生关系疏远，给讲师带来一定的心理负担和心理压力，引起不愉快的情绪体验，长此以往就可能导致人格障碍。

三、解决讲师心理问题的对策

1.提高行业美誉度，增强讲师的归属感

逐步消除对家政行业从业人员的歧视，在全社会营造尊重讲师、尊重家政行业从业人员的氛围，加强行业监管，提升行业知名度，保障讲师的合法权利。同时兼顾人文关怀，为讲师保留一定的活动空间和自主发展空间，增强讲师的归属感。

2.重视人际互助，寻求社会支持

心理学上的社会支持是指个体以外的援助力量对个体的社会支持关系。社会心理学研究表明，社会支持水平越高的个体，其心理健康水平越高。

讲师是一个讲求人际互动的职业，只有处理好与学员、同事、客户、家人之间的关系，才能保障教学的顺利进行。所以，创造友好和谐的人际环境，不仅仅需要讲师自己的努力，更需要家庭、社会及行业的帮助与支持。

3.保持乐观，提高情绪调控力

当情绪发生时，分辨并表达自己的情绪，评估自己的情绪状态。可以用数字1~10给自己情绪的激烈程度打分，1表示"很轻微"，而10表示"极度激烈"。一旦发现情绪达到6或7分，就需要特别注意了。

（1）和情绪共处，建立自己的"情绪管理工具单"。例如，用运动（比如出门散

步）、感官知觉（比如泡热水澡、听音乐）、调整呼吸等方式来调节情绪。可以尝试用不同的方式调节情绪，这样就能清楚地知道，哪些方法对你有效，哪些方法不适合你。

建议制作一张自己的"情绪管理工具单"，在纸上写下"当我_____（情绪）的时候，我会_____（健康的情绪管理方法）"，将"工具单"贴在家中显眼的地方或是带在身边。因为有时我们并非不清楚应该用哪些方法来进行情绪管理，只是在情绪激烈的时候，很可能会忘记怎么做。

（2）在工作环境与生活空间中设置一些"情绪管理角落"。比如，焦虑的时候，如果喜欢拼命捏压力玩具减压，就在办公桌上放几个；习惯在疲惫的时候抱着软绵绵的物体减压，就在家中设置"安全角"，放上几个玩偶或者抱枕。

第二节 家政培训讲师职业倦怠的原因和应对

一、职业倦怠的三个维度

职业倦怠是一种由工作引发的情感与体能上的入不敷出感，也就是有能力做好，却没有动力去做。它包括三个维度，分别是：情绪耗竭、去人性化和自我效能感降低。

1.情绪耗竭

指一种过度的付出感及情感资源的耗竭感，既不想干，也不想承担任何责任，对什么都没热情，压力过大，特别容易疲劳。

2.去人性化

也叫玩世不恭，指对他人持消极、冷淡、过分疏离、愤世嫉俗等态度和情绪；对组织和同事不满，对客户冷漠，在与他人的相处中经常会起冲突。

3.自我效能感降低

倾向于对自己做出消极的评价，并伴随无力感、抑郁感，觉得自己什么都不行，怀疑自己在组织中的价值，经常会说"我不行，我没用"。简而言之，就是"心好累，不高兴，我不行"。

二、职业倦怠的原因

1. 自身职业压力大

备课，讲课，讲课，备课，日复一日的重复性讲授，除了身体上疲惫外，讲课中的新鲜感、兴奋度以及成功后的满足感都会迅速下降，而自我怀疑程度则迅速上升。有时候，讲师内心并不想上课，但还是因为客户需要或经济利益去上课，时间长了，就会慢慢地失去自我，甚至怀疑自己到底是在为什么而工作。基于分享目的的讲课主要是对新知识、新技能、新经验的分享，如果讲师的学习速度太慢，沉淀与积累的速度赶不上讲课的速度，就会迅速失去讲课的热情。

2. 社会环境压力大

目前，各行各业充满竞争，压力无处不在，在时代洪流的裹挟下，讲师要实现自己的理想与抱负，需要在职业规划、个人成长和经济收入之间取得一个平衡点，而如何寻找平衡、怎么实现平衡就是个难题了，故而压力倍增。

3. 学员学情压力大

学员的素质参差不齐，水平不一，年龄、工作经验各不相同，学习主动性也不同，这就需要在教学设计和授课过程中投入更多的精力和时间，而这种投入短期内看不到效果或者几乎没有效果，以至于讲师的心理产生落差。时间久了，讲师极易产生挫败感，觉得自己讲的课毫无价值。同时，由于面对的是成人学员，学员与讲师之间的关系一旦处理不好，学员不配合、不尊重讲师，并在课堂上做出异常举动，人为增加师生之间的沟通阻力，更是让讲师倍感压力。

4. 个体心理素质差异

心理研究发现，不能客观认识自我和现实，目标不切实际，理想和现实差距太大的人，或者有过于强烈的自我实现和自尊需要的人，更容易出现职业倦怠。比如，外控者、低自尊者和容易抑郁的人。

（1）外控者。

心理学家罗特于20世纪50年代提出"控制点"归因理论，即如果一个人认为事情的结果总是取决于个人在从事这件事时的努力程度，那这一类人属于内控者，他们相信可以通过自己的努力改变结果。另一类人认为命运和运气等因素决定了自己的状况，而自己的努力毫无用处，倾向于放弃对自己的生活负责，这类人被称为外控者。他们在面对失败和困难时倾向于把责任推向外部，而不是去寻求解决问题的方法。当身处职场逆境时，外控者更容易怨天尤人，内控者则会想办法通过自己的努力改善现状。

（2）低自尊者。

低自尊者总是要借助外界的肯定和鼓励来确定自己的价值，他们希望自己做的每件事都有及时的反馈，一旦外界没有给到他们足够多的认可和鼓励，他们就很容易出现职业倦怠。另外，低自尊的人倾向于关注消极因素，而忽略积极因素，因而可能时常感受到别人的敌意和自己的无能。

（3）容易抑郁的人。

抑郁型人格、边缘型人格的人，容易对一件事感觉无聊、空虚，没有意义，陷入抑郁情绪，甚至怀疑生命的意义，整个人失去活力。因此，他们很难在稳定的岗位上持续工作下去，而是需要不断寻求新的刺激来让自己摆脱空虚和无意义感。

三、职业倦怠的应对方式

1.劳逸结合，放松自己

学习积累一段时间后，就让自己放松一下，去参加一些有助于身心成长的课程，拿出一定的时间去休假、旅游，与朋友交往。做自己喜欢的事情，只要能释放压力，感觉开心放松就好。

2.培养乐观、自信、积极的生活态度

乐观是促进身心健康的一剂良药。关注事物的积极面，善于发现工作、生活中的积极因素，比如同事的帮助，领导的关心，学员的每一点微小的进步和变化。这些幸福会让你感觉到，其实这份工作也不错。要知道，世界上没有完美的工作，任何一份工作都有让人不满的地方，重要的是，我们知道自己想要什么，能够找到属于自己的目标。这是一种正向强化，可以提升自我效能感。

3.保持良好的工作态度，学会称赞自己、接纳自己

在课堂上做一个真实的"我"，而不是一个完全面具化的、完美的我（权威的、"我是对的"的讲师形象），允许自己偶尔犯错，坦然面对来自学员的负面评价与反馈。我们不可能让每一个人都满意，只要尽力了就好，特别是身处逆境时，自我激励、自我鼓励就更加重要。

4.提高业务水平，增强责任感和使命感

"学高为师，身正为范"，讲师这个职业决定了讲师的价值就在于分享知识，输出观念。所以，当讲师站在讲台上的时候，就是他用知识、品德、才能引领学员成长的时候。讲师的使命感和责任感就体现在一言一行、一举一动中。所以，讲师要从小事做起，从自我做起，以高尚的师德感染学员，以丰富的学识引导学员，以博大的胸怀包容学员。

5.保持学习状态，强化个体心理素质

要分给学员"一杯水"，讲师就要有"一桶水"。所以，讲师要多读书，不断地更新自己的观念和认知；多学习，加强与同行的交流学习，扩展自己的知识领域；

多思考，坚持不断地"往桶里加水"；多实践，在实践中解决问题，夯实自身的基础知识。

同时，加强心理学知识的学习，正确看待社会、看待人生、看待自己的处境。既不盲目乐观，也不消极处世。在困难和挫折面前保持乐观而积极的心态，强化情绪管理能力，相信自己可以控制生活，改变生活，并能够掌控自己的发展道路，掌握自己的命运。

四、职业倦怠的调节方法

1.正视倦怠

把倦怠当作人生的一个小小的挑战，你所遇到的问题、压力和挫折，别人也会遇到，只是内容和程度不同而已。只要认真分析存在的问题，挖掘自己的潜能，发挥自己的优势，就一定能走出倦怠。

2.及时倾诉

每个人都需要亲人、朋友的支持和关心。常言道，"一个篱笆三个桩，一个好汉三个帮"，当身处逆境、压力不能排解时，多和知心好友倾诉，真诚而坦率地交流，就能释放出郁积的情绪，放空自己。

3.运动减压

生理机能与人的情绪情感休戚相关，身体强健，精神承受能力也会更强；身体不好，则精神欠佳，容易产生倦怠、心烦等负面情绪。

人的大脑分左右脑，忧郁、倦怠等不良情绪通常发自左脑，而愉快情绪则发自右脑。运动时，左脑会逐渐受到抑制，右脑取得支配地位。所以，通过跑步、游泳、爬山等活动，可缓解紧张、郁闷等情绪，保持心态健康。

4.培养兴趣爱好

除了工作，还要发展出属于自己的兴趣爱好，健康的兴趣爱好可以调节身心，缓解心理压力。比如，听听音乐，让美妙的乐曲舒缓荡涤浮躁的心情；涂涂画画，用色彩缓解自己压抑的情绪；再或者钓鱼、摄影、游山玩水等，都可以。

既然选择了做讲师，就要耐得了寂寞，扛得住压力，积极向上，持续学习，与时俱进，乐观豁达。如此，才能行得端，看得高，走得远。

参考文献

[1]赵金亭，刘仕豪.企业培训师授课技能提升指南[M].北京：中国水利水电出版社，2016.

[2]谢旭慧.普通话测试培训教程[M].广州：暨南大学出版社，2015.

[3]廖信琳.培训师事业长青之道：自我管理的十项法则[M].北京：企业管理出版社，2018.

[4]邹震等.家政培训教师教学指南[M].北京：中国工人出版社，2011.

[5]熊亚柱.手把手教你做顶尖企业内训师：TTT培训师宝典[M].北京：中华工商联合出版社，2016.

[6][美]罗伊·波洛克，[美]安德鲁·杰斐逊，培训师的三堂必修课：学习方式、教学设计、工具和清单[M].刘美凤.北京：电子工业出版社，2017.

[7]唐晓明，杜牧.基础心理学[M].武汉：湖北科学技术出版社，2012.

[8]郭念峰等.心理咨询师（基础知识）[M].北京：民族出版社，2015.

[9]张承芬.教育心理学[M].济南：山东教育出版社，2006.

[10]王玉祥.基于网络平台的课堂录播系统设计与实现[J].中国教育信息化，2016（14）：88-90.

[11]沈君.培训精炼：36招成就高效讲师[M].上海：上海交通大学出版社，2018.

[12]廖波.普通心理学[M].北京：航空工业出版社，2014.

[13]毕磻.企业内部培训师的44道必答题[M].上海：上海交通大学出版社，2017.

[14]楼剑.成为明星讲师：TTT培训全案[M].北京：人民邮电出版社，2016.

[15]程守梅，贺彦凤，刘云波.论情境模拟教学法的理论依据[J].成人教育，2011（7）：43-44.

[16]华嘉志，陈红.翻转课堂在高职护生母婴护理实训教学中的应用研究[J].护理管理杂志，2016（9）：641-643.

[17]杨潞.优秀内训师的七堂必修课[M].北京：石油工业出版社，2016.

[18]廖信琳.TTT培训师精进三部曲[M].北京：博瑞森图书，2017.

[19]《心理健康读本》编委会.心理健康读本[M].北京：中国铁道出版社，2012.

[20]高占祥.仁义礼智信（简明读本）[M].北京：社会科学文献出版社，2019.